環境生物科学

― 人の生活を中心とした ―

（改訂版）

京都府立大学名誉教授
農学博士

松原　聰　著

裳華房

Biological Science of Environment

revised edition

by

SATOSHI MATSUBARA, DR. AGR.

SHOKABO

TOKYO

|JCOPY| 〈(社)出版者著作権管理機構 委託出版物〉

改訂版 まえがき

　本書の初版が発行された1997年2月からもう10年になろうとしている．この間，本書に関して多くの方々から貴重なご意見や，著者が思ってもいなかったようなご指摘を数多くいただいた．この場でお礼を申し上げたい．

　自然科学の諸分野と同様，環境科学に関する各分野の進展も非常に速く，旧版が刊行された後にも，「環境ホルモン」や「アスベスト（石綿）」，「生物多様性保全」などいくつかの環境問題がクローズアップされたり，新しい情報や技術，対策，研究成果などが数多く報告されてきた．このような環境科学の進展に応え，また前述のご意見・ご指摘を採り入れた形で本書を改訂していく必要があると常々感じていた．

　今回，出版社からの要望に応えて，本書を改訂することになったが，大学の教科書として使用されていることを意識して，旧版の骨組みをあまり変えることなく，不要になったと思われる部分を削り，新しい知見を加えることにした．この改訂版が，読者の皆さんの環境科学に対する理解に役立つなら，著者としてまことに幸いである．

　この改訂版の執筆にあたって，編集部の國分利幸氏に随分お世話になりました．深く感謝しております．

2006年9月1日

　　　　　　　　　　　　　　　　　　　　　　　　　　　松原　　聰

旧版 まえがき

　戦後 50 年，日本の社会は成熟期に達し，われわれの日常生活は多様で複雑な要因によって取り囲まれるようになった．経済の発展や科学技術の進歩は，人々の生活に物質的な豊かさと便利さをもたらしたが，一方では社会のひずみが目立ちはじめ，各地で自然破壊や環境汚染が顕著になってきた．

　自然破壊は全国いたるところに見られる．山野や森林を惜し気もなく切り開いて，リゾート施設が建設され，自動車道が敷設されている．海岸や湖岸がどんどん埋め立てられて，新都市や工業地帯が建設されている．大気汚染は都市から地方の山林地域にまで広がっている．海，湖沼，河川では，水質の悪化が顕著になり，魚介類が有害物質によって汚染されたり，貴重な生物種が絶滅の危機に瀕したりしている．多量に散布された農薬によって，農作物，食品，人体までもが汚染され，人々の健康がおびやかされている．

　一方，世界に目を向けると，地球規模で環境破壊が進んでいる．大量の二酸化炭素排出による地球の温暖化，フロンガスによるオゾン層の破壊，酸性雨，人口爆発と貧困や飢餓，熱帯林の破壊，緑地の砂漠化などが次々と起こっている．

　これらの環境問題は，いうまでもなくわれわれ人間の生活活動によってひき起こされたものであって，その悪影響は自然の動植物ばかりでなく，人間自身にも及びつつある．このままでは，将来人類が住めない地球になってしまうと危機感をいだく人も多い．

　環境問題の多くは，容易に解決できない難しい側面をもっている．しかし，少なくともこれ以上進行しないように，早急な対応が求められている．その第一歩は，われわれ一人ひとりが環境問題に対して認識と理解をもつことである．そのため最近では，多くの大学で環境問題に関する授業が盛んに行わ

れるようになった．

　環境問題は広範囲に及び，各分野に関する専門書は多数出版され，文献も多い．しかし，これらの多くを読破して理解することは，よほど差し迫った事情と時間がないかぎり不可能である．幅広い環境問題と生物との関わりを簡潔にまとめた書物も少ない．

　このような事情に配慮して，環境問題のいくつかを生物学的な立場から取り上げ，教科書にも使えるようにまとめたのが，この『環境生物科学』である．本書は，環境問題のすべてを論じたものではないが，環境問題と生物の関わりについてかなりの知識と理解が得られるであろう．項目によっては，専門的な内容や，最新の情報をも加えるように努めた．一人でも多くの人が環境問題に理解を深めてくだされば幸いである．

　本書の出版に際して，適切なご助言をくださった駒沢大学・山口彦之先生に心から御礼申し上げます．また，貴重な図表の引用を快くお許しくださった諸先生方（図表出典一覧）に深く感謝致します．さらに，本書の完成に向けて数々のご援助やご支持をくださった編集部の野田昌宏，國分利幸の両氏に厚く御礼申し上げます．

　　1997年2月1日

　　　　　　　　　　　　　　　　　　　　　　　　　松原　　聰

目　　次

改訂版まえがき ……………………………………………………… *iii*
旧版まえがき ………………………………………………………… *iv*

1　日本の自然環境

1・1　日本の自然環境　………*1*　　1・3　全国の自然度　………*3*
1・2　経済成長と自然破壊　……*2*　　1・4　生物多様性の保全　………*5*

2　河川の汚濁・汚染

2・1　河川環境の破壊　………*7*　　2・6　重金属による汚染　………*16*
2・2　汚濁の程度を示す腐水性　*9*　　2・7　河川の自浄作用　………*19*
2・3　生物種による水質の判定　*13*　　2・8　河川環境の保全
2・4　合成洗剤による汚染　……*13*　　　　　―多自然型河川工法―………*19*
2・5　殺虫剤による汚染　………*15*

3　湖沼の汚濁・汚染

3・1　湖沼環境の破壊　………*21*　　3・4　アオコに含まれる毒性物質　*34*
3・2　貧栄養湖と富栄養湖　……*23*　　3・5　湿原の自然破壊　………*36*
3・3　琵琶湖の汚濁　……………*28*　　3・6　湖沼環境の保全　………*37*

4　海域環境の破壊

4・1　自然環境の破壊　………*39*　　4・5　石化ゴミによる自然破壊　*55*
4・2　海水の汚濁と生物への影響　*43*　　4・6　漁業資源の枯渇　………*56*
4・3　赤　潮　……………………*46*　　4・7　磯焼けと海中林造成　……*59*
4・4　有害物質による海水の汚染　*50*

5　殺虫剤散布による汚染と混乱

- 5・1　有機塩素系殺虫剤による汚染 …… 62
- 5・2　有機リン系殺虫剤 ……… 71
- 5・3　農業生態系の混乱 ……… 72

6　日常生活を汚染する有害物質

- 6・1　PCB（ポリ塩化ビフェニール） …… 78
- 6・2　ダイオキシン …… 82
- 6・3　発がん物質 …… 87
- 6・4　環境ホルモン …… 95

7　都市環境と生物

- 7・1　都市化 …… 101
- 7・2　廃棄物の問題 …… 102
- 7・3　人口集中とUターン現象 107
- 7・4　都市の環境 …… 109
- 7・5　都市生活とストレス … 113
- 7・6　都市の生物 …… 118

8　人口問題

- 8・1　日本の人口問題 …… 126
- 8・2　世界の人口問題 …… 132

9　大気汚染

- 9・1　大気汚染による被害 … 142
- 9・2　汚染物質とその影響 … 143
- 9・3　植物における障害と防御の生化学 …… 156
- 9・4　大気汚染の防止 …… 159

10　酸性雨

- 10・1　酸性雨とは …… 161
- 10・2　酸性雨の原因 …… 162
- 10・3　酸性雨による影響 …… 166
- 10・4　酸性雨への対策 …… 170

11　オゾン層を破壊するフロン

- 11・1　オゾン層とは　……………172
- 11・2　フロンガスによる
　　　　オゾン層の破壊　………173
- 11・3　フロンガスとは　………174
- 11・4　オゾン層破壊による影響　177
- 11・5　オゾン層破壊の防止対策　179

12　二酸化炭素排出による地球の温暖化

- 12・1　自然界における炭素の
　　　　循環　……………………182
- 12・2　大気中の二酸化炭素の
　　　　増加　……………………183
- 12・3　温室効果と地球の温暖化　185
- 12・4　二酸化炭素増加の影響　186
- 12・5　気温上昇の影響　………187
- 12・6　二酸化炭素増加の阻止　189

13　破壊される熱帯林

- 13・1　熱帯林と生物種の多様性　192
- 13・2　熱帯林破壊の現状　……194
- 13・3　熱帯林破壊の原因　……196
- 13・4　熱帯林破壊の影響　……200
- 13・5　熱帯林保護の取り組み　203

14　急ピッチで進む砂漠化

- 14・1　砂漠化　……………………205
- 14・2　砂漠化の進行　……………207
- 14・3　砂漠化の原因　……………208
- 14・4　砂漠化の防止　……………212

- 旧版あとがき　………………………………………………216
- 主な参考文献・参考WWWサイト　………………………219
- 図表出典一覧　………………………………………………224
- 生物名索引　…………………………………………………226
- 事項索引　……………………………………………………229

1 日本の自然環境

　日本は，国土の中央部に山脈が走り，起伏に富んだ地形が多い．そのような地形に緑豊かな森林，湖，河川，海岸など変化に富んだ自然や農耕地が広がり，市街地が分布していた．しかし，第二次世界大戦後の経済成長とともに，自然環境の急速な破壊が始まった．現在でも自然環境が年々減少しており，野生生物が生息しにくくなっている．

1・1　日本の自然環境

　日本は，ユーラシア大陸の東側に沿って位置する南北 3000 km におよぶ列島であり，周囲はすべて海に囲まれている．国土は約 3780 万 ha と狭く，中央部には山脈が走行しているため，急峻な地形が多い．1972 年の調査では，山地・丘陵地などの森林面積が約 68 ％を占めており，水田が 9.3 ％，畑地が 6.5 ％，都市域などが 15.9 ％であった．このうち森林面積は，1988 年には 67.5 ％，1994 年には 67 ％，2002 年には 66.4 ％とやや減少したが，世界各国の中ではまだその割合が高いほうである．しかし，森林の構成をみると，植林地が森林面積の 36.6 ％に達しており，人為的な影響を受けた二次林が 36.4 ％で，本来の自然林は森林面積の 27 ％（国土面積の 18 ％）にまで減少している．また，最近は水田や畑地が減少して，都市域が広がりつつある．

日本は，国土の大部分が温帯にあって，四季の変化がはっきりしており，冬の気温はかなり低いが，夏の気温は高い．また，国土の北と南はそれぞれ亜寒帯と亜熱帯にまでおよんでおり，気候の差が大きく，年平均気温（2005年）は北海道の網走で約 6.9 ℃，沖縄の那覇で約 23.1 ℃である．年降水量は全国平均 1600～1800 mm で多く，湿度も高い．夏の台風にともなって短期間に多量の雨が降ることも特徴の一つである．

日本の自然の原型は森林であり，沖縄や小笠原などには亜熱帯多雨林が，九州から中部地方にかけては常緑の照葉樹林が，中部地方や関東から東北地方にかけては冬季に落葉する夏緑樹林が，本州中部の山岳地帯や北海道には常緑針葉樹林が広がっている．近年，これらの自然林は，北日本の一部と北海道を除いて，人工林に置き換わりつつある．

1・2　経済成長と自然破壊

日本は，国土が狭くて，天然資源にも恵まれていないため，これまで原料を海外から大量に輸入して工業生産を増大させる方向で進んできた．

第二次世界大戦後，経済を復興させるために，政府は貿易の振興と国土の効率的利用を進めた．まず 1950 年の国土総合開発法によって，電源開発や多目的利用のダム建設を行ったが，これが自然破壊の始まりであった．1962 年の全国総合開発計画や 1972 年の日本列島改造論によって，各地で重化学工業などのコンビナートが建設された．その結果，経済は高度成長を達成したが，自然破壊はますます広がり，公害も各地で発生した．

経済発展や人口増加とともに都市域が拡大することは，世界各国に見られる共通の現象である．日本でも，1960 年代に全国の都市で人口の集中が始まり，大気汚染，河川や内湾の水質汚濁，宅地開発などによって都市の自然が消滅していった．また，都市域が拡大するとともに，都市周辺の里地，農耕地，樹林地，海岸などの緑被地が少しずつ減少し，郊外の自然も破壊されていった．

1977 年の第三次全国総合開発計画に際して，ようやく自然環境の保全，公

害防止，大都市への人口集中抑制などが唱えられたが，その効果はほとんどなく，その後も臨海都市の造成などによる海域の埋め立てや，ゴルフ場の造成などレジャー産業によって自然破壊が続いた．

最近では，残された自然も本来の自然状態を保っているものが少なくなっており，自然の劣化が各地で起こっている．2006年現在，自然環境保全法（昭和47年に制定）によって保護された「原生自然環境保全地域」（人の活動の影響を受けることなく原生の状況を維持している地域）と「自然環境保全地域」（すぐれた自然環境を維持している地域）は，それぞれ5地域5631 ha と10地域2万1593 ha であり，合計すると国土のわずか0.07 ％である．この法律の基本方針の一つである「国土に存在する多様な自然を体系的に保全すること」にしたがって，さらに多くの自然を保護する必要がある．

1993年（平成5年）には環境基本法が成立した．この基本法は，持続可能な開発をめざして，環境保全の視点から経済発展をコントロールしようという基本理念をもっており，この法律に基づいて環境基本計画が1994年に策定されている（2000年に改訂）．2006年4月には第三次環境基本計画が閣議決定され，「環境・経済・社会の統合的向上」をテーマに，地球温暖化，循環型社会の構築，良好な大気環境の確保，健全な水循環の確保，化学物質の環境リスクの低減，生物多様性の保全への取組など10の重点分野政策プログラムが組まれているが，それらの実効が得られるのはかなり後のことであろう．

1・3　全国の自然度

環境庁（現 環境省）は，自然環境保全法の第4条に基づいて，5年ごとに全国の自然環境保全基礎調査を行っている．この調査は「緑の国勢調査」とも呼ばれており，1973年（昭和48年）に実施された第1回目の調査では，陸域・陸水域（湖沼や河川）・海域（海岸線と海水域）についての自然度や，貴重な植物群落や野生動物とその生息地などが調べられた．

1999年（平成11年）から2004年にかけて行われた第6回目の調査では，従来の5万分の1植生図から精度を上げた2万5000分の1植生図へ全面的

表 1・1 全国の植生自然度とその面積比率（「平成 16 年版 環境白書」より改表）

自然度		面積比率(%)
1	市街地や造成地などで，植生がほとんど残っていない地域	4.3
2	畑地や水田などの耕作地，緑の多い住宅地域	21.1
3	果樹園，桑園，茶畑，苗圃などの樹園地域	1.8
4	シバ群落など草丈の低い二次草原	2.1
5	ササ群落，ススキ群落など草丈の高い二次草原	1.5
6	常緑針葉樹，落葉針葉樹，常緑広葉樹などの植林地	24.8
7	クリ―ミズナラ群落，クヌギ―コナラ群落などの二次林*	18.6
8	ブナ，ミズナラの再生林，シイ，カシの萌芽林など自然林に近い二次林*	5.3
9	エゾマツ―トドマツ林，ブナ林などの自然植生のうち多層の植物社会を形成する地域（自然林）	17.9
10	高山のお花畑などの自然草原，高層湿原など自然植生のうち単層の植物社会が成立する地域（自然草地）	1.1

＊ 二次林とは，それまでの森林が山火事，洪水，山崩れ，伐採などによって破壊された跡，あるいは農地や牧場の放棄地などに自然に形成された森林をいう．

　な改訂が行われたほか，中型・大型哺乳類を中心にした種の多様性調査，鳥類繁殖分布調査，干潟や藻場などを中心とする浅海域の現状を把握するための生態系多様性調査などが行われた．2005 年からの第 7 回目の調査では，引き続き種の多様性調査，植生調査，浅海域生態系調査が行われている．

　陸域については，人為的な影響の程度に応じて 10 段階の植生自然度に分けられている．第 5 回目の調査結果では（表 1・1），自然性の高い自然草原など（自然度 10）は国土面積の 1.1％しか残っておらず，天然林（自然度 9）も 17.9％と低い数値であった．一方，自然度の低い市街地・造成地や農耕地（自然度 1,2,3）は合わせて 27.2％であった．

　都道府県で自然度 9 と 10 の面積が 30％以上も残っているのは，北海道，沖縄県，富山県のみであった．一方，大阪府では自然度 1 の市街地・造成地が 40.7％にも及び，東京都で 38.4％，神奈川県で 36.9％であった．

　これらの結果は，森林・草原などの自然環境がしだいに減少し，逆に人工の植林地や市街地などが増加する傾向を示しており，野生生物がしだいに生息できなくなっていることを意味している．

1・4 生物多様性の保全

近年,野生生物の種の絶滅が過去にない速度で進行している.国際自然保護連合(IUNC)の「絶滅の恐れのある種のレッドリスト」2006年版によれば,1600年以降に絶滅した種数は698種で,その半数近くは20世紀になってから絶滅したとみられている.また絶滅の恐れのある絶滅危惧種(CR:深刻な危機,EN:危機,VU:危急の3段階)は,1996年の5328種に対して2006年には1万6118種にまで増加しており,とくに哺乳類では現存する既知種の20％以上,鳥類では10％以上におよんでいる.一方,日本の絶滅危惧種は,環境省のレッドリストによれば動物が746種,植物・藻類・菌類が1994種である(2006年12月現在.ただし,海産貝類などの軟体動物,海水魚,クジラ類は含まれていない).

このように失われつつある生物多様性を包括的に保全するための国際的な枠組みとして,1992年に開催された国連環境開発会議(地球サミット)において生物多様性条約が採択された.この条約は,ワシントン条約(希少な生物種の国際取引を規定)やラムサール条約(湿地の生物種の保護)をも補完するものであり,生物多様性を「生態系の多様性」,「種の多様性」,「遺伝的多様性」の三つの階層で捉え,生物多様性の保全とその持続可能な利用,生物の遺伝子資源から得られる利益の公正な配分などを目的に掲げている.2007年12月現在,189か国とEUがこの条約を締結している(アメリカは未締結).また,生物多様性に悪影響を及ぼす恐れのある遺伝子組換え生物の移送や取り扱いについては,2000年に「バイオセイフティに関するカルタヘナ議定書」が採択された.

生物多様性条約に基づいて,日本では1995年に生物多様性国家戦略が策定され,その後の社会経済の変化や自然環境の現状を踏まえて,2002年に全面改定した新・生物多様性国家戦略が策定された.この戦略では,わが国の生物多様性の危機を,開発や乱獲などによる種の絶滅と減少,人間の生活スタイルの変化に伴う里地里山生態系の質の変化,移入種(外来種)による日

本在来種への影響の三つに整理し，戦略の柱として「保全の強化」「持続可能な利用」とともに，生物多様性の保全の手段としての「自然再生」が位置づけられた．それにともない2003年には，自然環境の保全・再生・創出などの自然再生事業を推進するための自然再生推進法が施行され，北海道の釧路湿原や奈良県の大台ヶ原，山口県の椹野川干潟などで自然再生整備事業や計画調査が始まっている．

　そのほか生物多様性の保全に関連した他の法律として，「絶滅のおそれのある野生動植物の種の保存に関する法律」(種の保存法，1993年)，「遺伝子組換え生物等の使用等の規制による生物の多様性の確保に関する法律」(カルタヘナ法，2004年)，「特定外来生物による生態系等に係る被害の防止に関する法律」(外来生物法，2005年) が施行されている (外来生物法については**7・6・1(2)**も参照)．また，公共事業に対する環境アセスメントの手続を定めた環境影響評価法 (アセス法，1999年) にも，調査内容に生物多様性に及ぼす影響を加えることが盛り込まれた．2003年に改正された「化学物質の審査及び製造等の規制に関する法律」(化審法) の中に「生活環境のなかの動植物」の項目が設けられ，それまで人の健康影響についてのみ考慮されてきた化学物質による環境汚染についても生物多様性への影響が考慮されるようになった．

2 河川の汚濁・汚染

　日本の河川の多くは，護岸工事が施され，河川水の汚濁も進み，その自然性が著しく損なわれている．とくに都市を流れる河川は，生活排水が流れ込むため，その汚濁は著しい．河川の汚濁の程度は，水のきれいな貧腐水性水域，やや汚れた β-中腐水性水域，かなり汚れた α-中腐水性水域，ひどく汚れた強腐水性水域に区分され，それぞれの水域に生息する水生生物は異なっている．そのため，そこに生息する水生生物によって，その河川のおよその汚濁状態が判定できる．河川には産業排水も流れ込み，そこに含まれる有害物質によって河川水がしばしば汚染される．有害物質のうち水銀などは，水中では低濃度であっても，魚介類に取り込まれて高濃度に濃縮・蓄積されるため，その魚介類を食べた人々が水銀中毒を起こしたこともある．最近，ようやく環境保全の重要性が認識されるようになり，1997年に改正された河川法では従来の「治水」「利水」に加えて「環境の整備と保全」の視点が盛り込まれた．また，河川の改修に多自然型河川工法も取り入れられるようになった．

2・1　河川環境の破壊

　近年，河川の自然環境が著しく破壊されてきた．1994年の調査では，全国の主要河川109の総水際線のうち，その21％にコンクリート護岸が施されており，河川敷の67％に人工的な改変がなされていたという．自然性を保っている河川が残り少なくなった．

表2・1 日本の主要河川の水質汚濁状況(国土交通省「平成16年全国一級河川の水質現況」より作表)

河川名(都道府県名)	BOD(mg/l) 2003年	2004年	河川名(都道府県名)	BOD(mg/l) 2003年	2004年
石狩川 (北海道)	1.2	1.3	天竜川 (静岡)	1.2	1.3
十勝川 (北海道)	1.1	1.2	木曾川 (愛知・岐阜)	0.6	0.8
後志利別川 (北海道)	0.5	0.6	淀川 (大阪)	1.4	1.4
札内川 (北海道)	0.6	0.6	大和川 (大阪・奈良)	5.3	4.6
鵡川 (北海道)	0.6	0.6	紀ノ川 (和歌山)	1.1	1.4
岩木川 (青森)	1.7	1.4	加古川 (兵庫)	1.4	1.4
最上川 (山形)	1.3	1.2	揖保川 (兵庫)	0.8	0.7
北上川 (宮城・岩手)	0.9	0.9	千代川 (鳥取)	0.9	0.9
阿武隈川 (宮城・福島)	1.6	1.6	高梁川 (岡山)	0.9	0.9
信濃川 (新潟)	1.1	1.0	江の川 (島根)	0.6	0.6
黒部川 (富山)	0.6	0.6	太田川 (広島)	0.9	0.7
神通川 (富山)	1.0	1.0	吉野川 (徳島)	0.8	0.8
九頭竜川 (福井)	0.8	0.8	四万十川 (高知)	0.9	1.1
利根川 (茨城・千葉)	1.5	1.7	遠賀川 (福岡)	1.8	1.8
中川 (埼玉・東京)	3.8	4.6	筑後川 (福岡・佐賀)	0.8	1.0
綾瀬川 (埼玉・東京)	4.9	5.7	球磨川 (熊本)	0.7	0.7
多摩川 (東京・神奈川)	1.5	1.6	大淀川 (宮崎)	1.2	1.1
鶴見川 (神奈川)	4.3	4.5			

　自然環境の破壊に加えて，河川水の汚濁も進行している(表2・1)．河川水の汚れの程度は，通常BOD(生物化学的酸素要求量，biochemical oxygen demand)で表現される．BODは，水中の有機物が微生物によって分解される際に消費される酸素の量をppm (part per million：100万分の1)またはmg/lで表したもので，水中に含まれている有機物の量を示している．2004年の調査では，清流の代表といわれる黒部川(富山県)，後志利別川(北海道)のBODはいずれも0.6ppmであった．一方，首都圏や近畿都市部の河川は汚れがひどく，綾瀬川(埼玉県・東京都)や大和川(奈良県・大阪府)のBODは1994年には10ppmを優に超えていたが，2004年には5ppm前後と水質が改善されてきている．

　都市を流れる河川が汚れるのは，上流で農業排水が流入し，下流では産業

排水や生活排水が流れ込むためである．農業排水には化学肥料や農薬が含まれており，産業排水には無機塩や有機物，酸やアルカリ，有害物質などが含まれている．生活排水にはタンパク質，アミノ酸，炭水化物，脂肪，洗剤などの有機物が多量に含まれている．東京都内の河川では，その有機物量の50％以上が生活排水に起因しているという．河川に流れ込んだ有機物は，汚水細菌やカビの増殖を促進するため，汚濁の原因となっている．

兵庫県西部を流れる揖保川では，1995年8月のアユ漁業「夜川漁」が約30年ぶりに豊漁であった．この川は，これまで例年水質が全国河川のワースト5に入っており，BODが20 ppmを超えることもあった．流域のたつの市では，工場排水が浄化センターで処理されるようになり，直接揖保川に流れ込まなくなった．川の水質もBODが1 ppm以下となり，天然アユの遡上がぐんと増えたという．

2・2　汚濁の程度を示す腐水性

有機物による河川水の汚濁は，通常腐水性によって表現される．表2・2には各腐水性水域の特徴を，表2・3と図2・1にはそれぞれの水域に生息する生物種を示した．

貧腐水性水域は水が清冽であり，ここに生息する生物は水の汚濁に弱く，きれいな水にしか生息できない．一般にこの水域では，生物の種類数は多いが，各種類の個体数は少ない．β-中腐水性水域では，水がやや汚濁しており，少しの汚濁には耐えられる種類が生息している．生物の種類数はまだ多く，各種類の個体数がやや多くなる．α-中腐水性水域では，有機物の量が多くなり，水がかなり汚濁してくる．汚濁を好む種類のみが生息するため，種類数が少なくなるが，個体数は多くなる．強腐水性水域では，水がきわめて汚濁している．この水域では，微生物以外に生息できる生物は少ない．この水域に生息する生物は，少ない酸素，pHの変化，アンモニア，硫化水素に対してかなりの耐性を示す．

表 2·2 生物学的水質階級と生物の特徴（津田，1964 より改表）

	強腐水性水域	α-中腐水性水域	β-中腐水性水域	貧腐水性水域
溶存酸素	なし，少ない	かなり存在	かなり多い	多い
BOD	10 ppm 以上	5～10 ppm	2.5～5 ppm	2.5 ppm 以下
硫化水素の発生	強い硫化水素臭が認められる	硫化水素臭は認められるが，強くはない	なし	なし
水中の有機物	高分子の炭水化物と窒素化合物，とくにタンパク質，ポリペプチドとその分解物が多い	タンパク質，ポリペプチドの分解によるアミノ酸が多い	脂肪酸のアンモニア化合物が多い	有機物は分解されてしまっている
底泥	黒色の硫化鉄がしばしば存在し，底泥は黒色	硫化鉄は酸化されて水酸化鉄になり，底泥は黒色を示さない		底泥はほとんど酸化されている
水中の細菌数	非常に多い，ときには100万以上/1 mℓ	多い，通常10万以下/1 mℓ	多くない，10万以下/1 mℓ	少ない，100以下/1 mℓ
生息する生物の生態学的特徴	pHの変化に強い，少量の酸素にも耐える嫌気性生物．腐敗毒，とくにH_2S，NH_3に対して強い抵抗性をもつ	pHの変化や酸素量の変動に高い適応性を示す．H_2Sに対して弱いものもある．NH_3に対しては抵抗性をもつ	pHの変化に弱い，酸素量の減少に弱い．腐敗毒に長時間耐えることができない	pHの変化に弱い，酸素量の減少に弱い．腐敗産物，とくにH_2Sに耐えることができない
原生動物	ほとんどが細菌摂食者．アメーバ類，鞭毛虫類，繊毛虫類などの原生動物が優占種	細菌摂食者が優占種．アメーバ類，鞭毛虫類，繊毛虫類に加えて太陽虫，吸管虫が出現	太陽虫や吸管虫類の汚濁に弱い種類，渦鞭毛虫類が出現	鞭毛虫類，繊毛虫類が少数出現
水生動物	ミクロなものが主で，輪虫，ぜん形動物*，昆虫の幼虫が少数出現することがある	ミクロなものが大多数を占め，貝類，甲殻類，昆虫の幼虫が出現．魚類のうちコイ，フナ，ナマズなどはここにも生息	多種多様になり，淡水海綿，こけ虫類，ヒドラが出現，貝類，小形甲殻類，昆虫の幼虫，両生類，魚類の多くの種類が出現	多種多様になり，昆虫の幼虫の種類が多い．他に各種の動物が出現
水生植物	珪藻，緑藻，接合藻，高等植物は出現しない	藻類が大量に発生，藍藻，珪藻，緑藻，接合藻が出現	珪藻，緑藻，接合藻の多くの種類が出現．ツヅミモ類はここが主要な分布域	水中の浮遊藻類は少ないが，着生藻類は多い

* ぜん形動物は扁形，環形，ひも形動物の総称．

表 2·3　生物学的水質階級と肉眼的生物の分布（津田，1964；森下，1979から抜粋）

	強腐水性水域	α-中腐水性水域	β-中腐水性水域	貧腐水性水域
昆虫類	ユスリカ(赤) チョウバエ ハナアブ	ユスリカ(褐) シオカラトンボ ゲンゴロウ……… ミズカマキリ………	ユスリカ(青) コガタシマトビケラ ヒメカゲロウ ヒラタドロムシ …ゲンゴロウ シロタニガワカゲロウ……… …ミズカマキリ アキアカネ オニヤンマ………	ユスリカ(白) ナガレトビケラ ヒラタカゲロウ カワゲラ ヒゲナガカワトビケラ …シロタニガワカゲロウ ウルマーシマトビケラ ムカシトンボ …オニヤンマ
甲殻類		ミズムシ アメリカザリガニ	スジエビ ザリガニ	ヨコエビ サワガニ
貝　類	サカマキガイ……	サカマキガイ ヒメタニシ ヒメモノアラガイ ドブガイ	カワニナ……… マルタニシ モノアラガイ	…カワニナ
ミミズ ・ヒル		イトミミズ……… シマイシビル…… マネビル	イトミミズ シマイシビル プラナリア………	 …プラナリア
魚　類		フナ……………… コイ……………… オイカワ…………	…フナ …コイ …オイカワ ウグイ……… ニゴイ	ヤマメ イワナ アマゴ …ウグイ アユ
水　草	クロモ………………	…クロモ……… センニンモ……… エビモ………… イトヤナギモ………	…クロモ …センニンモ …エビモ …イトヤナギモ ササバモ	バイカモ セキショウモ ネジレモ

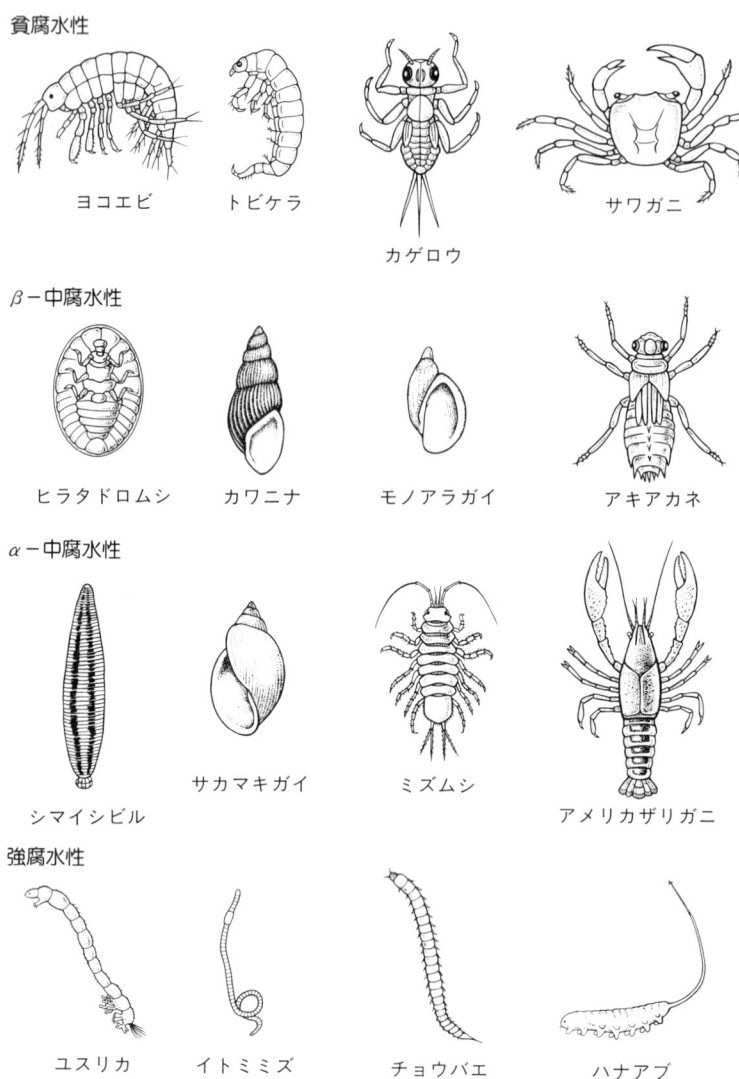

図 2・1 　生物学的水質階級と水生動物

2・3　生物種による水質の判定

2・3・1　優占種法

河川に生息する生物の種類は，水の汚れの程度によって異なっている（表2・3）．そのため，ある水域で採集した生物がどの腐水性階級に属するものかがわかれば，その水域のおよその水質を判定することができる．この方法を優占種法という．例えば，イトミミズや赤色のユスリカ（図2・1参照）が多く見つかれば，その水域は強腐水性であるといえる．また，サワガニやイワナがいると，その水域は貧腐水性であると判定できる．

2・3・2　汚濁指数法

一方，汚濁の程度を数値で表現する方法が汚濁指数法である．この方法は，ある水域に生息する動物の種類とその個体数を調査し，下式を用いて汚濁指数を算出する．その動物が属する腐水性階級の指数を S（貧腐水性水域種を1，β-中腐水性水域種を2，α-中腐水性水域種を3，強腐水性水域種を4），個体数を h（「少ない」を1，「中程度」を2，「多い」を3）とする．

$$汚濁指数 = \sum(S \cdot h) / \sum h$$

汚濁指数が1.5以下では貧腐水性水域であり，1.5〜2.5では β-中腐水性水域，2.5〜3.5では α-中腐水性水域，3.5〜4.5では強腐水性水域である．

優占種法と汚濁指数法ではほぼ一致した結果が得られる．しかし，このような生物学的水質判定法は，生物種の同定のためにかなりの経験を必要とすることや，川の流速，水深，川底の状態などの違いによって結果にばらつきが生じる欠点がある．そのため1回の測定だけでは水質の判定が困難である．

2・4　合成洗剤による汚染

河川を汚染する物質の一つに生活排水に含まれている合成洗剤（表2・4）がある．近年，わが国では合成洗剤の生産量や使用量が急激に増加し，その

表 2・4 家庭で使用される合成洗剤の成分と用途

界面活性剤	助 剤	用 途
陰イオン系 　直鎖型アルキルベンゼンスルホン酸 　　ナトリウム（LAS） 　α-オレフィンスルホン酸ナトリウム 　　（AOS） 　アルキル硫酸ナトリウム（AS） 　ポリオキシエチレンアルキル硫酸 　　ナトリウム（AES）	リン酸塩*（トリポリリン酸ナト 　リウム，ピロリン酸ナトリウ 　ムなど） 硫酸塩 炭酸塩 ケイ酸塩 ケイ酸アルミニウム塩（ゼオラ 　イト） 有機溶剤など	台所用 　食器， 　野菜，果実 衣料用 　木綿， 　化学繊維 住居用 　家具，床， 　ガスレンジ， 　ガラス， 　浴室
非イオン系 　ポリオキシエチレンアルキルエーテル 　　（AE） 　ポリオキシエチレンフェニルエーテル 　　（APE） 　ポリオキシエチレン脂肪酸エステル 　　（FAE）		

* 現在はほとんど使われていない．

　消費量は年間約 100 万 t にも達しているという．そのため合成洗剤による河川水の汚染が深刻な問題となっている．

　合成洗剤は界面活性剤が主成分で，それに助剤が加えられている．界面活性剤は，家庭用の合成洗剤ばかりでなく，多くの産業でも洗浄剤や乳化剤として使用されている．排水に含まれている界面活性剤は水生生物に対して強い毒性をもっている．一方，助剤の一つであるトリポリリン酸ナトリウムは水中の植物プランクトンの増殖を促進するため，海，湖沼，河川における水質汚濁の原因となり，大きな社会問題となった．日本では現在，家庭用の合成洗剤はほぼ 100％ 無リン化されているが，最近の合成洗剤（ボディソープやシャンプー）の中には，界面活性剤中にアルキルリン酸塩を含むものが増えてきているという．

　界面活性剤は，魚類の鰓に吸着されて炎症を起こさせたり，呼吸機能を低下させることが知られている．また，鰓から体内に取り込まれた界面活性剤は，肝臓や腎臓などで多量に蓄積されて，それぞれ機能障害をひき起こして

いる．

　界面活性剤は，油になじみやすい疎水基と水になじみやすい親水基とから構成されている．疎水基のアルキル基は，直鎖型のほうが分岐鎖型より毒性が強い．ヒメダカを使用した実験で48時間後に半数を死亡させる濃度を調べてみると，直鎖型アルキルベンゼンスルホン酸ナトリウムでは $4.0\,mg/l$，分岐鎖型アルキルベンゼンスルホン酸ナトリウムでは $22.0\sim36.5\,mg/l$ であった．しかも直鎖が長くなるほど毒性が強くなるという（若林・菊地，1976）．一方，分岐鎖型は毒性は低いが，分解されにくくて環境中に長く留まるという欠点がある．親水基については，その化学構造や使用する生物種によって毒性の程度が変化するが，エチレンオキシド鎖 $(CH_2CH_2O)_n$ を含むものは，その鎖が長くなればなるほど毒性が低下するという．

2・5　殺虫剤による汚染

　近年，わが国では農業害虫の防除のために多量の殺虫剤が散布されてきた（第5章参照）．そのため，水田や畑地から多量の殺虫剤が河川に流れ込んで，河川の水生生物に悪影響を及ぼしている．例えば，最近ではトンボやホタルなどの昆虫（幼虫が水生）や，タニシ，エビ，メダカ，ドジョウなどが激減してしまったが，カなどは逆に増加している．

　トンボやホタルは，年1回しか発生せず繁殖力が弱いうえに，肉食性のため食物連鎖を経て殺虫剤が体内に濃縮・蓄積され，その毒性によって死亡する．そのため個体数が減少してしまう．魚類に対しては，殺虫剤が摂食率や体重の低下，病気に対する抵抗性の低下，鰓膜の厚化，繁殖率の低下などをひき起こすことが知られている．

　一方，カは年間の発生回数が多いうえに，幼生は水中に生活していても，水面で空気呼吸をするため，殺虫剤の体内への取り込みが少ない．そのうえ，天敵である捕食昆虫が殺虫剤によって減少していることもあって，増加しやすい環境になっている．

　殺虫剤による汚染は，外国でも多くの問題をひき起こしている．カナダの

ニューブルンスビックでは，トウヒの原生林に発生した害虫トウヒノシントメハマキの防除のために，大量のDDTを空中から散布した．このDDTが河川に流入して，水生昆虫を全滅させ，それを餌としていた大西洋サケの稚魚が餌不足によって90％も死亡したという（5・1節参照）．

2・6 重金属による汚染

重金属は鉱業をはじめとする産業排水に含まれており，それによる河川の汚染が問題をひき起こしてきた．足尾銅山鉱毒事件は，明治時代の三大鉱毒事件の一つで，当時日本最大の足尾銅山（栃木県）から流出した鉱毒によって，渡良瀬川の水生生物や沿岸の住民が大きな被害を受けた公害である．このような公害は近年でも起こっている．

2・6・1 重金属による公害の例
(1) カドミウム汚染によるイタイイタイ病

1955年頃，富山県神通川の流域で体に激しい疼痛を起こす「イタイイタイ病」が発生した．患者の多くは女性で，最初は腰痛や下肢筋肉痛で始まり，この状態で数年が経過する．その後，妊娠や授乳，更年期による内分泌失調などのカルシウム不足や，老化による骨変化が誘因となって症状が急速に進行し，四肢骨や肋骨などに骨格の変形や骨折を生じる．病理学的には骨軟化症に一致しているが，肝臓や腎臓の障害も併発していた．

その後，イタイイタイ病はカドミウムの慢性中毒によって，腎臓機能不全のほか，血液中のリン酸塩の濃度が減少して骨からカルシウムを奪うため，骨軟化と骨折を起こすことがわかってきた．

問題のカドミウムは，神通川上流で亜鉛の精錬をしていた鉱業所から出る廃液に含まれており，このカドミウムに汚染された水や土壌で栽培された米を長年摂取した人々にこの症状が発生した．患者が多発した地域の水田土壌中のカドミウムは3ppmを超えており，そこで栽培された米のカドミウム含量は他の地域の米に比べて10倍以上も高かった．また，患者の血清や尿中のカドミウム濃度も高く，肝臓のカドミウム濃度は一般人の10倍以上であっ

た．1978年までのイタイイタイ病の認定患者数は210名で，内死亡者は80名であったが，神通川流域以外の地域からは1名の患者も出ていなかった．

(2) 水銀汚染による第二水俣病（新潟水俣病）

1965年頃，新潟県阿賀野川の流域に有機水銀中毒と診断される患者が多発した．患者の症状は熊本県の水俣病（**4・4・1**項参照）に類似しており，「第二水俣病」と呼ばれていた．患者は，四肢や口周りのしびれ感，知覚鈍麻，味覚異常，視野狭窄，歩行不安定，言語障害などアルキル水銀による中毒症状と一致していた．頭髪に含まれる水銀値が320 ppmの患者もいた．

調査の結果，阿賀野川の河口から上流50 kmのところに昭和電工の鹿瀬工場があり，その排水に含まれていたメチル水銀が原因であるとされた．河川では，排出されたのが無機水銀であっても微生物によって毒性の強いメチル水銀に変えられる．メチル水銀はまず藻類に取り込まれ，その藻類を水生昆虫などが食べ，それらを餌としたウグイやニゴイなどの魚が汚染され，さらに食魚性のウナギなどにメチル水銀が高濃度に蓄積されたという．すなわち，メチル水銀が生物の食物連鎖を経て川魚に高濃度に濃縮・蓄積され，その川魚を食べた流域の住民が有機水銀中毒を起こしたと推定された．しかも患者の川魚摂取量と頭髪水銀量との間に高い相関関係が認められた．この新潟水俣病事件は，30年後の1996年に昭和電工が被害者に補償費を支払うことでやっと和解が成立した．

人では，摂取されたメチル水銀の90％以上が腸管で吸収され，腎臓や肝臓に多量に蓄積される．脳にも多く蓄積されて神経系を損傷する．水銀は一度生体に取り込まれると排泄されにくく，動物実験では体内の水銀の半分が排泄されるには約70日を要するという．

2・6・2 重金属の毒性発現機構

重金属により障害を受ける人体の部位は，重金属の種類によって異なる．一般的には，その重金属がとくに高濃度に蓄積された部位が障害をうけると考えられている．しかし，重金属が最も蓄積されやすい臓器が必ずしもその重金属の標的臓器にならない例もある．メチル水銀は脳に蓄積されて中枢神

経を侵すが，マウスにメチル水銀を注射してみると，投与直後は腎臓に最も多く蓄積される．カドミウムによるイタイイタイ病では，患者の骨中に高濃度のカドミウムが検出されるが，その蓄積量は骨よりも腎臓や肝臓のほうがはるかに高い．そのため重金属による毒性の発現には，各臓器や組織での蓄積量に加えて，重金属に対する臓器や組織の感受性が関わっていると考えられる．

　生体内に取り込まれた重金属は，大部分が生体成分と結合して錯体（金属イオンのまわりを原子や分子が取り囲んでいる化合物）を形成する．とくにタンパク質のアミノ基，カルボキシル基，SH 基，水酸基などが結合の対象になる．重金属が酵素の活性中心に結合すれば，酵素は活性を失ってしまい，細胞や組織の機能が低下してしまう．例えば，鉛中毒時に見られる貧血は，血色素合成に関与する酵素の働きが鉛によって抑制されるために起こるのである．もちろん重金属の種類によって，タンパク質など生体成分との親和性の違いがあるため，毒性発現のしかたが異なる．

　体内の多くの酵素には金属元素が構成成分として含まれており，酵素の活性発現に重要な役割を担っている．その金属元素が他種の金属元素と置き換わって，酵素が活性を失うことも毒性発現機構の一つとされている．例えば，鉛は δ-アミノレブリン酸脱水素酵素の活性を阻害するが，それは鉛がこの酵素の活性中心にある亜鉛と置き換わるためといわれている．カドミウムも亜鉛と置換しやすいが，カドミウムによる動物の中毒症状は亜鉛が欠乏したときにみられる症状に似ている．しかもカドミウムによる中毒症状は，亜鉛を同時に投与すれば，中毒症状の発現が抑えられるという．

　重金属中毒の患者に対しては，重金属の排泄を促進する目的でしばしばキレート剤（分子の複数部位で金属に配位する化合物）の投与が行われている．キレート剤としては Ca-EDTA や 2,3-ジメルカプトプロパノールなどの SH 化合物が用いられる．これらの物質は，重金属と安定な錯体を形成して重金属を体外に排泄させる効果がある．鉛中毒の患者に Ca-EDTA を投与すると，尿中に排泄される鉛量は 10〜50 倍にも増加するという．

2・7 河川の自浄作用

河川の自浄作用（自然浄化作用）とは，河川に有機物を含む汚水が流入した場合，流れていく間に自然の作用によって浄化される現象をいう．自浄作用のしくみを知ることは，河川の水質汚濁防止のために重要である．

河川敷の石を河水に浸しておくと，まず細菌やカビが付着して繁殖し，次に珪藻などが繁殖する．細菌やカビは水中の有機物を無機物にまで分解する．河川では細菌などが繁殖している浅瀬の砂や石が，水質浄化に重要な役割を果たしている．

河川水に含まれている有機物や汚染物質の濃度は $C_t = C_0 10^{-kt}$ の式にしたがって減少していくことが知られている．この式の C_0 は最初の汚染物質の濃度，C_t は t 時間（通常，日数を単位とする）流れたときの汚染物質の濃度であり，k（自浄係数）は自浄作用の速度を表している．この式は，自浄作用が最初は急速に進行し，時間の経過とともに緩慢になることを示している．k の値が大であれば，自浄作用の速度が大きいことになる．日本の河川では $k = 0.3 \sim 0.5$（10 日間流れれば，汚染物質は 3～5 割に減少する）の例が多く，外国の大きな川では $k = 0.1$ が平均的な値である．

2・8 河川環境の保全 ―多自然型河川工法―

最近，スイス，ドイツなどでは，水辺に豊かな自然を保った河川づくりが試みられており，「多自然型河川工法」と呼ばれている．この工法では自然環境を重視して，河川の改修の際に岸には多くの樹木を植え，岸辺には 30 cm 程度の石を並べ，川床には砂利や玉石を敷いたり，大きな石を置いたりしている．それによって水流に緩急をつけて，水の自浄能力を高め，水生昆虫や魚が生息しやすいようにしている．

日本でも，最近自然環境に配慮した河川づくりが望まれており，国土交通省も生物の生育環境に配慮した「多自然型川づくり」を各自治体に求めている．神崎川（大阪府）の河川改修では，治水優先のコンクリート護岸だけで

なく，部分的に自然の岩場をつくる多自然型工法を取り入れて，魚が住み着くよう配慮している．水質悪化でよく知られている大和川（大阪府・奈良県）でもこの工法が部分的に試みられ，その水域では水質が改善されたという．淀川では，川辺につくった人工の池「わんど」に天然記念物の淡水魚イタセンパラが戻ってきている．国土交通省多自然型川づくりレビュー委員会の提言(2006年)によれば，多自然型川づくりは多くの河川で行われるようになってきたものの，場所ごとの自然環境の特性への考慮を欠いた改修や，他の施工区間の工法をまねただけの安易な川づくりもまだ多数見られるという．

　河川の生態系は陸上の生態系とつながっている．そのため河川のみでなく，その周辺の環境をも含めて保全しなければ，河川に生息する生物の多様性は維持できない．

3 湖沼の汚濁・汚染

　日本の湖沼の多くが自然性を失いつつある．人工湖岸化や埋め立てが急ピッチで進んでいる．湖水の透明度も低下している．水がきれいな湖は貧栄養湖と呼ばれているが，周辺からいろいろな物質が流れ込むと，水質が悪化し，植物プランクトンも増加して，しだいに富栄養湖に変っていく．湖が富栄養化すると，汚濁に弱い生物は生息できなくなり，汚濁に耐えられる生物のみが増殖するため，以前とは異なった生物構成になってしまう．日本最大の湖・琵琶湖でも，富栄養化によってセタシジミなどの固有種が絶滅の危機にさらされている．環境悪化がさらに進むと，生物も生きられない死の湖になってしまう．最近，自然湖岸の砂浜やヨシの群落などが湖水の浄化に大きな役割を果していることがわかってきた．湖沼の死を防ぐためにも，自然環境を守っていかねばならない．

3・1　湖沼環境の破壊

　日本には1ha以上の湖沼が480ほどある．そのうち300近い湖沼で，近年人工湖岸化や埋め立てが急ピッチで進んできた．1982年には自然湖岸が，長野県の諏訪湖ではついに0％になり，茨城県の霞ヶ浦ではわずか7％になり，琵琶湖では49％が残されているだけになった．1991年度の自然環境保全基礎調査によると，全国の湖沼で残された自然湖岸は総延長1803kmであり，コンクリートなどの人工湖岸が965kmに急増していた．人工湖岸化が最

表3・1 全国主要湖沼の水質汚濁状況（「平成15年版 環境白書」より作表）

湖沼名（都道府県名）	COD (mg/l) 2000年	COD (mg/l) 2001年	湖沼名（都道府県名）	COD (mg/l) 2000年	COD (mg/l) 2001年
阿寒湖（北海道）	3.0	2.6	手賀沼（千葉）	14.0	11.0
支笏湖（北海道）	0.7	0.7	野尻湖（長野）	1.8	1.5
十和田湖（青森・岩手・秋田）	1.4	1.3	諏訪湖（長野）	5.7	5.2
田沢湖（秋田）	0.8	0.7	琵琶湖（滋賀）	3.2	3.1
猪苗代湖（福島）	0.5	0.5	児島湖（岡山）	8.2	8.4
霞ヶ浦（茨城）	7.2	7.3	中海（島根・鳥取）	5.0	5.0
中禅寺湖（栃木）	1.7	1.4	宍道湖（島根）	4.5	4.2
印旛沼（千葉）	10.0	9.5			

COD：化学的酸素要求量．水中の有機物を酸化剤で分解する際に消費される酸化剤の量を酸素量に換算した値．

も急速に進んだのは千葉県の印旛沼で，1985～91年の6年間に11.5kmもコンクリート化され，全体の90％近くが人工湖岸になってしまった．

　湖岸の自然破壊に加えて，多くの湖沼では水質の悪化が目立っている（表3・1）．湖沼の周辺から，農業排水，産業排水，生活排水が流れ込むためである．これらの排水には水質悪化の原因となる物質が多量に含まれている．雨が降ると，周辺の農地から化学肥料の窒素やリンを含んだ水が流れ込み，植物プランクトンの増殖をひき起こして，湖水を汚濁させている．農薬も流れ込んでいる．産業排水には湖の生物にとって有害な物質も含まれている．生活排水には，合成洗剤や微生物の増殖を助ける有機物も含まれている．霞ヶ浦の汚濁は，その半分ほどが生活排水の有機物によるためだといわれている．

　最近，代表的な水草である車軸藻が全国の湖沼で激減していることが明らかになった．野尻湖，霞ヶ浦，手賀沼など14の湖沼では，1963年頃には3～10種類の車軸藻が確認されていたが，1996年にはすでに絶滅してしまっていた．水質汚濁で水の透明度が低下して，光合成に必要な光が届きにくくなったり，農薬など有害物質が流れ込んだためと考えられている．車軸藻の群生水域は水生昆虫，エビ，小魚の重要な生息域で，これが絶滅して"湖の砂漠化"が進むと，湖の生態系に深刻な影響を与えることになる．

近年,湖でのブラックバス釣りなどにプラスチック製の「ワーム」がよく使用されている.ワームとは,形をミミズや小魚などに似せて,色やにおいをつけて生き餌そっくりに仕上げた擬似餌のことである.ワームは古くなれば湖に捨てられるため,湖底にはたいへんな数のワームが沈んでいる.神奈川県芦ノ湖では,桟橋周辺の湖底に多いところでは $1\,m^2$ に 40 個近いワームが散乱していたという.琵琶湖の東岸でも面積 $900\,m^2$ ほどの湖底から約 40 kg ものワームが回収された.湖底に沈んだワームは,魚が餌と間違えてのみ込んで,消化できずに死ぬケースが多発している.芦ノ湖では,捕獲されたマス類の約 6 割がワームをのみ込んでいたという.ワームには,プラスチックを柔らかくするための可塑剤としてフタル酸ジエチルヘキシル(DEHP)が含まれている.この DEHP は生物に生殖障害を与える環境ホルモン(6・4節参照)の一つといわれている.1 週間でワームに含まれる DEHP の数%が水中に溶け出して,最終的には 77%ほどが溶け出るという.DEHP は水中で大半が分解されるが,湖底に残ったワームからは次々と溶け出てくる.

3・2　貧栄養湖と富栄養湖

3・2・1　貧栄養湖と富栄養湖の特徴

湖は,最初は深くて水が澄んでいる.そのような状態を保っている湖を貧栄養湖と呼んでいる.しかし長い年月を経る間に,周辺から土砂が流入してしだいに浅くなり,無機塩類や有機物も蓄積されて湖水が濁りはじめ,富栄養湖へと移行していく.それにともなって生物の種類が変化して,生物の多様性も失われていく.貧栄養湖と富栄養湖の一般的な特徴を表 3・2 に示した.

貧栄養湖は,栄養塩類が乏しくて植物プランクトンが少なく,水の透明度が 5〜8 m 以上である.そこにいる生物は酸素が多くてきれいな水にしか生息できない.貧栄養湖では,一般に生物の種類数は多いが,各種類の個体数は少ない.日本では摩周湖,洞爺湖,支笏湖,田沢湖,猪苗代湖,十和田湖などが貧栄養湖の例とされている.北海道の摩周湖は,1931 年には透明度が 41.6 m で世界第 1 位であった.2004 年には 19.0 m にまで低下したが(北見

表 3・2 貧栄養湖と富栄養湖の一般的特徴（津田，1964 より改表）

	貧栄養湖	富栄養湖
湖盆の形態	深くて，湖棚の幅は狭い 深水層は表水層に比べて容量が大きい[*1]	浅くて，湖棚の幅は広い 深水層は表水層に比べて容量が小さい[*1]
湖底の堆積物	有機物に乏しく，珪藻の骸泥が多い	骸泥または腐泥が多い
湖水の色	藍色または緑色	緑色ないし黄色
水の透明度[*2]	大（5 m 以上）	小（5 m 以下）
水の pH	中性付近	中性または弱アルカリ性
水中の栄養塩類	少ない N<0.15 mg/l　　　　　P<0.02 mg/l	多い N>0.15 mg/l　　　　P>0.02 mg/l
水中の溶存酸素	全層を通じて飽和に近い	表水層は飽和または過飽和，変水層または深水層では常に著しく減少している[*1]
水中のクロロフィル量[*3]	20 mg/m^3 以下	50 mg/m^3 以上
植物プランクトン	貧弱．主に珪藻	豊富．夏には藍藻が水の華をつくる 珪藻，鞭毛藻も多い
動物プランクトン 底生動物	貧弱．甲殻類が多い場合もある 種類数は多い．生存可能な溶存酸素量の範囲が狭い 示標種はナガスネユスリカ属（*Tanytarsus*）	豊富または中量．輪虫類が多い 種類数は少ない．生存可能な溶存酸素量の範囲が広い 示標種はオオユスリカ（*Chironomus plumosus*），セスジユスリカ（*C. dorsaris*）
魚類	貧弱．マス，ウグイなど，生存可能な温度範囲が狭いものが多い	豊富．コイ，フナ，ウナギ，ワカサギなど，生存可能な温度範囲が広いものが多い
水生植物	少ない．かなり深いところにまで分布	多い．浅い水域のみ繁茂できる

[*1] 湖は，水面から湖底まで三つの層に分けられる．夏に，水面から垂直に水温を測っていくと，ある深さまでくると急激に水温が低下する層がある．この層を変水層または躍層と呼び，これより上部を表水層，下部を深水層と呼んでいる．表水層では，太陽の輻射エネルギーを受け，季節によって温度変化が激しく，水の上下循環が大きい．深水層では，温度変化や水の動きが少ない．そのため変水層を境として，生物の種類や分布も異なっている．

[*2] 透明度とは，直径 30 cm の白色円板を湖に沈めて，それが見えなくなる深さをいう．

[*3] クロロフィル量は，一定量の湖水を濾紙で濾過して，集めた植物プランクトンからアセトンでクロロフィルを抽出し，その量を分光光度計で測定する．

工業大学の調査による），日本ではいまだに最も澄んだ湖である．

貧栄養湖から富栄養湖へ移行する中間の段階を中栄養湖と呼ぶ場合もある．中禅寺湖，野尻湖，琵琶湖の北湖などがその例とされている．群馬県の尾瀬沼は，1960年には透明度が6mであったが，1995年には4m，2004年には3mになり，中栄養湖の程度にまで水質が悪化している．ハイカーの増加が影響しているらしい．

富栄養湖には，栄養塩類や有機物が多く含まれており，植物プランクトンの増殖が盛んで，水の透明度が低い．ここには汚濁に耐えられる種類のみが生息するので，生物の種類数は少なくなるが，各種類の個体数は多くなる．一般に，原生動物，藍藻，鞭毛藻のミドリムシ，輪虫類（図3・1）などは汚濁に強い．富栄養湖の例として，琵琶湖の南湖，霞ヶ浦，諏訪湖などがある．湖沼水質保全特別措置法では特に水質保全対策が必要な湖沼として，釜房ダム貯水池，霞ケ浦，印旛沼，手賀沼，野尻湖，諏訪湖，琵琶湖，中海，宍道湖，児島湖が指定されている．

3・2・2　富栄養化にともなう生物交代

湖の富栄養化が進むと，水質がしだいに悪化し，生物の種類数や個体数も変化していく．その代表的な例が諏訪湖の生物交代である（表3・3）．

諏訪湖は，湖の表面積が $13.3\,km^2$ であり，水深は平均$4.7\,m$，最大深度が$7.2\,m$の扁平な湖である．明治の中期から昭和10年代までは，湖周辺に製糸業が隆盛をきわめ，戦後はカメラや時計などの精密工業が発達した．その間，産業排水や生活排水が湖に流れ込んだため，1960年頃から富栄養化が急速に進んで，代表的な富栄養湖になった．現在では，全リン濃度については環境基準値を達成するくらいに改善されてきているという．

植物プランクトンは，1910年には珪藻のメロシラやホシガタケイソウが優占種であったが，1950年以後は富栄養化にともなって藍藻のミクロキスティス（3・4節参照）が優占種となり，夏には大発生して湖水の表面に緑色の「水の華」（アオコ）を形成している．

魚介類は，1910年頃にはシジミ（マシジミ），エビ（テナガエビ，スジエ

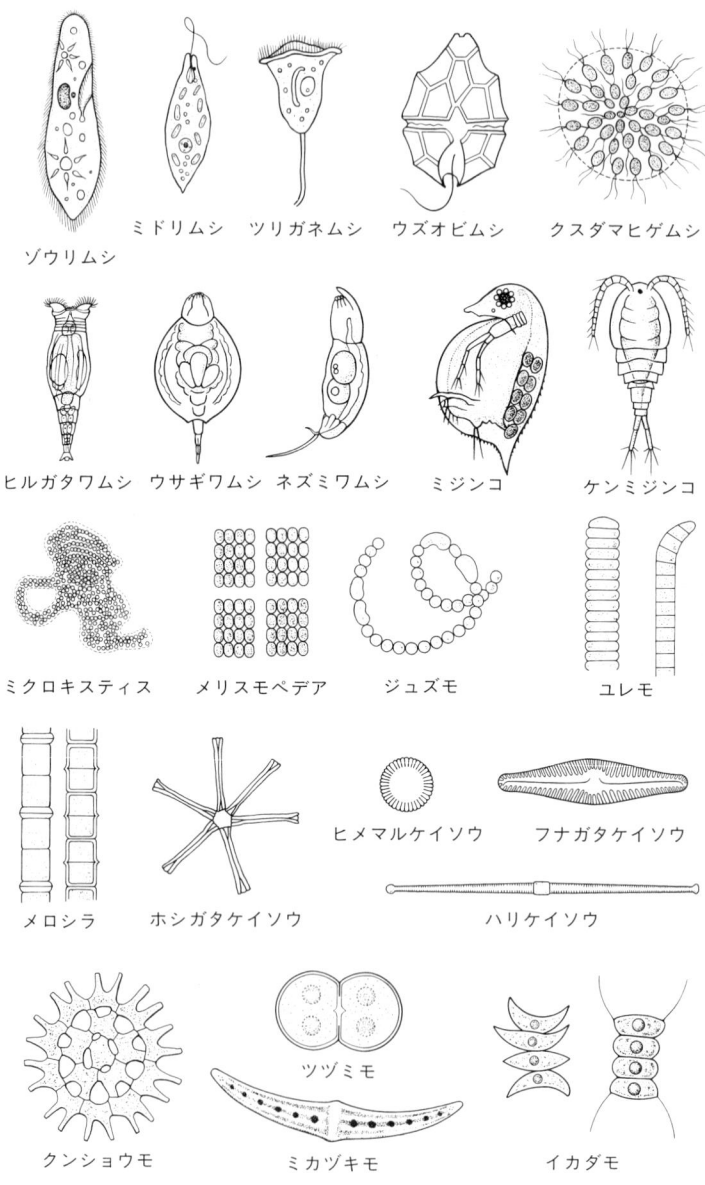

図3·1　淡水プランクトン

表3・3 富栄養化にともなう諏訪湖の生物種と個体数の変化
(倉沢・山岸, 1971；山岸, 1973 より改表)

	1910年	1950年	1969年
植物プランクトンの種類 (優占順位 [ ], %)			
(藍藻) ミクロキスティス		[1] 60%	[1] 90%
(珪藻) メロシラ	[1]	[2]	[2]
ホシガタケイソウ	[2]	[3]	[3]
ハリケイソウ	[3]	[4]	[6]
ヌサガタケイソウ	[4]	[5]	
ヒメマルケイソウ	[5]		[4]
魚介類の種類と漁獲量 (優占順位 [ ], 漁獲量 t, %)			
マシジミ	[1] 281.2 (28.8)	[3] 27.2 (11.2)	[5] 7.3 (1.8)
エ ビ	[2] 117.8 (17.5)	[9] 5.1 (2.1)	[22] 0.01
ウ グ イ	[3] 41.9 (6.2)	[17] 0.01	[15] 0.3
コ イ	[4] 30.4 (4.5)	[7] 7.4 (3.0)	[4] 12.5 (3.0)
ウ ナ ギ	[5] 4.9 (0.7)	[8] 6.3 (2.6)	[14] 0.3
ア マ ゴ	[6] 1.5 (0.2)	[16] 0.03	[17] 0.1
ワカサギ (1915年に移入)	—	[1] 83.8 (34.5)	[1] 306.9 (74.2)
フ ナ	—	[2] 52.7 (21.7)	[2] 47.1 (11.4)
タ ナ ゴ	—	[4] 19.9 (8.2)	[23] 0.005
タ ニ シ (むきみ)	—	[5] 15.6 (6.4)	[3] 17.7 (4.3)
ヨシノボリ	—	[6] 11.2 (4.6)	[9] 1.7 (0.4)
オイカワ	—	[10] 3.7 (1.5)	[10] 1.1 (0.3)
ナ マ ズ	—	[11] 3.3 (1.3)	[7] 5.0 (1.2)
モ ロ コ (1925年に移入)	—	[12] 3.1 (1.3)	[6] 6.8 (1.7)
ドジョウ	—	[13] 2.1 (0.9)	[8] 4.7 (1.1)
大型水生植物 (優占順位 [ ], %)			
センニンモ	[1]	[5] 5%	[8]
ヒロハノエビモ	[2]	[7]	[7]
ホザキノフサモ	[3]	[10]	
セキショウモ	[4]	[2] 20%	[4] 4%
イバラモ	[5]	[6]	[10]
ク ロ モ	[6]	[1] 40%	[2] 30%
マ ツ モ	[7]	[4]	[9]
ササバモ		[3] 12%	[3] 17%
ヒ シ		[8]	[1] 34%

ビ),ウグイなどが漁獲量の上位を占めていたが,最近ではワカサギ,フナ,コイなどに交代してしまった.ワカサギはそれを捕食する上位の魚種が少なく,稚魚の餌となる輪虫類も多いため,漁獲量の70％以上を占めている.また2000年以降,外来種のブラックバス(オオクチバス,コクチバス)やブルーギルが急増している.

水草では,1910年代には沈水性のセンニンモが優占種であったが,その後はクロモやセキショウモに交代し,近年は半浮葉性のササバモや浮葉性のヒシが増加している.湖水が汚濁して太陽光が通らなくなり,沈水性の水草は生息しにくくなったらしい.

このように湖の富栄養化にともなって,汚濁に弱い生物が次々と姿を消し,汚濁に耐えられる種類のみが増加して,湖に生物交代が起こっている.

3・3 琵琶湖の汚濁

3・3・1 琵琶湖と生物

琵琶湖は日本で最大の湖であり,その形が楽器の「琵琶」に似ていることから,その名がつけられた.通常,北湖と南湖に分けられ,北湖は平均深度が45.5m,最大深度が104mであるが,南湖は平均深度が3.5m,最大深度が7mである.北湖の面積は南湖の11倍もあり,容積では140倍にもなる.

琵琶湖の誕生は約400万年前で,人類誕生の時期に近く,その古さはバイカル湖やタンガニーカ湖とともに世界有数である.そのため,この湖に古くから生息し適応してきた貴重な生物が多くみられ(表3・4),学問的にも貴重な湖であるといえる.

琵琶湖には約70種の魚類が生息しており,そのうちホンモロコ,ニゴロブナ,ゲンゴロウブナ,ビワコオオナマズ,イサザ,ビワマスなど15種が固有種である.フナやナマズは,それぞれ生息場所の「すみわけ」や餌の「食いわけ」によって,琵琶湖に巧みに適応しつつ生存してきた.

フナは,ゲンゴロウブナ,ニゴロブナ,ギンブナの3種類がいる.ゲンゴロウブナは,湖の沖の表層から中層を遊泳しており,主として植物プランク

表3・4 琵琶湖に生息する固有種（Nishino & Watanabe, 2000；
滋賀県琵琶湖環境部資料などより作表）

藻類（6種）
　（珪藻類）スズキケイソウ，スズキケイソウモドキ，（緑藻類）ビワクンショウモ，ビワクンショウモの1変種（2種）
被子植物（2種）
　ネジレモ，サンネンモ
原生動物（1種）
　ビワツボカムリ
ウズムシ類・環形動物（2種）
　ビワオオウズムシ，イカリビル
貝類（29種）
　(巻貝)ナガタニシ，ビワコミズシタダミ，ホソマキカワニナ，フトマキカワニナ，クロカワニナ，タテヒダカワニナ，ナンゴウカワニナ，ハベカワニナ，モリカワニナ，イボカワニナ，ナカセコカワニナ，ヤマトカワニナ，オオウラカワニナ，カゴメカワニナ，タテジワカワニナ，シライシカワニナ，タケシマカワニナ，オウミガイ，カドヒラマクガイ，ヒロクチヒラマキガイ，(二枚貝)イケチョウガイ，タテボシガイ，オトコタテボシガイ，ササノハガイ，メンカラスガイ，マルドブガイ，オグラヌマガイ，セタシジミ，カワムラマメシジミ
甲殻類（4種）
　ビワミジンコ，アナンデールヨコエビ，ナリタヨコエビ，ビワカマカ
昆虫類（3種）
　ビワコシロカゲロウ，カワムラナベブタムシ，ビワコエグリトビゲラ
魚類（15種）
　ビワマス，ワタカ，ホンモロコ，ビワヒガイ，アブラヒガイ，スゴモロコ，ゲンゴロウブナ，ニゴロブナ，ビワコオオナマズ，イワトコナマズ，イサザ，ビワヨシノボリ，ウツセミカジカ，スジシマドジョウ大型種，スジシマドジョウ小型種琵琶湖型

トンを食べている．ニゴロブナは沖の底層部に生息しており，動物プランクトンや底生生物を餌としている．ギンブナは内湖や内湾の底層に生息しており，主として底生生物を食べている．このように互いに生活場所や餌を変えて，巧みに競争を避けて生存してきた．

　琵琶湖には，マナマズ，イワトコナマズ，ビワコオオナマズが生息している．これらのナマズは食魚性で餌も同じであり，主として夜間に表層付近を遊泳する魚を捕食している．しかし，マナマズは沿岸部や内湖・内湾の底泥に生息しており，イワトコナマズは岩礁の多い湖の北岸に，ビワコオオナマ

ズは沖の中央部に生息している．すなわち，同じ餌を食べながら，生活場所を変えて競争を避けて共存してきたのである．

近年，釣り人が放ったらしい外来種のブルーギルとオオクチバスが異常に繁殖している．オオクチバスを捕らえてみたら，胃の中に琵琶湖特産のスジエビが大量に入っていた．スジエビは佃煮などの材料であり，1982年には漁獲量が940tもあったが，2年後には580tに，1999年には140tにまで激減してしまった．オオクチバスはホンモロコやアユなどをも捕食するため，琵琶湖本来の魚種が減少するのではないかと懸念されている．

3・3・2 自然破壊と水質悪化

近年，琵琶湖の周辺では都市化が進んで人口が急増した．湖岸には道路が敷設され，埋め立てや護岸工事が進んで，沿岸の自然がしだいに失われてきた．ヨシが生えている沿岸水域は，水生昆虫・魚・鳥などの生息や産卵のための貴重な自然環境である．1960年にはその面積が420haであったが，4年後には244haに激減し，1992年には127haにまで減ってしまった．自然湖岸も半分以下になってしまった．このままでは，特産のセタシジミ，フナ，モロコなどの漁業資源が枯渇する可能性も指摘されている．

琵琶湖は，昭和の初期には北湖で透明度が10mもある水のきれいな貧栄養湖であった．近年の都市化にともなって，産業排水や生活排水などが湖に流れ込んで，水質を悪化させてきた．とくに1955年以降の高度経済成長期に水質悪化が加速されて，1975年には北湖は貧栄養湖から中栄養湖へ，南湖は富栄養湖にまで移行してしまった．

近年，琵琶湖でも背曲りなどの奇形魚がしばしば見られるようになった．1973年には，平均13～14％の魚に脊椎骨の異常が見つかっており，最近ではその発生率がさらに高くなっているという．奇形魚の発生は，湖水に流れ込んだ有害物質に原因があるのではないかと考えられている．1992年の調査では，20年以上も前に使用禁止になった殺虫剤のDDT (**5・1**節参照) がまだ湖底の大半に残留しており，PCB (**6・1**節参照)，水銀，カドミウムなどがフナなどに蓄積されていることもわかった．

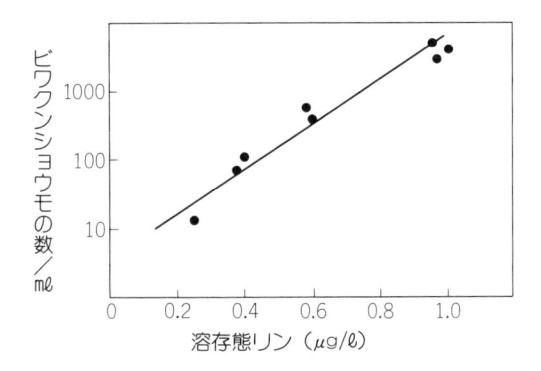

図3・2 湖水中のリン濃度とビワクンショウモの数
(鈴木, 1980 より)

3・3・3 植物プランクトンの大発生

　湖に流れ込む各種の排水には，窒素やリンなどが多量に含まれている．それらを栄養源として，植物プランクトンがたびたび大発生するようになった．北湖ではミカヅキモが増殖して1億3000万個体/m^3に達したこともあるという．植物プランクトンの増殖には，鉄やコバルトなどの成分も関係するが，とくにリンの影響が大きく，湖水中のリンの量と植物プランクトンの発生量との間には高い相関関係がみられる（図3・2）．

　植物プランクトンの大発生は，それが引き金となって，湖底の酸素欠乏，湖水の汚濁，環境悪化による生物交代，赤潮の発生などを次々と連鎖反応的にひき起こした．

3・3・4 湖底の酸素欠乏

　大発生した植物プランクトンはやがて枯死して湖底に沈殿する．その死骸は湖底に雪が降り積もったように見えたという．これらの死骸はやがて微生物によって分解される．その際，多量の酸素が消費されるため，湖底の酸素が欠乏してしまう．植物プランクトンの遺骸1gを分解するには，湖水30リットルに含まれる酸素をすべて消費してしまうという．そのため植物プランクトンが大発生した年には，湖底の酸素はとくに減少している（図3・3）．

　湖底の酸素が不足して還元状態になると，湖底の泥などに吸着されていた

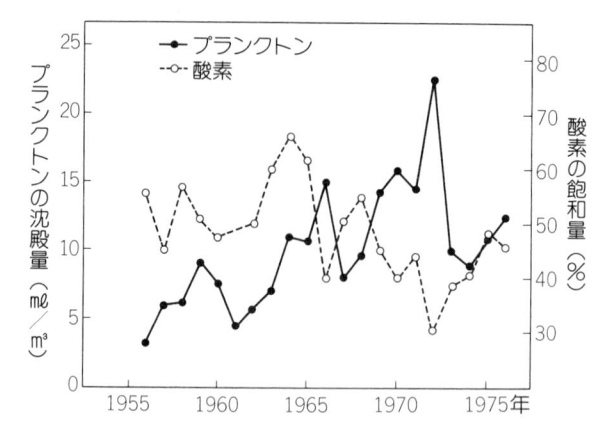

図3・3 琵琶湖(北湖中央)のプランクトン沈殿量と底層部の溶存酸素量(滋賀県水産試験場による調査．鈴木，1980より改写)

リン，鉄，マンガンなどが湖水に溶け出しはじめる．これらの成分は，プランクトンや微生物をさらに増殖させ，赤潮発生の原因にもなり，湖水をさらに汚濁させる．

ジュズモなどの藍藻は，ジェオスミンや2-メチルイソボルネオールなどの臭気物質を放出して，琵琶湖から取る水道水をカビ臭くしているが，植物プランクトンの死骸が微生物によって分解される際にもこれらの臭気物質が放出され，水質を悪化させている．

3・3・5 環境悪化による生物交代

このように生息環境が悪化すると，湖水の汚濁や酸素欠乏に弱い生物は生息できなくなり，それに耐えられる種類のみが増加して，いわゆる生物交代が始まる．

湖底では，琵琶湖固有種のセタシジミが減少しはじめ，汚濁に強いヒメタニシが増加してきた．セタシジミは水深2～8mの砂や砂礫のところにしか生息できないが，ヒメタニシは汚れた環境でも生活できるのである．

水生昆虫は，1945年頃はトンボやトビケラが多く生息していたが，1945～60年頃にはカゲロウが優占種となり，1970年以後は汚濁に強いユス

リカが増加しはじめた．

　魚類では，1960年代に固有種のビワマスが減少しはじめ，汚れた水でも生息できるコイ，フナなどが増加してきた．固有種であるイサザも急激に減少した．イサザの漁獲量は1982年には約500tであったが，1991年には20tに，1993年には1tにまで減少し，1994年にはついに水揚げがなくなってしまった（その後はやや回復してきている）．外来魚の繁殖，湖岸の変化，水質の悪化，魚の獲りすぎなどが重なったためであろう．

　水生植物では，1960～70年はコカナダモが優占種であったが，1971～77年はオオカナダモが優占種となり，エビモ，ネジレモ，クロモなどが減少しはじめた．近年は，水面に葉を浮かべているヒシ，トチカガミ，ガガブタなどの浮葉植物が増加してきた．湖水が汚濁しているため太陽光が透過せず，沈水性植物が生長しにくくなったためであろう．

3・3・6　赤潮の発生

　1977年5月，北湖と南湖の広い水域で大規模に赤潮（4・3節参照）が発生した．この赤潮は黄色鞭毛藻類のクスダマヒゲムシ（*Uroglena americana*）によるもので，直径が20～300μmくらいの群体を形成している．湖水は茶褐色を呈し，異様な生魚臭が水面をただよった．

　琵琶湖では，東岸に農地が広がっており，人口も急増して有機物の流入が増え，湖水の汚濁が進んでいる．しかし，クスダマヒゲムシの赤潮が多く発生する水域は，むしろ西岸に沿った透明度の高い水域である．それはクスダマヒゲムシの赤潮形成に必要とするリン濃度が，他の藻類に比べてかなり低いことが関係しているのであろう．また，赤潮が形成されるためには，プランクトンが異常に増殖して，それが湖水の水平収束運動によって集積される必要がある．琵琶湖西岸には湖水の水平収束運動が発生する水域があり，その水域でクスダマヒゲムシが集積されて，赤潮が発生するものと考えられている．

　2003年には10水域で4日間，2005年には1水域で1日間，赤潮の発生が確認されている．

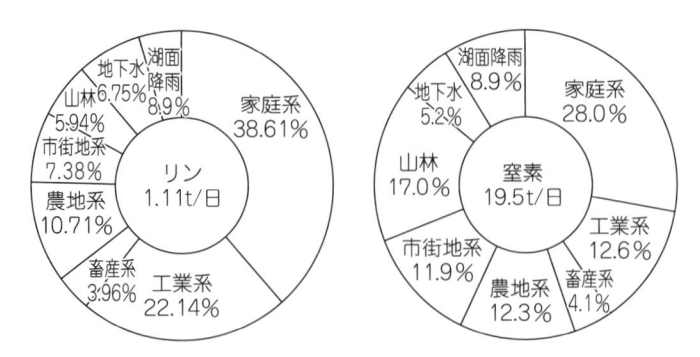

図 3・4 琵琶湖に流入するリンと窒素の量（「滋賀の環境 2006」より改写）

3・3・7 合成洗剤の使用規制

　湖水の汚濁は，湖に流入する窒素やリンによって植物プランクトンが増殖したためである．その増殖はとくにリンによって促進される．

　1980 年の調査では，湖に流入するリンは 1 日 2.3t（そのうち 48.0％ が家庭系），窒素は 1 日 21.4t（そのうち 33.0％ が家庭系）であった．そのため滋賀県では，1979 年に富栄養化防止条例を制定して全国に先駆けてリンや窒素の排水を規制し，1996 年からは「滋賀県生活排水対策の推進に関する条例」（みずすまし条例）を施行して，生活排水に対する様々な施策（例えば，下水道整備に時間のかかる地域では住宅の新築の際に合併処理浄化槽の設置を義務づける，など）を定めた．2000 年時点でのリンと窒素の琵琶湖への流入量は，図 3・4 に示した通りである．

　また，産業排水や農業排水にも多量のリンが含まれているので，今後はこれらの排水についても対策を検討しなければならない．

3・4　アオコに含まれる毒性物質

　夏になると，諏訪湖や霞ヶ浦など富栄養化が進んだ湖沼では，藍藻のミクロキスティス（*Microcystis*）などが大発生して「水の華」（アオコ）を形成する．ジュズモ，ミクロキスティス，ユレモ（図 3・1 参照）などには毒性物質が含まれていることは以前から知られており，外国ではアオコを含む水を飲

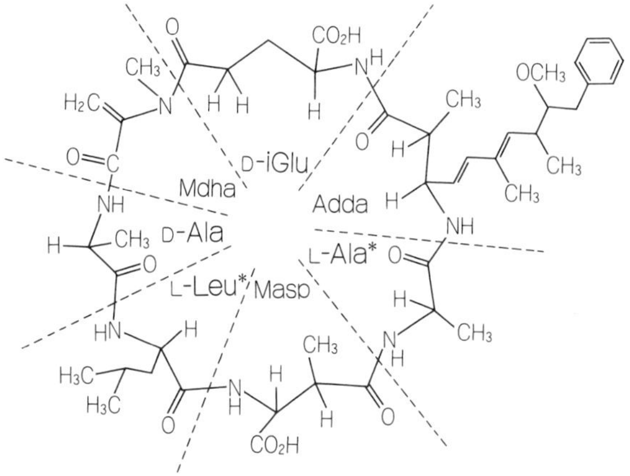

図3・5 アオコの毒性物質ミクロシスチン-LAの化学構造
（ボーツ，1986；楠見，1988より）
Adda：3-アミノ-9-メトキシ-2,6,8-トリメチル-10-フェニルデカ-4,6-ジエノ酸，Mdha：N-メチルデヒドロアラニン，Masp：β-メチルアスパラギン酸．＊：ミクロシスチン-RRでは，ミクロシスチン-LAのL-Ala（アラニン）とL-Leu（ロイシン）の部分がともにArg（アルギニン）になっている．

んだ家畜が死亡したという記録がある．日本でも，ミクロキスティスが繁殖していた兵庫県の貯水池などで，カルガモやサギなどが中毒症状で死亡している．

ボーテスら（1985）は，*Microcystis aeruginosa* からミクロシスチン-LAと呼ばれる毒性物質を初めて単離し，その構造を決定した（図3・5）．渡辺ら（1986）は，日本の湖沼に繁殖しているミクロキスティス属を調べ，*M. aeruginosa* の50％が有毒であること，霞ヶ浦などで優占種である *M. viridis* は例外なく有毒であることを報告した．楠見ら（1987）は，この *M. viridis* からミクロシスチン-LAとよく似た毒性物質ミクロシスチン-RRを分離した．この物質をマウスの腹腔に体重1kg当たり800μgの量で投与すると，マウスは四肢の麻痺，貧血，呼吸障害，肝臓の出血などを起こし，1時間程度で半数が死亡したという．これらの物質は肝臓がんを起こすことも知られている．

1990年代に急速に同族体の化学構造が明らかになり，現在では70種類にもおよぶミクロシスチンの同族体が報告されている．またミクロシスチン以外の藍藻の毒として，ノジュラリン，アナトキシン，サキシトキシンなどが知られている．世界保健機関（WHO）は，最も毒性が強いと考えられているミクロシスチン-LRの一日摂取許容量（ある有害物質を毎日摂取してもその毒性の影響が現れない量）を$1.0\,\mu g$/リットル/日と勧告している．

湖水中では *M. viridis* の細胞が破壊されない限り，ミクロシスチン-RRは細胞外には溶け出ることはない．たとえこの物質を含む湖水を水道水に利用したとしても，この物質は水道水の塩素殺菌処理，オゾン処理，活性炭濾過などによって無毒化あるいは除去されるという．しかし，飲料水の水源である湖にこのような毒性物質を含む藍藻が発生することは問題であり，湖の水を利用する人々の健康管理のためには，このような藍藻の発生を防がねばならない．

3・5 湿原の自然破壊

泥炭地に形成された草原を湿原といい，雨水のみによって植生が維持されている高層湿原，地下水で植生が維持されている低層湿原，その中間の性質をもつ中間湿原に分けられる．第5回自然環境保全基礎調査の湿地調査によれば，日本の湿原は全国で約750か所あり，その大部分が北海道に分布している．最大の湿原は釧路湿原（約1万9000 ha）であり，尾瀬ヶ原や日光戦場ヶ原のように200 ha以上の湿原もある．

釧路湿原に生息するタンチョウは，かって日本列島に多数生息していたが，湿原の破壊と乱獲によって絶滅寸前の35羽にまで激減した．その後，捕獲禁止や給餌など徹底した保護によって，1974年には253羽にまで回復し，最近では800羽以上が数えられている．タンチョウは冬の間は狭い面積でも多数が生息できるが，繁殖期になるとなわばりをつくるため，広い面積を必要とする．残された生息地である釧路湿原も開発の波が押し寄せて狭められつつある．2002年より本格的に釧路湿原の自然再生事業が始められた．

ラムサール条約（「特に水鳥の生息地として国際的に重要な湿地に関する条約」）は，1971年にイランのラムサールで世界23か国の参加のもとに決議された．ガン，カモ，シギなど水禽類の生息地である湿原のうち，国際的に重要なものを保護しようとするものである．1993年に，締約国会議が北海道釧路市で開かれ，湿地の「賢明な利用」，すなわち湿地の生態系を壊さないようにしながら狩猟，採集，観光などに持続的に利用することが中心議題となった．2006年3月現在，150か国が締約し，1591か所の湿地（湿原だけでなく，河川，湖沼，水田，地下水系，海岸線，汽水湖，藻場，干潟，サンゴ礁，マングローブ林なども含む）がラムサール条約湿地として登録されている．日本ではラムサール条約湿地として，釧路湿原，伊豆沼・内沼，クッチャロ湖，ウトナイ湖，尾瀬，奥日光の湿原，琵琶湖など33か所が登録されている．

　日光国立公園の尾瀬沼と尾瀬ヶ原一帯は学術的に貴重な湿原である．とくに全長6 km，最大幅2 km，面積760 haの尾瀬ヶ原は本州最大の高層湿原で，ナガバノモウセンゴケ，ホロムイソウ，オゼヌマダイゲキ，オゼヌマアザミなどのような固有種や希少種などがみられる．湿原の植物は，特殊で厳しい環境に適応した種がほとんどである．そのため環境が悪化すると，その変化に適応できず，短期間に絶滅に向かう危険性がある．尾瀬一帯は，1960年に特別天然記念物の指定を受けたが，1996年には年間入山者が60万人を超え，現在も年間30万人以上の入山者があり，施設の建設，ごみ，生活排水などのため，湿原の荒廃が目立っている．そのため，尾瀬保護財団などが中心となって，入山者へのごみの持ち帰りの指導やマナーの徹底，山小屋の排水処理，湿原の植生復元などの保全対策が実施されている．

3・6　湖沼環境の保全

　湖沼の生態系は，その周辺の陸上生態系と密接に関連しており，切り離して考えることはできない．水辺の大型水草帯を繁殖の場とする鳥や昆虫もいる．水中には落下してくる昆虫を食べる魚が生息し，水辺にはその魚を餌と

する動物や鳥が生息している．そのため湖に生息する生物種を保護しようとするならば，その生息場所をも含めて，できれば湖全体を保護しなければ効果が少ない．

　以前から，砂浜をコンクリート護岸に変えると，なんとなく水が汚れてくることが経験的に知られていた．最近，湖の砂浜が湖水の水質浄化に役立っていることが明らかにされた．湖岸の砂 1g の表面には，細菌，カビ，原生動物，藻類などが数千万～1 億個も付着している．これらの微生物は有機物を分解するなどして水質を浄化している．例えば，砂 1kg に付着する微生物は有機物 400 mg を 5 日間で完全に除去してしまう力があり，窒素 160 mg やリン 21 mg を 3 日間で吸収・除去してしまう．また，砂にはリンを吸着する性質があり，その吸着力は細菌などによる吸収力より強いことがわかってきた．そのため，湖の沿岸を石垣やコンクリートなど人工の構造物で囲んだりすることは避けねばならない．

　自然の湖岸に繁茂しているヨシの群落は，鳥，魚，水生昆虫などの生息や繁殖の場所となっているが，水中の窒素やリンを吸収して，湖水の水質浄化にも役立っている．湖岸を埋め立てて，自然環境を破壊することは湖を死に追いやるようなものである．

　最近では，湖の水質浄化のために多くの試みが行われている．その一つは，湖沼またはそこに流れ込む河川に水生植物のホテイアオイやオランダガラシを植えて，水中の窒素やリンを吸収させて除去しようとする試みである．ホテイアオイを使用した水路では，流入口と流出口の平均窒素量はそれぞれ 3.36 と 1.6 ppm，リンの量はそれぞれ 0.34 と 0.25 ppm であり，BOD は 9.9 が 3 ppm となり顕著な浄化効果がみられた．これらの植物は最後に刈り取って肥料などに利用できる．霞ヶ浦ではこの試みが成果をあげている．

4 海域環境の破壊

　沿岸海域の環境破壊が急速に進んでいる．自然海岸の多くが人工海岸に変り，内湾や干潟の埋め立ても行われている．そのため海藻やアマモなどが繁茂していた水域が消滅し，浅海動物の多くが姿を消してしまった．人工海岸でも，自然に近い状態に工夫された緩傾斜護岸では，海藻が生育して，多数の魚介類が住み着いているという．都市の沿岸海域や瀬戸内海の汚濁も著しくなってきた．陸地から各種の物質が流れ込み，プランクトンや微生物が繁殖するためである．赤潮も各水域で頻発している．重金属，船底塗料，有機塩素系化合物，油，石化ゴミなどによる汚染も進んでおり，環境ホルモン作用をもつといわれている物質も含まれている．海の生物がしだいに生息しにくくなってきた．乱獲による漁業資源の枯渇も始まっている．国連海洋法条約（日本は1996年に批准）では，海洋汚染の防止だけでなく，海洋生態系や海洋生物の保全の推進も規定されており，そのための調査・取り組みも始められている．

4・1 自然環境の破壊

4・1・1 自然海岸の減少

　近年，日本では海岸の環境破壊が急速に進んだ．とくに1960年代の高度経済成長期には，多くの工業基地が臨海地域に建設され，すさまじい勢いで自然海岸が破壊されていった．それにともなって沿岸水域の生物が姿を消して

いった.

　日本の海岸線は，1978年頃には総延長にして3万2470kmにおよんでおり，そのうち自然海岸が59.0％，半自然海岸13.5％，人工海岸26.7％，河口部0.8％であった．石狩後志海岸，陸中海岸，鳥取海岸，鹿児島湾などには自然海岸が多く残っていたが，太平洋沿岸や瀬戸内海沿岸の都市域では自然海岸が目立って減少しており，東京湾で10.5％，伊勢湾で7.9％，大阪湾で1.5％，瀬戸内海で38％しか残っていなかった．

　1998年には，自然海岸が20年前に比べて約1300kmも失われ，ついに全体の53.1％になり，人工海岸は33.0％に増加していた．とくに北海道，本州，四国，九州の4島では，自然海岸と人工海岸の比率は42.3％と41.0％とほぼ等しくなっていた．

　自然海岸に人手が加わると，そこに生息する生物の種類はすっかり変ってしまう．大阪湾南部の淡輪海岸での調査では，天然の磯浜には海藻が繁茂して，ハゼなどの魚，カニ，ヤドカリ，イソギンチャク，ヒザラガイ，イシダタミガイ，アサリ，ウニなど多種多様な生物が見られた．一方，人工の磯浜には生物の種類が少なく，カキやムラサキイガイ，フナムシなど特定の種類に限られ，それらの個体数が増加していた．

　自然海岸や砂浜が残されていても，人が過剰に入り込んで自然性を破壊している場所も多い．アカウミガメの繁殖地もその一つである．アカウミガメ

図4・1　アカウミガメの主な産卵地

の繁殖地は九十九里浜から屋久島まで広い範囲に及んでいる（図 4・1）．産卵にはなだらかに広がる砂浜が最適であるが，遠州灘海岸や九十九里浜では，最近砂浜に四輪駆動車やオートバイが入り込んでおり，カメが上陸をやめたり，孵化した子ガメが車のわだちにはまって海に戻れないことも多い．産卵に適した砂浜は年々減少している．鹿児島県屋久島の永田浜は，北太平洋地域で最も高密度にアカウミガメの産卵が行われる海岸として知られており，2005 年にラムサール条約湿地（3・7 節参照）に登録された．

1999 年には海岸法が抜本的に改正され，津波や高潮などの災害からの防護に加え，海岸環境の保全と公衆による海岸の適正な利用が進められることになった．

4・1・2 内湾や干潟の埋め立て

内湾や干潟も，埋め立てによって破壊されている．干潟は 1978 年以降の 20 年間で約 6000 ha が消失し，日本全国で約 5 万 ha を残すのみとなり，その 40％ が有明海に存在している（表 4・1）．干潟には，水鳥や干潟特有の生物が多数生息しており，その埋め立ては貴重な生物種の消滅を意味する．また，干潟は栄養塩類の吸収や脱窒作用によって，海水から栄養塩類を除去する浄化機能をもっているため，干潟の保存は環境保全の意味からも重要である．

瀬戸内海では，高度経済成長期前後の 1949〜69 年に埋め立てが急激に進められ，干潟をはじめ，海底の藻場やアマモ場（図 4・2）の多くが消滅してしまった．岡山県生江浜は，生きている化石といわれるカブトガニの繁殖地と

表 4・1 海域別の現存干潟面積（「平成 14 年版 環境白書」より）

順位	面積 (ha)	海域名	割合*(%)
1	20713	有明海	40.3
2	6409	周防灘西	12.5
3	4465	八代海	8.7
4	1640	東京湾	3.2
5	1549	三河湾	3.0

＊全国の現存干潟面積に対する割合．

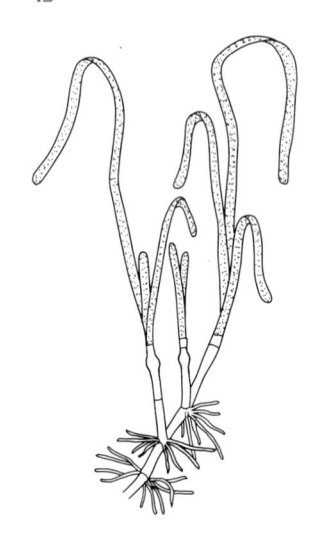

図4・2 アマモの栄養株
アマモ類は海産の顕花植物で，深さ4〜5mの砂底に密生してアマモ場をつくる．アマモ場は，浅海動物にかくれがや産卵場所を提供しており，アマモの葉の上には微小な付着藻類，ホヤ類や小型の甲殻類などが生息し，これらを求めて大型の動物も集まる．またアマモの枯れた葉は腐食性の動物を養っており，他の場所とは異なる独特の生物群集を形成している．

して，1928年（昭和3年）に天然記念物（地域）の指定を受けた．しかし，1986年に始まった笠岡湾干拓事業で浜の大半が埋め立てられ，カブトガニの産卵に適した干潟がなくなり，ついに絶滅状態になってしまった．そのため天然記念物の指定が解除されることになった．残された唯一の指定地は神島水道海域であるが，この海域もフェリーや漁船などが頻繁に航行し，海底の藻場が乱されている．ここでもカブトガニが絶滅に追い込まれる可能性が高い．

4・1・3 近自然人工海岸

自然海岸に手を加える場合には，コンクリートの垂直護岸ではなく，傾斜が緩やかで小石や砂を配した人工海浜にしたり，別の場所に藻場などを人工的に造成することが必要である．アメリカでは，海面の埋め立てで失われる自然の復元を開発事業者に義務づけており，漁礁の造成や養殖魚の放流なども行われている．

日本初の海上空港である関西国際空港の人工海岸では海藻が繁茂し，多くの魚が集まっているという．同空港の周囲は「緩傾斜護岸」と呼ばれる工法が取り入れられ，護岸が傾斜状につくられていて，海中を沖に向けて約45m張り出している．この方法だと，太陽光が届く浅瀬をつくることで海藻が

育ちやすくなり，水深約5mの海中には長さ1mほどの海藻の群落が約10haにわたって繁茂している．そこには，カサゴ，メバル，アイナメなどが定着しており，マナマコ，サザエ，アワビ，イセエビなど百十種類が生息しているという．

自然の渚は，海水の浄化機能をもっているが，近年の埋め立てで随分減ってしまった．そのため人工海岸に渚と同様な浄化機能をもたせようとする試みもある．鉄筋コンクリート製のケーソンは港やその沖合に並べて岸壁や防波堤に使われているが，そのケーソンの内部に砕いた花崗岩を入れて，壁に海水の流入口と流出口を設けたところ，ケーソンを通過した海水の汚濁が半減したという．花崗岩が詰まったケーソン内を海水が循環すると，バクテリアなどの微生物によって海水中の有機汚濁物質が分解されるためである．

4・2　海水の汚濁と生物への影響

近年，東京湾，大阪湾，伊勢湾，瀬戸内海など全国各地の内湾で海水が富栄養化して汚濁がひどくなった（表4・2）．海底にヘドロが溜っている海域も

表4・2　全国主要内湾の水質汚濁状況（「平成15年版　環境白書」より作表）

内湾名　（都道府県名）	COD (mg/l)		内湾名　（都道府県名）	COD (mg/l)	
	2000年	2001年		2000年	2001年
苫小牧港　（北海道）	1.9	1.8	大阪湾　　（大阪・兵庫）	2.6	2.7
陸奥湾　　（青森）	1.2	1.2	大阪港　　（大阪）	2.8	2.5
八戸港　　（青森）	2.7	3.8	水島港　　（岡山）	2.7	2.8
酒田港　　（山形）	2.1	2.4	広島湾　　（広島）	2.0	2.1
石巻湾　　（宮城）	1.8	2.2	岩国港　　（山口）	2.2	2.3
鹿島港　　（茨城）	2.4	2.2	伊予三島港（愛媛）	3.9	4.7
東京湾　　（千葉・東京・神奈川）	2.9	2.9	伊予灘　　（愛媛）	1.5	1.3
東京港　　（東京）	3.1	3.2	洞海港　　（福岡）	2.6	2.5
富山新港　（富山）	2.9	2.7	博多湾　　（福岡）	3.4	2.6
伊勢湾　　（愛知・三重）	3.5	3.0	佐伯港　　（大分）	2.0	1.9
名古屋港　（愛知）	4.4	2.7	大村湾　　（長崎）	2.6	2.6
四日市港　（三重）	2.7	2.9	鹿児島港　（鹿児島）	2.1	1.8
舞鶴港　　（京都）	1.3	1.6	金武湾　　（沖縄）	0.9	0.7

CODについては表3・1参照．

多い．海水を汚濁させる主な要因は，陸地から栄養塩類や有機物が流入して，植物プランクトンや微生物などの増殖を促進することである．特定種のプランクトンが大発生すれば赤潮となる（4・3節参照）．

　増殖した植物プランクトンは，やがて枯死して海底に沈み有機物として堆積する．この有機物が細菌などによって分解される際には，多量の酸素を消費するため酸素が欠乏してしまう．酸素が欠乏した状態（いわゆる青潮）では，有機物が分解されずに残ったり，有害な物質が生じたりして，環境がますます悪化してしまう．

　環境が悪化すると，多くの生物が生息できなくなる．その結果，その海域の生物構成が単純になり多様性が失われてしまう．一般に，エビ，カニなどの甲殻類，棘皮動物，軟体動物は水質汚濁には弱いといわれている．

　最近，内湾や沿岸海域では「獲る漁業から，つくる漁業へ」として，ハマチ，マダイ，マガキなどを養殖する栽培漁業が盛んになった．しかし，一方では養殖場とその付近の海底の荒廃が問題となっている．食べ残しの餌，過密な養殖による動物の死骸や老廃物などのため，水質は悪化し，海底には有機物が堆積している．アコヤガイの養殖によって三重県英虞湾の海底を荒廃させてしまった例もある．

　1970年頃，瀬戸内海は「汚れた運河」といわれ，沿岸の工場からは黒い廃液がたれ流しにされていた．しかも，次々と発生する赤潮で養殖魚が大量に死に，背骨が曲がった奇形魚や油臭くなった魚が後を絶たなかった．また沿岸の埋め立てによって，海藻やアマモなどの群落が7割も消滅して，多くの魚介類も姿を消してしまった．

　1973年，瀬戸内海環境保全臨時措置法（瀬戸内法，1978年に同特別措置法に改正）によって，工場廃水の規制，埋め立ての抑制などが決められた．その後，海水中の有機物量を示すCOD（化学的酸素要求量）も低下して，海水の水質や透明度もいくぶん改善され，奇形魚もほとんど姿を消した．

　しかし，藻場やアマモ場は破壊されたままで回復していない．これらの海産植物は，栄養塩類を吸収して海水の富栄養化を防ぎ，浅海動物に生息と産

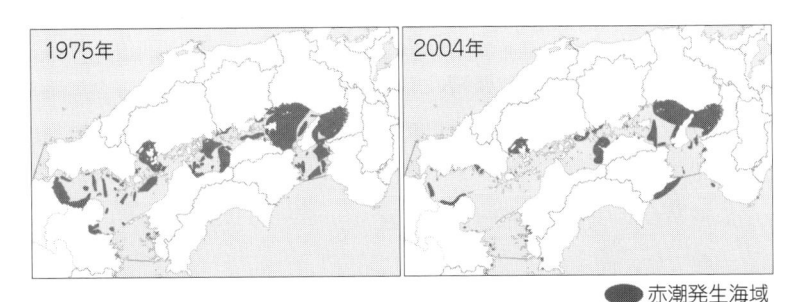

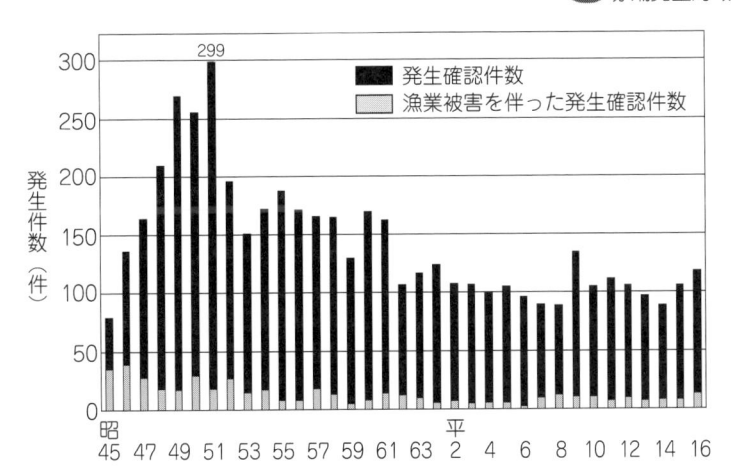

図 4・3　瀬戸内海における赤潮発生海域（上）と発生件数の推移（下）
（水産庁瀬戸内海漁業調整事務所，『瀬戸内海の赤潮　昭和 50 年 1 月〜12 月』；
同『瀬戸内海の赤潮 平成 16 年 1 月〜12 月』；WWW サイト「せとうちネット」
[http：//www.seto.or.jp/seto/] 掲載データより改変）

卵の場所や食物を提供する．そのため藻場やアマモ場などが回復しないと，底生生物や魚類も増加しない．

　赤潮の発生は，1970 年代に頻発していた頃よりは少なくなったものの，最近でも 100 件前後の発生件数が報告されている（図 4・3）．赤潮と密接に関係する酸素不足も慢性化し，底生生物の減少の主な原因となっている．

　呉市周辺の海では，40 年前には約 80 種類もの浅海動物が生息していた．現在では COD が低下し，水質が改善されたにもかかわらず，種類数は回復

しておらず20種類にも満たないという．とくにウニ，エビ，カニの種類が減っている．それは海底に有機物の堆積が進んで，環境が悪化したままで，海藻なども繁茂しないため，底生生物が生息しにくいことを示している．ただし，近くの海ではイワシやイカナゴなどが増えているが，これは富栄養化した生態系がつくり出した不自然な現象の一つといわれている．

瀬戸内海では，高度経済成長期以降に堆積したヘドロが，現在も内海面積の1割近くを占めているとみられている．広島県芦田川河口付近でもヘドロが溜っている．その海域では，汚染に強いウニの一種であるオカメブンブクが生き残っていたが絶滅寸前の状態だという．

4・3 赤　潮

4・3・1 赤潮の発生

赤潮とは，海や湖沼において珪藻類や渦鞭毛藻類などのプランクトンが異常増殖して，海面や湖面が褐色や黄褐色を呈する現象である（図4・4）．赤潮が発生したときには，海底や湖底はしばしば酸素欠乏の状態となる．酸素が欠乏すると硫酸塩が還元されて硫黄が生じ，海水が青く見える．このような低酸素水塊が海面に上がってきたものが青潮である．また，海色を変化させるほどの濃度ではないのに魚介類に被害を与える例も知られるようになり，最近では色に基づいた「赤潮」ではなく，包括的な語として「有害藻類ブ

図4・4　東京湾の赤潮(海上保安庁　東京湾環境情報サイト[http：//www 1.kaiho.mlit.go.jp/KANKYO/SAISEI/] より転載)．
左：姉ヶ崎付近，右：幕張付近（いずれも2001年5月13日）．

4・3 赤 潮

表4・3 赤潮の原因種(飯塚, 1983より改表)

類型	赤潮名	原 因 種*
I	夜光虫赤潮	渦鞭毛藻 (*Noctiluca miliaris*)
	[群形成様式]	運動性なし,物理的集積で群形成,個体群増大.沿岸沖合域を発生源として内湾奥部まで侵入する.
II	プロロケントラム赤潮	渦鞭毛藻 (*Prorocentrum micans, P. minimum* など)
	ギムノジニウム赤潮	渦鞭毛藻 (*Gymnodinium* '65年型種, *G. breve, G. splendens* など)
	シャットネラ赤潮	ラフィド藻 (緑色鞭毛藻) (*Chattonella antiqua, C. marina* など)
	ヘテロシグマ赤潮	ラフィド藻 (*Heteroshigma akashiwo*)
	[群形成様式]	運動性あり,鉛直日周移動により海表面で群形成,個体群増大.夏に無酸素水が形成される内湾,都市や産業廃水に汚染される河川水が流入する内湾,養殖が盛んな内湾などに発生する.
III	スケレトネマ赤潮	珪藻 (*Skeletonema costatum* など)
	[群形成様式]	運動性なし,個体群の増大は増殖のみによる.内湾性で河川水が流入する湾奥部を発生源とし,やがて沿岸沖合域へと伝播する.
IV	その他	繊毛虫類 (*Mesodinium*),渦鞭毛藻 (*Gonyaulax, Ceratium*),ラフィド藻 (*Hornellia*),黄緑色藻類 (*Olisthodiscus*),ミドリムシ藻類 (*Eutreptiella*) など

* 赤潮の原因となる主なプランクトンは,植物の分類では藍色植物門(藍藻類),クリプト植物門(クリプト藻類),渦鞭毛植物門(帯鞭藻類,渦鞭藻類),褐色植物門(黄金色藻類,珪藻類,ラフィド藻類),ミドリムシ植物門(ミドリムシ藻類),緑色植物門(緑藻類)に属している.しかし,動物の分類では,藍藻類,珪藻類,緑藻類を含まず,ほとんどの種類が原生動物門の鞭毛虫類(クリソモナス類[黄金色藻類にあたる],暗鞭毛虫類[クリプト藻類にあたる],渦鞭毛虫類[帯鞭藻類,渦鞭藻類にあたる],ミドリムシ類[ミドリムシ藻類にあたる],緑色モナス類[ラフィド藻類にあたる])に属している.

ルーム」と呼ばれることもある.

　赤潮の原因となる主なプランクトンは表4・3のような種類である.赤潮が1種類のプランクトンによって構成されているものを単種型赤潮といい,2種類以上によるものを多種混合型赤潮としている.

　日本では,1950年代後半から各地の内湾や瀬戸内海で水質が富栄養化して,赤潮が頻繁に発生しはじめた.瀬戸内海では,1969年の夏に広島湾などで発生した赤潮や,1972年の夏に播磨灘と紀伊水道西部で大発生した赤潮は,養殖ハマチを全滅させて大きな漁業被害を与えた.1995年の夏に発生し

た赤潮は，兵庫県相生の養殖カキを全滅させた．1998年の夏に安芸灘で発生した赤潮は養殖マガキを大量に斃死させ，2004年1月〜4月に大阪湾と播磨灘で発生した赤潮は養殖ノリの色落ちを引き起こして大きな被害を与えた．

　赤潮の程度を示す赤潮総量は，発生海域の広さと継続日数を乗じた数値で表される．最近では赤潮の発生海域が広くなり，継続日数も長くなって，赤潮が悪質化・慢性化している．

4・3・2　赤潮による魚介類の死滅

　赤潮が発生すると，その海域の魚介類がたびたび全滅してしまう．その原

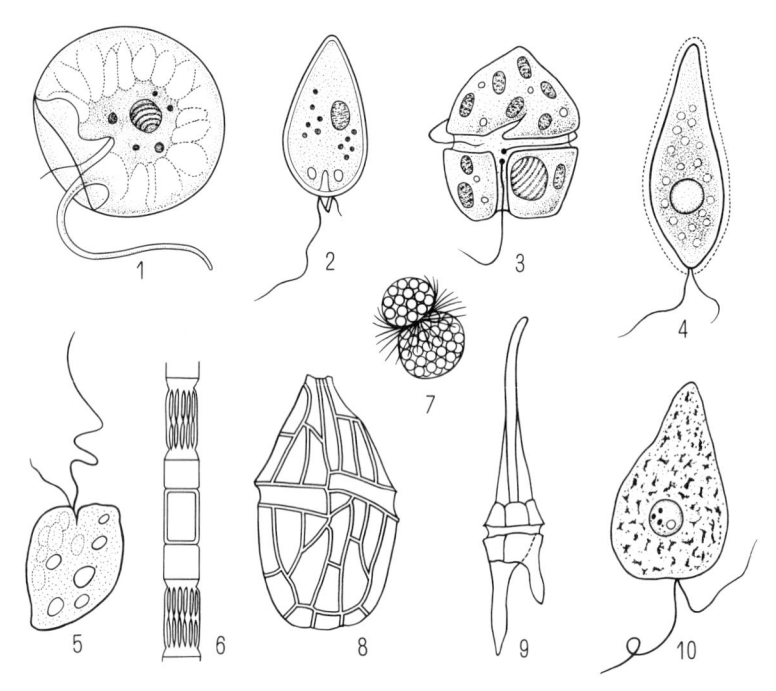

図4・5　赤潮の原因となるプランクトン（村上，1979；柳田，1984より改写）
　1：渦鞭毛藻　夜光虫　*Noctiluca miliaris*，2：帯鞭毛藻　*Prorocentrum micans*，3：渦鞭毛藻　*Gymnodinium breve*，4：ラフィド藻（緑色鞭毛藻）*Chattonella antiqua*，5：ラフィド藻　*Heteroshigma* sp.，6：珪藻　*Skeletonema costatum*，7：繊毛虫類　*Mesodinium rubrum*，8：渦鞭毛藻　*Gonyaulax polygramma*，9：渦鞭毛藻　*Ceratium furca*，10：ラフィド藻　*Hornellia marina*．

因として，赤潮プランクトンやその分泌粘質物が魚のえらなどに付着するための窒息死，赤潮プランクトンの遺骸を細菌が分解する際の酸素欠乏や水質の悪化，赤潮プランクトン自身から出される有毒物質などがあげられている．

　瀬戸内海に発生するシャットネラ種（図4・5）は，ハマチなどのえらに付着して窒息死させる．また赤潮プランクトンは，発生時には非常に高い細胞密度となり，10万/ml以上になることもある．そのため赤潮が衰退するときには，プランクトンの死骸が大量に蓄積される．それが細菌によって分解されると，大量の酸素が消費されるので，その海域に酸素欠乏と分解産物による水質悪化をもたらし，しばしば魚や底生生物が死滅する．

　日本では，*Gymnodinium breve* や *Gonyaulux catenella* などの有害なプランクトンが数種類確認されている．これらの有毒プランクトンがカキやホタテ貝に貯留されると，その貝を食べた人々が中毒を起こす．山口県仙崎湾のカキから分離された渦鞭毛藻類の *Gymnodinium catenatum* にも強い毒性があり，1979年には中毒患者を出している．

4・3・3　赤潮発生の環境条件

　赤潮発生の環境条件は，プランクトンの種類によっても異なるが，一般的には内海・内湾のように海水が停滞していること，十分な日照があること，豊富な栄養塩類（リンや窒素など）が存在すること，塩分が低いことなどがあげられている．

　瀬戸内海などに発生するシャットネラ種は，昼間は海面近くに漂っているが，夜間海底に沈んだときに窒素やリンが豊富にあって，水温が25〜27℃，塩分濃度が2.5〜4％などの条件で最も増殖しやすいという．

　鞭毛藻類では，増殖促進の因子としてビタミン類，鉄，マンガン，亜鉛，コバルト，ニッケルなどの重金属，プリンやピリミジンなどが知られている．また，底泥抽出物や工場廃水中の有機物（例えば，パルプ廃液に含まれるリグノスルフォン酸）がプランクトンの増殖を促進することも報告されている．東京湾，大阪湾，伊勢湾，瀬戸内海では，赤潮発生と沿岸に広がる工場群からの排水との関連が注目されている．

4・3・4 赤潮発生の経過

鞭毛藻による赤潮発生の場合，初期過程はシスト（たね）の発芽から始まる．赤潮多発水域の海底堆積物中には越冬シストが多数休眠している．シストから生じた遊泳体は，温度，塩分，光，栄養条件に応じて増殖する．その後，日中は海面下 1～2 m まで浮上し，光合成と栄養摂取を行って細胞密度を飛躍的に増大させる．この頃，赤潮初期にみられる着色域が出現する．日没 2～3 時間前になると沈下を始め，夜間に細胞分裂をして細胞密度を一段と増大させて，翌日ふたたび浮上する．そのような鉛直日周移動を繰り返す過程で個体群の大きさはますます増大し，環境収容限度に達すると個体群の増大が止まる．この頃から養分不足や代謝産物などの影響によって個体群は急速に消滅する．この段階でシストが形成されて海底に沈下し，堆積物に混じって越冬する．

4・3・5 赤潮を退治する細菌

1983 年，九州大学の石尾教授が赤潮を退治する細菌を見つけた．それは海底の泥中にいるビブリオ菌（*Vibrio algoinfestus*）で，長さ 2.5 μm，幅 0.7 μm で 1 本の鞭毛をもっている．この細菌は，赤潮の原因となるシャットネラ *Chattonella antiqua* などのラフィド藻や渦鞭毛藻の細胞膜を破壊する抗生物質を分泌する．この物質は渦鞭毛藻生育阻害因子と呼ばれ，*Chattonella antiqua* を 0.0625 ppm の低濃度で死滅させる．この物質は，博多湾の海底には泥 1 g 当たり 23.8 mg，有明海では 121.0 mg も含まれており，両海域が瀬戸内海と同様に富栄養化しているのに，シャットネラ赤潮がほとんど発生しないのはこのためではないかと考えられている．

4・4 有害物質による海水の汚染

4・4・1 水銀による汚染

1953 年頃，熊本県水俣（図 4・6）の漁民に「水俣奇病」と呼ばれる中枢神経疾患が多発していた．熊本大学の武内忠雄教授は，1958 年にこの症状がメチル水銀中毒の症状（ハンター・ラッセル症候群）に一致することを報告し

た．その後，多量のメチル水銀が水俣湾の泥土や魚介類から検出され，このメチル水銀が新日本窒素肥料株式会社(後のチッソ株式会社)の水俣工場からの廃液に含まれていたことがわかった．

工場廃液に含まれていたメチル水銀は1日に500〜1000gであったが，海水中では希釈されて，0.01〜0.1ppb(1ppbは10億分の1)の濃度であったと推定されている．この低濃度のメチル水銀が，魚介類には10〜30ppmも蓄積されていた．この汚染魚介類を食

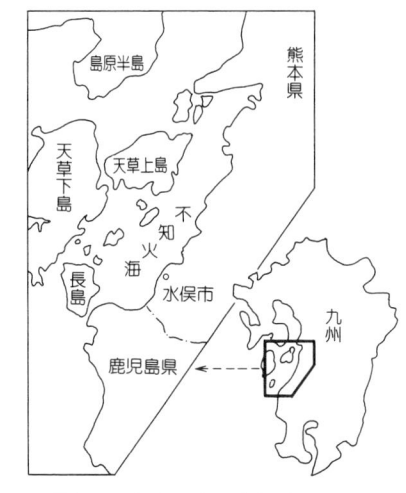

図4·6 熊本県水俣市付近の図

べていた住民に水俣病が発症したのである．メチル水銀中毒の症状は，知覚障害，運動失調，歩行障害，視野狭窄，言語障害，難聴などである．

水銀による魚介類の汚染は世界各国でも起こっている．最近でも，北太平洋のアザラシや，世界の各海域の魚類が高濃度の水銀に汚染されていたと報告されている．

4·4·2 鉛による汚染

以前から，欧米では海水の汚染監視にイガイ（貝）を使っていた．この貝は重金属などの汚染物質を蓄積しやすいためである．1984年頃，アメリカ・カルフォルニア州のモントレー海岸で，イガイに含まれている鉛の濃度が急に高くなった．以前は0.1ppmくらいであったが，90ppmにもなり，最高1800ppmのものもあった．付近にはまったく汚染源になるような工場などはなかった．原因は自動車の排気ガスに含まれている鉛であった．アメリカでは，オクタン価を上げる（エンジン内での異常燃焼を防ぐ）ために，ガソリンに有機鉛を添加していた．排気ガス中の鉛が海に降り注いで，貝に蓄積されたのである．その後，先進国ではガソリンの無鉛化が進み，日本では世界に先駆けて1987年にガソリンの100％無鉛化を達成した．現在，アフリ

カをはじめ開発途上国において無鉛化ガソリンの普及が進められている．

4・4・3 有機スズ化合物による汚染

1980年，フランスの養殖カキの産地であるアルカション湾でカキが大量に死んだ．死んだカキを分析した結果，トリブチルスズ(TBT)が最高2.2 ppmの濃度で検出された．当時，アメリカなどではTBTによる魚介類への汚染が報告されはじめていた．日本でも1985年の調査では，全国9海域80検体の魚介類のうち48％にTBTが検出された．瀬戸内海のスズキには1.7 ppmの高濃度で含まれており，東京湾や瀬戸内海の底泥にもTBTが蓄積されていた．1996年には日本近海のイルカやトドからも有機スズが検出された．

TBTは，殺虫，殺菌，防腐，除草など殺生物力が強く，船底やいけすの網などに塗布されて，海中で貝類や海藻が付着するのを防ぐのに使用されていた．例えば，船底を何の処理もしないで半年間放置しておくと，フジツボなどが付着して船足が遅くなり，燃料費が40％も高くつくという．TBTが貝の幼生や海藻の胞子を殺す作用は，1回の塗布で5〜7年間も有効だという．そのため石油タンカーなどでは不可欠な船底塗料であった．日本ではハマチなど魚介類養殖の網にも大量に使用されてきた．

有機スズ化合物は，環境ホルモンとしてバイ貝などで雌の雄化を引き起こす作用があるといわれており，魚類への蓄積性も高く，汚染された魚を食べると人体に悪影響を及ぼす危険性がある（**6・4**節参照）．そのためフランスでは，1982年に養殖場に近い海域のモーターボートなどにこの塗料の使用を禁止した．この措置によって養殖カキの生存率が高まったという．イギリスでも，1987年にレジャー用船舶や漁網にTBTを使用することを全面的に禁止した．

日本では，1990年に漁網や内航船舶への使用が禁止された．現在は無公害の船底塗料が研究されている．それは船底に炭素を含んだ塗料で膜をつくり，これに数ボルトの電圧をかけて海水を電気分解し，表面に次亜塩素酸イオンを発生させるのである．このイオンによって貝類や海藻などの付着を防止しようとしている．

4・4・4 有機塩素系化合物による汚染

1966年に,南極のアデリーペンギンから殺虫剤のDDT(5・1節参照)が0.6ppmも検出された.DDTなどまったく散布されていない南極での汚染濃度が,イギリスの野生動物から検出される汚染濃度と同じレベルであったため,世界中を驚かせた.これは南極の海水までがDDTによって汚染されていることを示すものであった.

DDTやPCB(6・1節参照)は毒性の強い有機塩素系化合物で,かつては各種の食品をはじめ,人体や母乳も汚染された.1970年代に生産中止や使用禁止になったが,汚染物質は気流や海流に乗ってすでに世界中の海に広がっていたのである.

最近,アメリカ・ニューヨーク州の海岸にすむカモメの体内から75.5ppmのDDTが検出された.海水中の濃度はわずか0.05ppbであったが,プランクトンや魚を経た食物連鎖によって,カモメの体内には水中濃度の150万倍にまで濃縮されていたのである.

PCBによる海水の汚染も地球規模で広がっている.とくに魚類を餌とするイルカなどの皮下脂肪にはPCBが高濃度に蓄積されている.現在,世界中の海でPCBに汚染されていないイルカはいない(図4・7).とくに地中海の

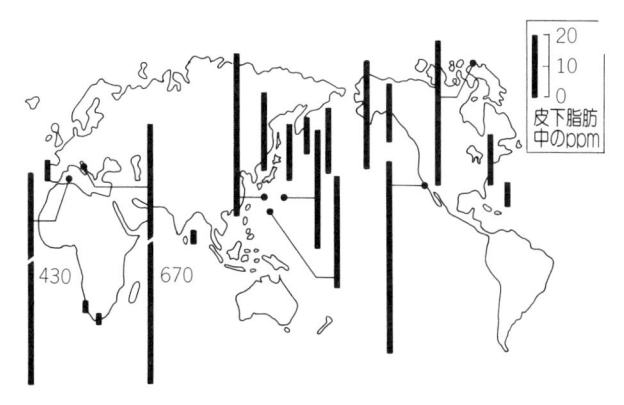

図4・7 イルカ類のPCB汚染(愛媛大学立川涼研究室による調査,1993・11・5朝日新聞より)

イルカは日本近海の20〜30倍も高濃度のPCBに汚染されており，3000 ppmを超えるイルカもいる．イルカは，脂肪中のPCB濃度が50 ppmを超えると，流産や不妊などを起こし，免疫力が低下するという．1988年に北海・バルト海で起きたゴマフアザラシの大量死は，PCBによる汚染で免疫力が弱まったところに，ウイルス病が流行したためである．

DDTやPCBなどの有機塩素系化合物は，環境中に低濃度で放出されても，食物連鎖を経ると栄養段階の高い動物には高濃度に濃縮・蓄積される．これらの物質の多くは水に溶けにくく，脂溶性なので，生体内に入ると脂肪組織に長期間貯留する傾向がある．

4・4・5 原油による汚染

20世紀後半，原油による海洋汚染が頻発した．1967年，イギリスの南方海上で起こったトリーキャニオン号の事故では積載原油11万9000tが流出し，イギリス南部とフランスのブルターニュ地方の海岸を汚染した．1989年にアラスカ湾で起きた大型タンカー，エクソン・バルディーズ号の事故では，大量の原油が流出して広範囲の自然を汚染した．1991年の中東湾岸戦争時には，大量の原油がペルシア湾に流れ出し，湾の生態系に深刻な影響を及ぼした．1997年1月，日本海の山陰沿岸でロシアのタンカー，ナホトカ号が沈没して重油が流れ出した．重油は山陰から北陸や東北にいたる広い範囲の沿岸に漂着した．日本海沿岸の漁業に大きな被害を与え，生態系に深刻な悪影響を及ぼした．2002年11月にスペイン沖で起きたプレスティージ号の事故では，約4万tの重油が流出して魚介類に深刻な被害を与えたが，沈没した船体には約3.7万tの重油が残存していて，少量ながら重油の流出が続いているという．

世界における油流出事故の発生件数は減少の傾向にあるが，流出量は必ずしも減っているとはいえず，いったん大事故が起きると大量の油が流出することになる．日本では，座礁や衝突などの海難による流出事故件数は，ここ数年間やや増加している．

流出した油は海面を膜状に広がる．海産魚類の多くは海面をただよう浮遊

卵を産むが，卵や孵化した仔魚は油汚染によって直ちに殺されてしまう．トリーキャニオン号の事故では，その海域でイワシの卵が 50〜90 % も死滅し，海鳥も油の付着による飛翔不能や生体機能障害のため 1 万数千羽が死んだと報告されている．油による汚染は，養殖中のノリや魚介類に対しては決定的な被害を与える．原油の一部はオイルボールとなって海底に沈むため，底生生物にも被害を与える．ウニなどの棘皮動物はとくに油汚染に弱いという．

　オイルボールとなって海底に沈んだ原油は，やがて消失してしまう．そのため以前から海底の微生物が原油を分解できると考えられていた．最近，駿河湾の深海底で原油を分解する数種類の細菌が発見された．本来，原油に含まれているトルエン，ヘキサン，ベンゼンなどは微生物を殺して腐敗を防ぐために使われるのであるが，原油を分解する細菌はトルエンのなかでも増殖することができる．とくにフラボバクテリウム属の細菌は原油を分解する高い能力をもっていた．一方，油田付近の土壌から分離されたシュードモナス菌も，原油をはじめ C_{10}〜C_{16} の飽和脂肪族炭化水素，ベンゼンなどの芳香族炭化水素を分解することがわかった．

4・5　石化ゴミによる自然破壊

　プラスチックやビニールなど石油化学製品による海洋汚染が太平洋に広がっている．最近の調査では，日本近海から北太平洋にかけて，1 万 6000 個の漂流物が見つかったが，その 70 % が発泡スチロールやプラスチック製品であった．これらの石化ゴミは海洋生物にも大きな被害を与えている．

　北海道大学の小城春雄氏は，30 年前から北洋漁場で流し網にかかって死んだハイイロミズナギドリの胃の内容物を調べてきた．これまで 3000 羽を解剖したが，その 90 % にプラスチック片が平均十数個含まれていたという．餌として飲み込んでいたのである．

　東邦大学の長谷川 博氏は，伊豆諸島の鳥島では特別天然記念物のアホウドリの雛が同様な被害にあっていることを報告している．アホウドリの雛は，人が近づくと驚いて食べたものを吐き出す習性がある．この習性を利用して

調べてみると，鳥島では毎年50〜60羽の雛が誕生するが，1988〜93年の調査では平均67.4％の雛がプラスチック片などを食べていることがわかった．それは親鳥が，イカやアミ類とともに，プラスチックやビニールなども拾い上げ，雛に餌として与えているためである．人間によるゴミ公害が太平洋の無人島にまで被害を及ぼしているのである．

4・6 漁業資源の枯渇

乱獲と環境汚染の挟み撃ちで，漁業資源の枯渇が地球規模で進行している．国連食糧農業機関（FAO）は，世界の主要17魚種のうち，タラ，マグロなど9種の漁獲量が激減しており，残る8種も乱獲だと警告している．2006年の

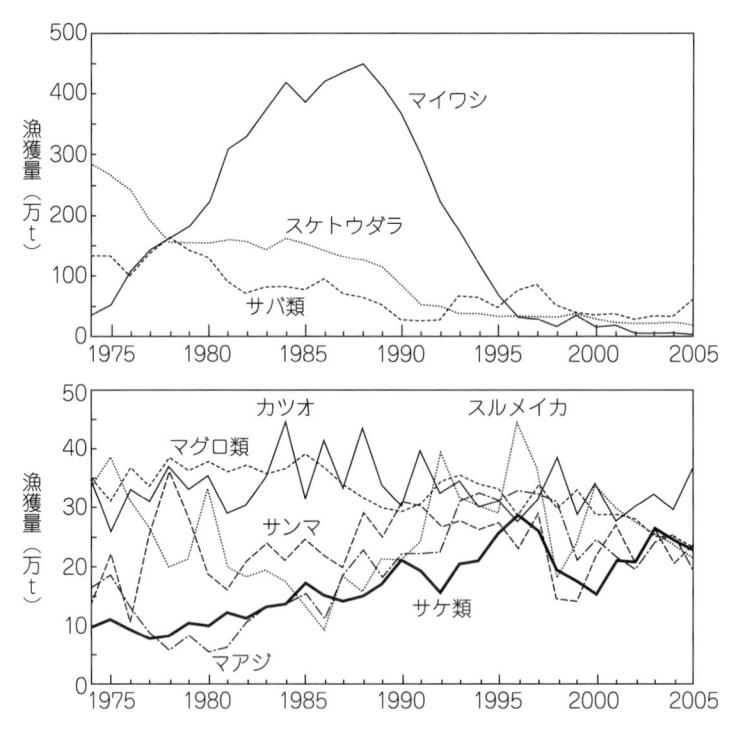

図4・8 主要魚種別漁獲量の推移（農林水産省「漁業・養殖業生産統計年報」より作図）

国際自然保護連合による「絶滅の恐れのある種のレッドリスト」には，マグロ，サメ，チョウザメや，サンゴ礁に生息する魚類など1173種が掲載されている．東南アジアでは，サンゴ礁を爆破して浮き上がってくる魚を集める漁法が広がっているという．

日本は伝統的に水産物を重要なタンパク源として活用してきた．しかし，漁業資源の枯渇は日本の近海や沿岸においても例外ではない．1974年（昭和59年）には，日本の海面漁業の漁獲量は1150万tに達したが，1989年（平成元年）以降主としてスケトウダラやイワシ類の漁獲量が減少し，2005年の生産量は572万tにまで低下してしまった（図4・8）．他方，秋田県沿岸のハタハタや山陰沿岸のズワイガニのように，禁漁などの保護策を徹底させた海域では漁獲量が増えているという．

4・6・1　北半球のタラ類

アメリカと旧ソ連が経済水域を200海里に線引きしたとき，各国の漁船は北洋の大漁場から締め出されてしまった．このとき囲い切れずに残された二つの公海が，ドーナツホール（ベーリング公海）とピーナツホール（オホーツク公海）である（図4・9）．

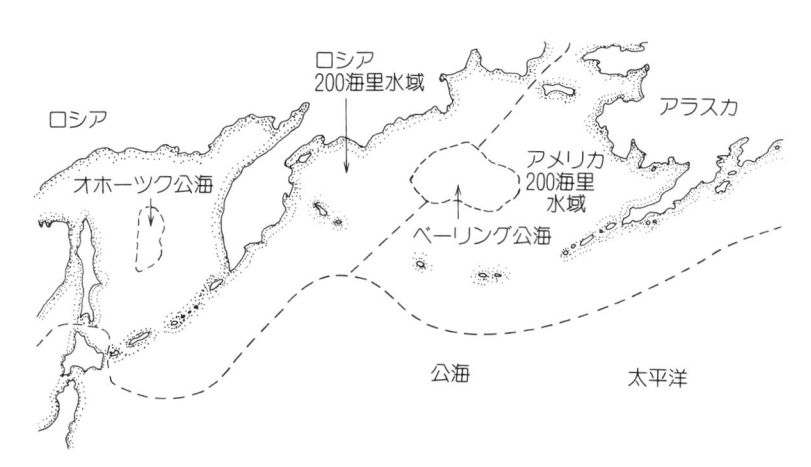

図4・9　タラ類が乱獲されたドーナツホール（ベーリング公海）とピーナツホール（オホーツク公海）（1993・11・15朝日新聞より）

当然，日本をはじめ各国の漁船はドーナツホールとピーナツホールに殺到した．1989年には，ドーナツホールの狭い海域でスケトウダラが140万tも水揚げされた．この乱獲によって漁獲量が激減してしまい，1992年には1万tにまで落ち込んだため，1993年からは資源量が回復するまで公海漁業が停止された[1]．今度は残されたピーナツホールに漁船が集中して，1992年には50万tを超えるスケトウダラが水揚げされた．この水域でも全面禁漁が提案された．

タラ類はこれまで最も激しく乱獲されてきており，北半球の高緯度に分布するタラ類の資源はもはや枯渇寸前である．カナダのニューファンドランド島沖はタラ類の世界的な大漁場であったが，1968年頃の乱獲がたたって資源が激減してしまった．その後カナダは200海里水域を設定して外国漁船を追い出したが，資源量は回復していない．アメリカ・マサチューセッツ州のコッド岬もタラ類の大漁場であったが，ここでも十数年前から漁獲量が激減して，漁業が成り立たなくなった．バルト海，アイスランドでのタラ漁も同様である．

4・6・2　イワシの「乱獲説」に反論

イワシも漁獲量が激減している魚種の一つである．マイワシの日本での漁獲量は，1988年の449万tから毎年減りつづけて，2005年には2万8000tにまで減ってしまった．「卵をもつ親魚を取りすぎたため」とする乱獲説が世界的な定説になりつつある．しかし，水産庁は「イワシの漁獲量が激減した原因は乱獲ではない」と，乱獲説を否定する調査結果を出して反論している．

水産庁が，釧路港に揚がったマイワシのうろこから魚の年齢を推定すると，1986年には産卵可能な4歳魚以上が38％であったが，その後は毎年増え続け，1992年には96％にまで増加していた．これは産卵可能な魚を乱獲したことにはならないという．また，太平洋海域の卵の分布量を調べたところ，

---

[1]「中央ベーリング海におけるすけとうだら資源の保存及び管理に関する条約」の2005年年次会議では，資源回復の徴候が見られないため，これまでに引き続き漁業停止とすることになっている．

1984年から漁獲量がピーク時の1988年までは年平均2117兆粒で，激減状態に入った1989年から1992年までは年平均2292兆粒であり，後の方がむしろ増加していた．このデータからも乱獲説は否定できるという．

奇妙なのは，卵が生まれているのに，若い魚が現れていないことである．これは乱獲よりも他に何らかの原因があるようだと考えられている．その一つとして，摂餌開始期末（体長約10 mm）以降の仔魚の死亡率が高いことが指摘されている．

4・7　磯焼けと海中林造成

日本沿岸の岩礁海底では，通常浅い場所にはコンブ目やヒバマタ目の大型多年生褐藻からなる群落が形成されており，藻場あるいは海中林と呼ばれている．海中林は陸上の森林より高い有機物の生産力があり，そこには葉上に生活する種々の小動物や，アワビ，ウニ，サザエなど藻体を直接摂食する植食動物，メバル，アイナメ，イセエビなど海中林を餌場や棲み場とする魚介類が生息しており，多様で豊富な生物相が形成されている．一方，海中林海域より深い海底には，サンゴモ科紅藻の無節サンゴモ（無節石灰藻）が優占するサンゴモ平原が広がっている．

海中林の多くは，近年，海水の汚濁・汚染や沿岸の埋め立てなどによって被害を受けてきた．しかし，このような人為的な環境破壊がなくても，高水温や低栄養など海況条件の変動がきっかけとなって，海中林が広範囲に衰

図4・10　北海道奥尻島（津波前）の磯焼け（写真提供：町口裕二・谷口和也）
ウニの過剰な摂食圧によって海中林が育たずに，サンゴモ平原が持続する．

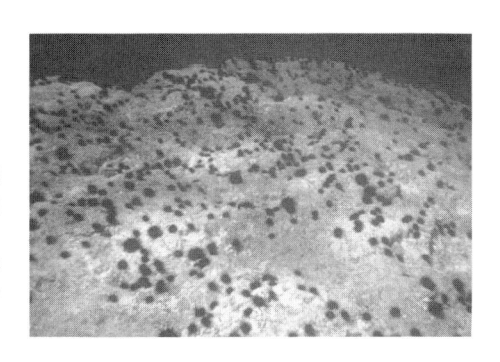

退・消滅していく現象もしばしば観察されている．しかも海中林が消滅した場所には，海底面を覆っていた無節サンゴモが残存して優占し，それまで深い場所に限定されていたサンゴモ平原が浅い場所にまで拡大していく（図4・10）．

海中林が消滅すれば，それまで海中林に餌や棲み場を依存してきた水産動物が極端に減少するなど豊かな生物相が破壊され，漁業生産も著しく低下してしまう．しかも海中林の回復には，通常5年以上の年月を要している．そのためこのような現象は昔から「磯焼け」と呼ばれて，その対策が求められてきた．

拡大したサンゴモ平原には，生殖巣が発達しない（漁獲の対象にならない）ウニが多数生息する場合が多い．それはサンゴモ平原に優占する無節サンゴモがジブロモメタンを分泌して，遊泳しているウニなどの幼生を着底させて集め，変態を誘起しているためである．このウニを中心とした多数の植食動物の破壊的な摂食圧がサンゴモ平原へ他の海藻が侵入するのを妨げて，サンゴモ平原を長期間持続させることになる．

海中林を回復させるには，サンゴモ平原を持続させているウニなどの植食動物による摂食圧への対策が最も重要とされている．そのため，各地で植食動物を駆除すると同時に，ロープ養殖などによってコンブやアラメの遊走子を供給して，サンゴモ平原にコンブやアラメの海中林を造成している．谷口和也ら（1989）は，生長が速い大型1年生海藻のワカメ，コンブの種苗を生長が遅いアラメの海藻礁の中〜下部に移植し，コンブのロープ養殖を併用して，アラメの種苗に対する植食動物の摂食圧を相対的に低減させた結果，植食動物を駆除せずにアラメの海中林を造成することに成功した．この方法によって約 $1000\,m^2$ の海中林を造成し，1t 近いエゾアワビの生産も可能になった．

魚つき林

　陸上の森林がその海域での漁業に良い影響を与えることは，「魚つき林」や「網つき林」として昔からよく知られている．明治時代以後でも，開発によって海岸線の森林が伐採されると，その海域に魚がいなくなるという現象が各地で起こっており，漁民たちもこの事実を長年の経験から知っていた．魚つき林は，狭義には森林法に基づく「魚つき保安林」を指すが，最近では，生態系としての森と海とのつながりという観点から河川上流部の森林も広い意味での魚つき林と言われている．

　戦後，1954年には全国で5万4000 ha もあった魚つき林が，遠洋漁業の発達や経済成長もあって次々と伐採され，1990年には2万8000 ha にまで半減してしまったという．しかし，現在の200海里時代になって沿岸漁業の重要性が再認識されるようになり，魚つき林にも目が向けられている．例えば，北海道の襟裳岬において漁業協同組合が何年かにわたって海岸近くの山で植林を続けており，宮城県の唐桑半島でもカキの養殖業者がブナの植林に取り組んでいる．

　森林が海の魚を育てる理由としては，土砂などの流出を防いで，河川水の汚濁を防ぐこと，清澄な淡水を供給すること，栄養物質などを河川・海洋の生物に供給することなどがあげられている．いずれにしても海域の生態系はその陸上の生態系と結び付いているのである．（1994・3・27 朝日新聞などより）

5 殺虫剤散布による汚染と混乱

　第二次世界大戦後，殺虫力の強い合成殺虫剤が登場した．日本では，有機塩素剤のDDTやBHCが衛生害虫や農業害虫に対して広く使用され，有機リン剤のパラチオンが稲の害虫であるニカメイチュウに対して卓効を示した．世界各国でも，大量の殺虫剤が農地，牧場，森林などに散布され，湖沼，河川，海など他の生態系にも汚染が広がった．そのため農作物，家畜，野生動物，魚介類はもちろん，人も汚染された．アメリカのレイチェル・カーソン女史は，1962年に著書『Silent Spring（沈黙の春）』において，これ以上農薬の乱用が続けば，やがては小鳥のさえずりの聞こえない春がやってくるであろうと警告していた．今日まで，野鳥をはじめ多くの野生生物が農薬の被害を受けており，生態系の混乱も生じている．とくに有機塩素系殺虫剤は，使用が規制されて30年以上にもなる現在でも，地球全域に残留している．2004年5月にPOPs条約(残留性有機汚染物質に関するストックホルム条約)が発効し，DDTやディルドリン，アルドリン等の有機塩素系殺虫剤，PCB，ダイオキシンなど，毒性が強く難分解性で生物の蓄積性が高い12種類の化学物質について，製造・使用・輸出入の禁止と廃棄，ごみ焼却にともなうダイオキシン類の排出削減などが規定された．

5·1　有機塩素系殺虫剤による汚染

　DDT（ジクロロジフェニルトリクロロエタン），BHC（ベンゼンヘキサク

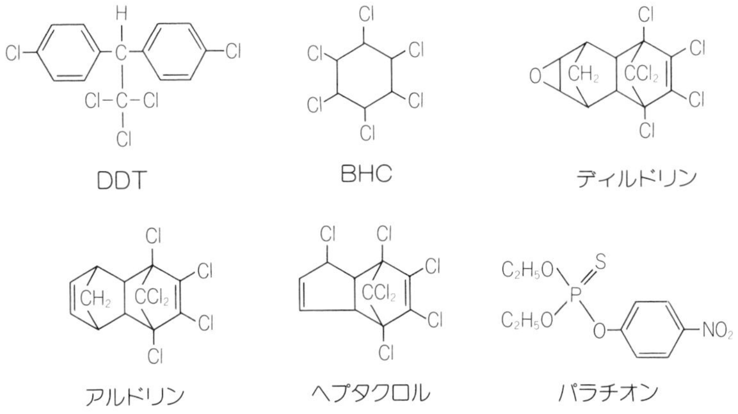

図 5・1　環境を汚染した主な殺虫剤

ロライド），ドリン剤などの有機塩素系殺虫剤（図 5・1）は，広範な農業害虫に対して殺虫力が強いため，日本をはじめ世界各国で大量に散布された．これらの殺虫剤は，化学的に安定なため自然環境や生物体内では分解されずに残留する傾向がある．また食物連鎖を経ると栄養段階の高い肉食動物にはしばしば高濃度に濃縮・蓄積された．人畜に対する急性毒性は比較的弱いが，脂溶性のために人や動物の脂肪組織や肝臓に蓄積されて，長期間残留して慢性毒性による肝臓肥大などをひき起こした．有機塩素系殺虫剤は，肝臓で薬物代謝酵素の活性を高めて，摂取した薬や体内ホルモンの分解を速めるため，服用した薬が効かなくなったり，ホルモンの変調による悪影響が出たりする．DDT などは低濃度でも環境ホルモン作用をもつといわれている．先進国では，1970 年代にほとんどの有機塩素系殺虫剤が使用禁止になっている．

5・1・1　植物体での汚染

散布された殺虫剤が植物体に付着する量は，植物の種類，部位，表面構造や気象条件などによって異なるが，一般に 10％ 程度と考えられている．残りは土壌へ落下したり，大気中に揮散したり，降雨によって流亡したりする．

植物体に付着した殺虫剤のその後の経過は，その薬剤の物理化学的性質によって異なっている．例えば，ヘプタクロルのような揮散性が高い殺虫剤は

大気中への消失が速い．DDTのような脂溶性の高い殺虫剤は植物表皮のワックス層に溶け込み，降雨による流亡が少ない．DDTは，植物組織内でも脂質の多い部位に移行する傾向があり，玄米ではぬかに70％，白米に30％，リンゴの果実では果皮に97％，果肉に3％の割合で分布していた．一方，γ-BHCのように水への溶解度が比較的高い殺虫剤は，降雨による消失を受けやすいが，植物組織内へも浸透しやすく，葉や果実へも移行する傾向がある．玄米では，ぬかに40％，白米に60％の割合で含まれていた．

　植物体から殺虫剤が減少していく経過は，一般に減少速度が初期に速く，その後緩慢になる（図5・2）．前者は，殺虫剤が降雨によって流亡したり，紫外線によって光分解を受けたり，大気中に揮散したりする過程と考えられている．後者は，植物組織内に浸透した殺虫剤が気孔から揮散したり，酵素によって加水分解される過程と考えられている．

　土壌に落下したり，雨水によって流された殺虫剤は，植物の根から吸収される．その吸収率は植物によって異なるが，ニンジン，ビート，ダイコン，バレイショなど地下部を食用にするものは吸収率が高いという．

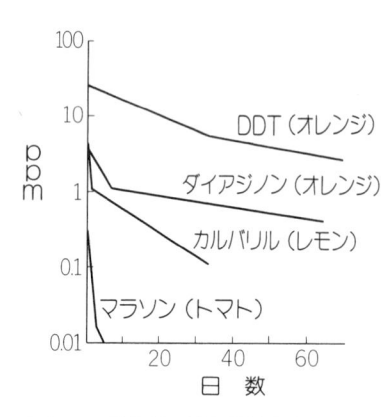

図5・2　殺虫剤の減衰曲線（グンター，1969；升田・金沢（未発表），1969；湯嶋・桐谷・金沢，1973より改写）

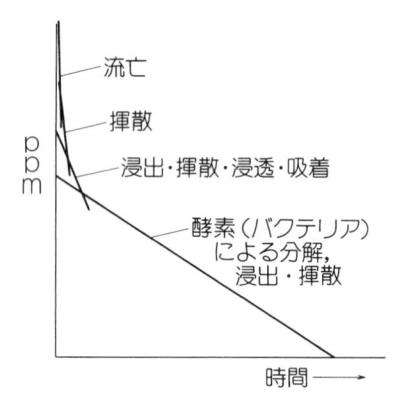

図5・3　土壌中における殺虫剤の消失パターン（エドワーズ，1966；湯嶋・桐谷・金沢，1973より）

5・1・2 土壌やミミズでの汚染

有機塩素系殺虫剤は土壌中に長期間残留する．土壌中での消失は，土壌の状態や殺虫剤の物理化学的性質などによって異なるが，雨水などによる流亡，大気中への揮散，土壌微生物による分解，地下への浸透などによる（図5・3）．

エドワーズ（1966）は，各種の殺虫剤を1ha当たり1kgの割合で散布し，1年後に土壌での残存率を調査した．DDTは80％も残っており，ディルドリンは75％，γ-BHCは60％，アルドリンは26％であった．大気への揮散性が低い殺虫剤は残存率が高かった．殺虫剤の95％が土壌から消失するには3〜8年が必要であった．

殺虫剤は土壌微生物によっても分解される．例えば，殺菌した土壌と無殺菌の土壌にそれぞれアルドリンを混入し，4か月後にその残存量を調べてみると，前者では後者の2倍以上の残留量が検出された．ディルドリンやγ-BHCも土壌中で各種の細菌によって分解されることが知られている．

ミミズは土壌形成に大きな役割を果たしている．ミミズは通常，1haの土地に3万匹くらい生息しており，年間25tもの土壌がその消化管を通過しているという．これは1匹当たり0.8kgの土壌になる．散布された殺虫剤は土壌の表層に多く残留している．そのため表層に生息する小型種のミミズは，深い層の大型種のミミズより，高濃度の殺虫剤に汚染されている．表層の汚染ミミズは野鳥などの餌になっている．

5・1・3 野鳥での汚染

野鳥が有機塩素系殺虫剤に汚染されて，繁殖率が低下したり，多数が死亡した例は数多く報告されている．北米のヤマシギは，冬はアメリカ南部で過ごし，夏にはカナダに戻って繁殖する．1950年頃，カナダのニューブルンスビックでは害虫トウヒノシントメハマキの防除のため，DDTを原生林に散布していた．この地域でDDT使用量とヤマシギの繁殖率との関係を調べたところ，－0.88という高い負の相関係数が得られた．散布されたDDTは，まず土壌からミミズに移行し，次にミミズを主食とするヤマシギに摂食され，

その繁殖率を著しく低下させたと結論されている．

　イギリスでは，1956年頃に農作物の種子や芽生えを害虫から守るために，アルドリン，ディルドリン，ヘプタクロルによる種子粉衣が行われていた．早春にこれらの種子が散布されると，まもなく種子を餌とした野鳥の死亡が始まった．1956～61年には，イングランド東部の山林にヤマバト，ノバト，キジ，ミヤマガラスの死体や，それらを捕食するハヤブサやハイタカなど猛禽類の死体が多数見つかった．これらの死体はキツネなどの餌になり，冬には1300頭のキツネが死んでいた．調べてみると野鳥やキツネの死体には，有機塩素系殺虫剤が高濃度に蓄積されていた．

　野鳥の死亡は，殺虫剤が散布されない湖でも起こっている．湖水を汚染した低濃度のDDTが，食物連鎖を経て，水鳥の体内に異常なほど多量に蓄積されていた（図5・4）．有機塩素系殺虫剤は，体内の脂肪組織に蓄積されている間は，必ずしも致命的な影響を及ぼすとは限らない．問題は，脂肪中の有機塩素系殺虫剤が一挙に体内に放出されたときである．野鳥の変死は，抱卵

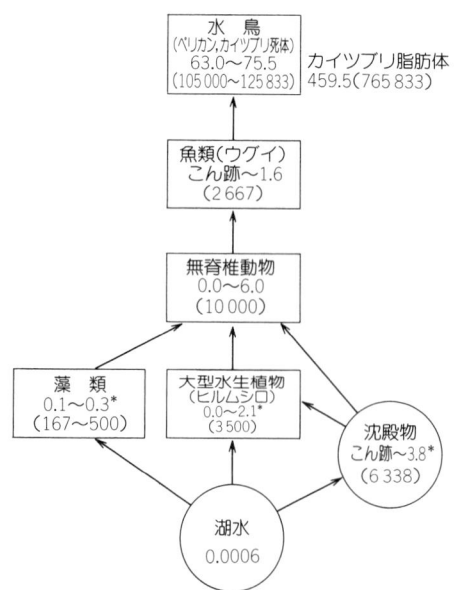

図5・4　チュール湖およびラワー・クラマス保護区におけるDDT汚染（ケイス，1966；山岸，1973より）
数字はDDTのppm値，こん跡は0.1ppm以下，かっこ内は濃縮係数，＊は乾燥重量についてのDDT量．

期や育雛期，渡りの季節，悪天候，餌が不足しているときなどが多い．このような場合には体内で脂肪が消費され，それに伴って蓄積されていた有機塩素系殺虫剤が血液中に放出される．その結果中毒死をひき起こすらしい．

近年，世界各国で猛禽類が急激に減少している．イギリスでは，1950年以前にはハヤブサやハイタカの卵が巣の中で破損していることはほとんどなかったが，1951年以降は破損した卵が多数見られるようになった．その原因は，卵が以前より破損しやすくなっていたり，親鳥の抱卵行動が異常で，卵を踏み潰したりするためであった．卵が破損しやすくなった原因を明らかにするため，卵殻の厚さについて過去の記録が綿密に調査された．その結果，1950年以降猛禽類ばかりでなく多くの野鳥で卵殻が薄くなっていることがわかってきた．その原因は，当時大量に使用されはじめた有機塩素系殺虫剤によるものと考えられたが，有機塩素系殺虫剤がどのようなしくみで卵殻を薄くするのかは明らかではなかった．

1963年にアメリカ・アイオワ大学のハートらが，有機塩素系殺虫剤がラットの肝臓で薬物代謝酵素の活性を高めることを発見して，その因果関係がしだいに明らかになってきた．ラットに鎮静剤や発がん物質を投与すると，肝臓で薬物代謝酵素の活性が高まり，投与した物質を代謝・分解して尿から排泄しようとする．このような薬物代謝酵素の活性は有機塩素系殺虫剤によっても高められ，その酵素によって殺虫剤のみならず体内の性ホルモンまでが分解されることがわかってきた．そのため体内に有機塩素系殺虫剤が長期間残留すれば，薬物代謝酵素の活性が常に高く維持されて，性ホルモンの不足をひき起こすことになる．

鳥類では雌鳥が繁殖期に入ると，エストロゲンなど性ホルモンの働きで体内にカルシウムが蓄積され，このカルシウムが卵殻を形成している．それゆえ有機塩素系殺虫剤が原因で性ホルモンが分解されて不足すると，カルシウムの蓄積が妨げられ，卵殻が薄くなって壊れやすくなるわけである（図5・5）．また，性ホルモンが不足すると，雌鳥は繁殖期が遅れ，産卵数が減少し，抱卵行動にも変調を起こして卵を踏み潰してしまうのである．さらに，殺虫

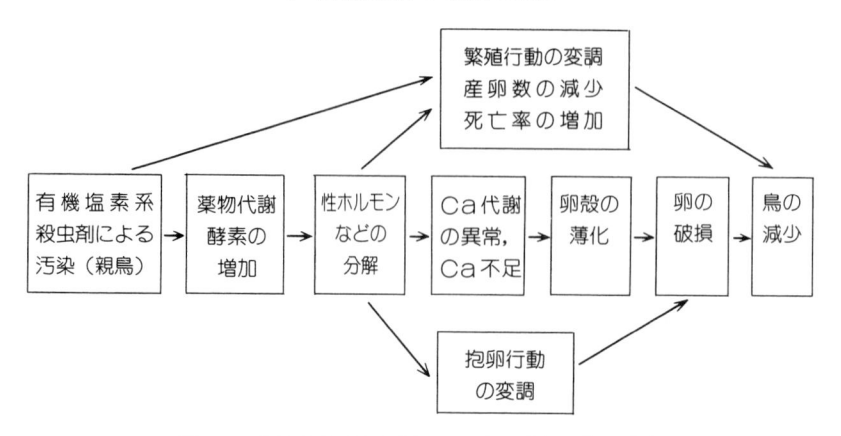

図 5・5 有機塩素系殺虫剤による卵の破損と鳥の減少

剤の影響によって雛の孵化率が低下しており，孵化直後の雛の死亡率も高まっている．これらの諸条件が重なって，猛禽類の数が急速に減少したといえる．

5・1・4 人体での汚染

1948年，アメリカのハウエルは人体の脂肪組織にDDTが蓄積されていることを報告した．その後，世界各国でも有機塩素系殺虫剤が人体に蓄積されていることがわかってきた．日本ではとくにBHCの蓄積濃度が高いことが特徴であった．

人体への汚染経路は食品による汚染が大部分で，飲料水や呼吸など他の経路による汚染は少ない．日本では，食品のうち牛肉，バターなどの油脂，牛乳，穀類がBHCの主な汚染経路であった（図5・6）．これらのBHCはやはり食物連鎖を経て人体に蓄積されていた（図5・7）．DDTはわが国では使用量や人への摂取量がBHCの10分の1程度であったが，人への汚染はBHCと同様に動物性食品が主な経路であった．

人体内での有機塩素系殺虫剤の分布は，DDTでは血液1，脳4，肝臓30，脂肪組織300の割合であった．BHCも同様な分布を示したが，わが国では脂肪組織での濃度が欧米の10～40倍と高い．脂肪組織での濃度が圧倒的に

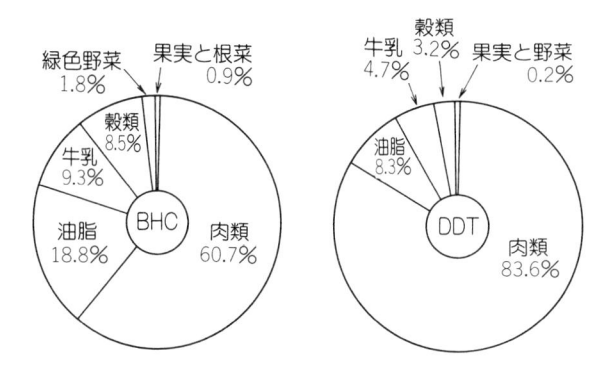

図 5·6 日常食品に残留する BHC と DDT の分布(上田ら,1971;湯嶋・桐谷・金沢,1973 より改写)

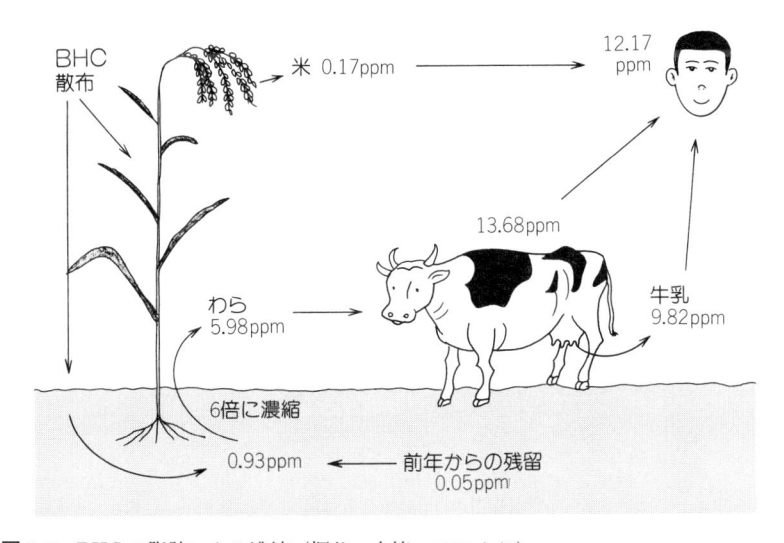

図 5·7 BHC の脂肪による濃縮(桐谷・中筋,1977 より)
　土壌・わら・米の濃度は農業技術研究所,その他は高知県衛生研究所(1969～70)の分析データによる.牛肉・牛乳・人の残留濃度は脂肪体中の濃度を示す.

高いのは,DDT や BHC が脂溶性で,しかも化学的に安定で代謝されにくくて,長期間残留するためである.

母体の脂肪組織に蓄積された DDT や BHC は,脂肪性分泌物すなわち母乳が排出経路になる.そのため母乳中の DDT などの濃度は脂肪組織中の濃

度を反映しており,一般に血液中より2〜3倍高い濃度になる.しかもDDTなどは使用禁止後も長期間母体に残留するので,乳児への悪影響はそれだけ長く続くことになる.

DDTは生体内で種々の代謝を受ける(図5·8).人では,主として肝臓の細胞が薬物代謝酵素を増加させて殺虫剤を代謝・分解しようとする.まず,薬物代謝酵素によって水酸基の付加や脱塩素などの代謝を受ける.次に,その代謝産物にグルクロン酸などが付加(グルクロン酸抱合)されて,より水溶性の物質になって尿から排泄される.しかし,DDTは体内から完全に消失するには非常に長期間を要し,しかも中間代謝産物であるDDEなどはDDTに劣らぬ毒性をもっている.また肝臓の薬物代謝酵素は,殺虫剤のみならず服用した薬品をも分解してしまうので,殺虫剤の影響で薬物代謝酵素が増加しているときには,鎮痛剤や解熱剤などの薬を服用しても効果が現れにくくなる.

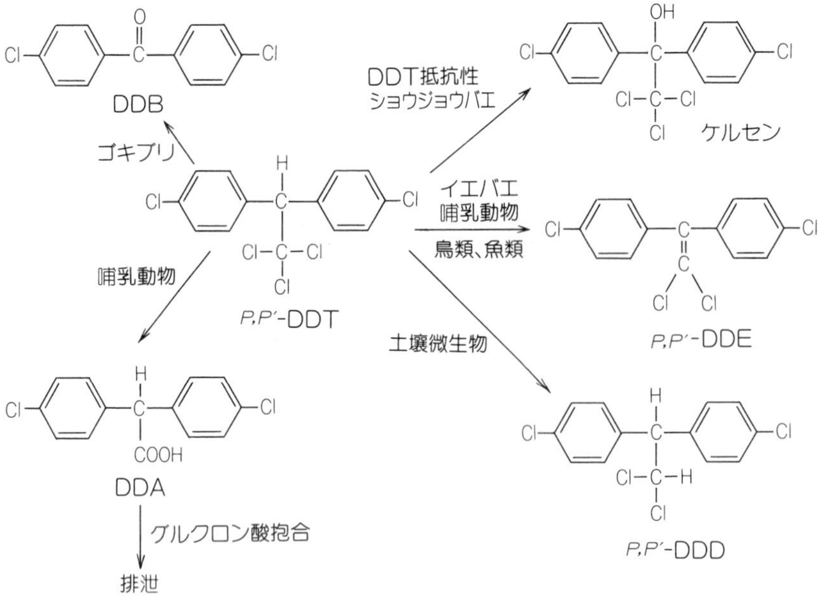

図5·8 DDTの代謝経路(湯嶋・桐谷・金沢,1973より)

マウスに BHC を与えて肝臓に対する影響を調べてみると，投与量が少ないときには，肝臓細胞で BHC に対する代謝・解毒作用が高まる．しかし BHC の量が多くなると，肝臓細胞の核やミトコンドリアなどに変化がみられ，次に自家食胞が現れて，変性したミトコンドリアなどを取り込んで消化し，やがて細胞が壊死してしまう．人でも同様に肝臓の肥大や細胞の壊死が起こる．DDT や BHC は動物実験で発がん性が認められている．

5・2 有機リン系殺虫剤

5・2・1 有機リン系殺虫剤の作用機構

有機リン系殺虫剤（有機リン剤）には，パラチオン（図 5・1 参照），マラチオン，フェニトロチオン，ダイアジノンなどがある．その殺虫作用は昆虫の神経障害であり，速効的である．人畜に対する急性毒性は強いが，環境中では有機塩素系殺虫剤に比べて分解されやすく，作物残留性や体内蓄積性は低いとされている．パラチオンなど強毒性有機リン剤の大部分はすでに使用禁止となっている．

ある種の神経細胞では末端からアセチルコリンがシナプスに放出され，次の細胞に情報を伝達している．役目を終ったアセチルコリンは酵素コリンエステラーゼによって分解される．有機リン剤は，そのコリンエステラーゼに結合して不活性化し，アセチルコリンの分解を妨げる．もしアセチルコリンが分解されずに過剰に蓄積されると，神経や筋細胞の興奮が続き，やがて神経性の麻痺が起こる．これが有機リン剤の作用機構である．

5・2・2 有機リン系殺虫剤による中毒

パラチオンの使用によって多数の中毒患者が出たことはよく知られている．有機リン剤による急性中毒症状は，縮瞳，鼻漏，流涎，流涙，下痢，不安などである．末期では，気管支けいれん，呼吸麻痺，中枢神経系抑制などが原因で死亡に至る．

有機リン剤による慢性毒性は低いものが多いが，長期にわたって接触すれば，弱視，精神障害，神経障害といった慢性中毒をひき起こす．有機リン剤

によって起こる弱視は，視力が低下し，周辺部の視野が狭くなり，垂直方向への眼球の円滑な運動ができなくなる．目の毛様体のコリンエステラーゼやアセチルコリンエステラーゼも減少する．これらの症状は，抗リン剤のアトロピンを与えると改善される．

5·3 農業生態系の混乱

5·3·1 人工生態系と特定種の増加

　農業では，栄養段階の低い位置にある農作物（生産者）あるいは家畜（第一次消費者）をできるだけ多く得ようとする．そのため，耕地では農作物以外の動植物を徹底的に排除して，単一作物をできるだけ多く栽培する．そのため必然的に耕地における生物相が非常に単純になってしまう．このように生物相が単純な人工生態系では，害虫など特定の生物種のみが増加する傾向がある．

　自然生態系から人工生態系への変化の例として，キルギス（旧ソビエト）の草原を開拓して，麦畑にした際の昆虫相の変化をあげることができる（表5·1）．草原に生息していた340種の昆虫は麦畑では142種に減少したが，全個体数は逆に1.8倍に増加した．しかも麦畑では特定の昆虫のみが増加し，

表5·1　草原（ステップ）と麦畑の昆虫相の変化

		草原	麦畑
種類数	ヨコバイ亜目	35	12
	カメムシ亜目	38	19
	甲虫目	93	39
	ハチ目	37	18
	その他	137	54
	計	340	142
個体数/m² (A)		199	351
優占種の種類数		41	19
優占種の個体数/m² (B)		112.2	331.6
B/A (%)		54.4	94.2

（ベイビエンコ，1963；山岸 1973 より改表）

優占種が全個体数の94％を占めるようになった．

このことは手入れの行き届いた耕地ほど生物相が単純になり，害虫が大発生しやすいことを意味している．この傾向は森林でも同様である．森林では，単純林のほうが混合林より害虫大発生の頻度が高い．単純林では生物相が単純で，害虫発生の歯止めになるような天敵の種類が少ないためである．

耕地や人工林で害虫が大発生すると，それを駆除するために殺虫剤が大量に散布されてきた．殺虫剤の散布は害虫を一時的に減少させることはできるが，他方では生態系の汚染や混乱を招き，次々と困難な問題を発生させ，その対策に追われるはめになった．

5・3・2　害虫の増加

殺虫剤を散布すると害虫の天敵相が貧困化することは以前から数多く報告されている．そのため殺虫剤の散布によって害虫の個体数が逆に増加した場合もある．イネの害虫であるニカメイチュウは殺虫剤の散布によって個体数が一時的には減少する．しかし，その後は生息密度の減少によって種内競争の圧力が弱まり，しかも天敵のクモ類が殺虫剤によって殺されてしまうため，ニカメイチュウの個体数はあまり減少せず，最終的には殺虫剤を散布しなかった場合より個体数が多くなったという（図5・9）．

日本脳炎を媒介するコガタアカイエカも，殺虫剤の散布によって天敵のアカトンボやホタルが減少したために，水田で多発する傾向にある．水田の害虫ツマグロヨコバイを捕食する天敵はキクズキドクグモである．このクモはほとんどの殺虫剤に対してツマグロヨコバイよりも弱いため，殺虫剤の散布はツマグロヨコバイよりむしろ天敵のキクズキドクグモを殺してしまい，ツマグロヨコバイの増加を招いている．

殺虫剤が害虫よりもむしろ天敵に対してより強いダメージを与える理由として，次のような考え方がある．植物は害虫による食害を防ぐため，進化の過程で細胞内に防虫成分を合成する代謝系を獲得してきた．害虫側はそれに対抗して，その防虫成分を分解する酵素を獲得してきた．すなわち植物と害虫は進化の過程で互いに競いあって現在の相互関係を築いてきたのである．

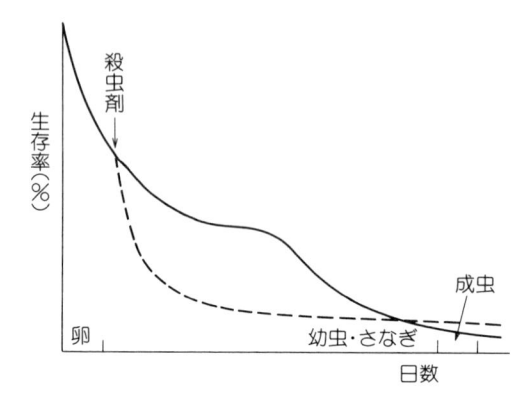

図5·9 ニカメイガの生存率曲線(宮下，1958；湯嶋・桐谷・金沢，1973より)
実線：殺虫剤無散布，破線：殺虫剤散布．

防虫成分を分解する酵素は殺虫剤をも分解できる場合が多いので，害虫は本来殺虫剤に対する備えをある程度もっているわけである．一方，天敵のほうはこのような競いあいには加わっておらず，殺虫剤に対する備えをもっていない．そのため天敵は殺虫剤に対して害虫よりも弱いと考えられる．

5·3·3　花粉媒介昆虫の減少

果樹園で殺虫剤を散布すれば，ハチやチョウなどの花粉媒介昆虫をも殺してしまう．その結果，リンゴ園などでは結実率が低下したという報告もある．

5·3·4　新害虫の登場

殺虫剤の散布によって天敵を殺したりして，生態系のバランスを壊したために，それまでとくに重要視されていなかった潜在的害虫が主要害虫になった例も報告されている．長野県のリンゴ園では，1951年にシンクイガの防除のためにDDTとパラチオンを散布した．当時はハダニによる被害はそれほど大きくはなかった．しかし，DDTやパラチオンの散布を継続して，散布回数が増加するにつれて，ハダニが増加しはじめた．そのため，新たに殺ダニ剤の散布が必要になり，その回数もしだいに増加していったという．

5・3・5 薬剤抵抗性害虫の出現

殺虫剤の散布が盛んになるにつれ，ついに薬剤抵抗性の害虫が出現しはじめた．1954年頃，まずDDTに対して抵抗性のあるアカイエカが登場した．この傾向はさらに広がり，1968年には世界で224種もの害虫が殺虫剤に対して抵抗性を獲得していた．京都での調査によると，1963年にはコガタアカイエカの幼虫は，その半数以上が0.013 ppmの有機リン剤によって死んだが，1983年には34 ppm（2600倍）という高濃度が必要になっていた．

殺虫剤抵抗性のしくみは，イエバエのピレトリン抵抗性の場合には，殺虫剤が昆虫の表皮から浸透しなくなっており，ハエ類のディルドリン抵抗性やハダニの有機リン剤抵抗性の場合には，殺虫剤に対する感受性が低下していた．昆虫の体内で殺虫剤を分解する酵素が増加していたりする例も報告されている．

イエバエやショウジョウバエでの実験では，殺虫剤を1匹も死なないような量で使用すれば，抵抗性昆虫は出現しないが，その量が一部のものを殺す程度になれば，抵抗性昆虫が出現してくるという．その結果，殺虫剤に弱い個体は淘汰されて，強い個体のみが残ることになる．現在では，ほとんどの殺虫剤に対して抵抗性の害虫が生じているという．

5・3・6 誘因剤の利用

殺虫剤の散布は生態系にさまざまな問題をひき起こしてきた．今後は，害虫を殺すが天敵には影響しないような選択的殺虫剤や，不妊化した雄成虫の利用，誘因剤の利用など生態系に優しくてきめの細かい防除法が必要と考えられる．

そのような防除法の一つに性フェロモンを利用した交信攪乱（配偶行動攪乱）がある．性フェロモンの利用は人畜・魚類に対する安全性が高く，害虫にのみ作用して天敵に悪影響がなく，環境汚染や残留毒性もなく，抵抗性害虫が発生しないなどの利点がある．とくに鱗翅目害虫における性フェロモンによる交信攪乱は各種の害虫について実用化されており，その代表的な例が世界的に知られた綿の最重要害虫であるワタアカミムシ（ピンクボールワー

ム）防除のための性フェロモンの使用である．

　ワタアカミムシは，アメリカ，旧ソ連，中国，インド，パキスタン，ブラジルなどで綿の生産量の減少や品質低下など重大な被害を与えている．この虫は，卵から孵化した幼虫がわずか数時間で未熟果実の中に入ってしまうため，殺虫剤散布を繰り返しても防除しにくい難防除害虫である．

　ワタアカミムシの性フェロモンは，$(Z7, Z11)$-7,11-ヘキサデカジエニルアセテートと$(Z7, E11)$-7,11-異性体の1：1の混合物（ゴシプルアーと呼ばれている）であり，現在では合成によって安価に大量生産することが可能である．この性フェロモンを内径0.8 mm，長さ200 mmのポリエチレンチューブの中に入れ，両端を封じて，性フェロモンがポリエチレンの壁面から少しずつ放出されて，効果が約2か月間持続するようになっている．

　アメリカ・アリゾナ州の綿畑で，綿の主茎にチューブを取り付けて約3か月間交信攪乱実験を行った結果，トラップに入った雄の数から計算した誘因阻害率

$$（対照区の誘殺数－処理区の誘殺数）÷（対照区の誘殺数）×100$$

は常に95％以上で，交信攪乱が十分行われていることがわかった．また，未熟果実に侵入した幼虫数から計算した防除率が87.5％であり，この方法が殺虫剤による慣行防除に比べてかなり優れていることを示していた．

　性フェロモンによる交信攪乱防除は，ワタアカミムシ以外にナシヒメシンクイ，コドリンガ，スカシバ類，ハマキガ類，モモシンクイガ，コナガ，シロイチモジヨトウガ，グレープベリーモスなどで実用化され，高い防除効果が得られている．フェロモンによる交信攪乱法はクリーンで安全な防除法として広く普及されつつあり，日本では現在，果樹，茶，蔬菜，イネ，芝などの主要害虫を対象に性フェロモン製剤が販売されている．

　ただ，10年以上の長期にわたって使用されている交信攪乱剤では，その効果が低下することがある．1985年に日本で初めて交信攪乱剤が使用された茶の害虫チャノコカクモンハマキでは，一部の地域で抵抗性が出て効果が低下

してきた．そのため，従来の性フェロモン1成分を利用したものではなく，性フェロモン関連物質6成分を元にした新たな交信攪乱剤が開発され実用化された．今後，抵抗性の原因を明らかにすることが重要であろう．

6 日常生活を汚染する有害物質

　1968年，北九州で米ぬか油中毒事件が発生した．米ぬか油の生産工場で製品にPCBが混入し，それを調理に使った人々が神経障害などの被害を受けた．PCBは以前から日常生活の多くの製品に使用されていたが，その毒性と環境汚染が知られるようになって，使用禁止になった．しかし，30年以上も経った現在でもまだ環境や人体に残留している．人の生活環境を侵す有害物質のうち，ダイオキシンや発がん物質も注目されている．ダイオキシンは，ごみ焼却場の排煙や灰，製紙工場の廃液などに含まれており，環境や食品を汚染し，人体にも残留している．発がん物質は種々の食品やたばこの煙などに含まれている．人の発がんの80〜90％は環境要因に起因するといわれている．PCBやダイオキシンは発がん作用をもつことが知られており，さらに環境ホルモン作用をもっていると考えられている．環境ホルモンは野生動物に生殖異常を引き起こすことが知られている．人への影響が懸念されている．

6・1　PCB（ポリ塩化ビフェニール）

6・1・1　PCBと環境汚染

　PCBとは，ベンゼン環が2個つながったものを基本構造とし，その水素1〜10個が塩素によって置換された化合物の総称である（図6・1．コプラナーPCBはダイオキシン類に含められる）．PCBは，化学的に不活性で燃えにく

く，絶縁性がよく，水に溶けず，有機溶媒，油，プラスチックなどによく溶ける．このような特性を利用して，トランスやコンデンサーの絶縁油，熱媒体，潤滑油，プラスチック製品，接着剤，ワックス，塗料，印刷インク，複写紙など日常生活のいろいろな製品に使用されていた．

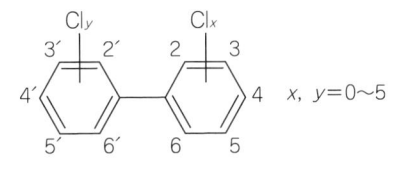

図6・1 PCBの基本型
母核の2〜6位，2'〜6'位の水素が塩素に置き換わる．

欧米では，1930年から生産が始まったが，1966年にすでに環境汚染物質として注目されていた．日本では，1954年に生産が開始され，以後生産が急増して1970年には1万1000tに達した．しかしその毒性のために，1972年に生産・使用・廃棄が禁止された．

PCBは，各種の製品に含まれていたことや，大気中に気化する性質があるため，環境汚染の経路が複雑で多岐に及んでいる．すなわちPCBの生産工場，PCBを含む製品の工場，その製品が使用された場所，廃棄や回収された場所から汚染が始まり，気化したPCBも汚染地域を広げた．汚染の著しい地域は，その使用状況を反映して大都市や工場地帯であったが，東京湾，大阪湾，瀬戸内海東部，駿河湾など都市部沿岸の海水も汚染されていた．最近，琵琶湖の湖底にPCBが残留していることが明らかになったが，使用や廃棄が禁止されて30年以上も経った現在でも，各地でPCBによる環境汚染が続いている．

6・1・2 PCBによる生物の汚染

PCBは，1970年代に世界各国で生産や使用が中止されたが，それ以前に環境に放出されたPCBが気流や海流にのって世界中に広がっていた．そのためPCBが南極のクジラの肉や，北極にすむシロクマの脂肪からも検出された．現在でも，依然として地球上のほとんどの生物が汚染されている．

PCBは，水中では食物連鎖を経て，肉食動物へ高濃度に濃縮・蓄積される傾向がある．例えば，海水中ではPCBが低い濃度であっても，まずプラン

クトンに吸収され，次にそれを食べた魚に濃縮され，その魚を餌としたイルカなどにはさらに多量のPCBが蓄積される（図4・7参照）．ときには海水中の1000万倍の濃度にもなることがある．

PCBは，脂溶性であり化学的に安定しているため，ヒトや動物の体内では脂肪組織に蓄積されて，分解されずに長期間残留する傾向がある．魚や野鳥の脂肪には80〜120 ppmのPCBが検出され，千葉県ではコサギの脂肪中に最高1万6000 ppmものPCBが蓄積されていた．人では，1972年に検査されたすべての人の脂肪組織に0.1〜18.04 ppmのPCBが検出され，母乳からは0.001〜0.7 ppmの濃度で検出された．やはり大都市住民のPCB残留量は，地方住民の残留量より多い傾向にあった．

PCBの1日当たりの摂取許容量は，動物実験では体重1 kg当たり5 μgである．これは体重50 kgの人が1日に250 μgまでのPCBであれば，長時間摂取しても影響がないことになる．一方，摂取許容量を超えるPCBをラットに連続投与すれば，肝臓に損傷を与える．まず肝細胞では滑面小胞体が増加して，PCBを代謝して排泄するための解毒作用が高まる．解毒が及ばないと，やがて細胞の壊死が始まる．マウスでは長期間の投与で肝がんが発生した．米ぬか油中毒事件では，被害者はある期間に最低でも総量500 mgものPCBを摂取したため，神経障害，肝臓の肥大，胃腸障害，アレルギー性皮膚炎，貧血などを発症した．

6・1・3 生体内でのPCBの代謝

一般にPCBのような脂溶性の薬物は，体内に入ると主として肝臓の薬物代謝酵素によって水溶性の化合物に代謝され，尿から排泄される．代謝の第1段階は，酸化・還元・加水分解などの反応で，しばしば薬物に水酸基などが付加される．第2段階は，その水酸基などにグルクロン酸や硫酸などの水溶性原子団が結合する抱合反応である．

PCBのうち塩素原子1個をもつ4-クロロビフェニールは，実験動物の体内で水酸基が付加され（図6・2），次にグルクロン酸抱合を受けて尿中に排泄される．しかし，塩素原子を2〜4個結合したPCBは水酸基が付加されて

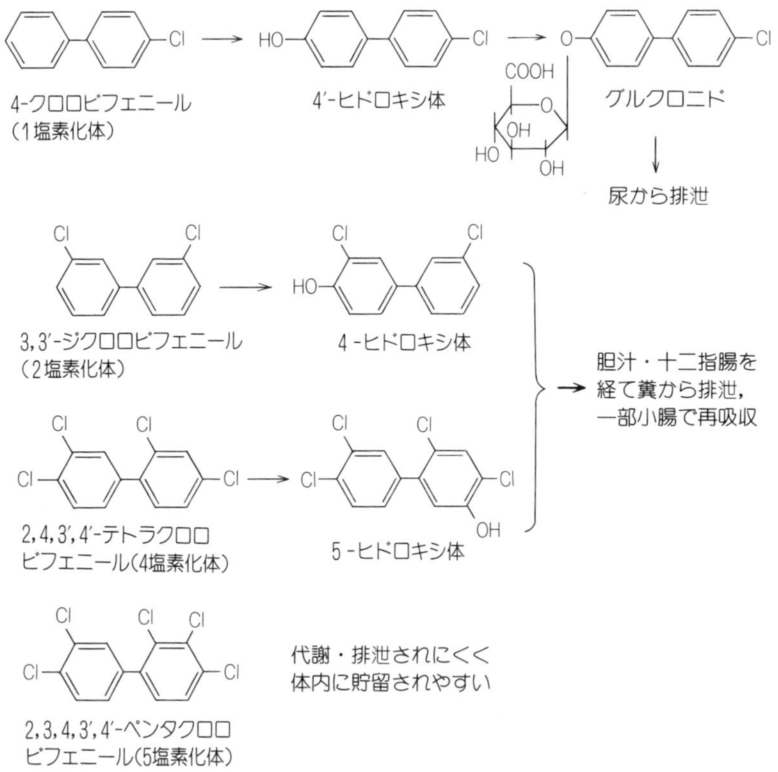

6·1 PCB（ポリ塩化ビフェニール）　　　　81

図6·2　PCBの代謝

も，次の抱合反応が起こらない．そのため水溶性が低くて尿中に排泄されず，胆汁から十二指腸に出てしまう．その一部は糞から排泄されるが，残りは小腸で再吸収されて，再び肝臓にもどってしまう．

2,3,4,3′,4′-ペンタクロロビフェニールのように塩素原子を5個またはそれ以上結合したPCBは代謝されにくく，尿からも糞からも排泄されない．しかもきわめて毒性が強く，人や動物の脂肪組織に長期間残留して分解されないため，非常に危険である．

6·1·4　PCB廃棄物の処理

日本では1972年にPCBの製造・廃棄が禁止されたが，すでに製造された

PCBを処分する処理施設の設置は，住民の理解が得られにくいこともあって，なかなか進まなかった．処理が行われないために，結果としてPCB廃棄物の保管が長期にわたり，紛失したり行方がわからなかったりするもののあることが判明し，そのようなPCBによる環境汚染が懸念されている．

そのため，わが国におけるPCB廃棄物の確実かつ適正な処理を進めるために，2001年に「ポリ塩化ビフェニル廃棄物の適正な処理の推進に関する特別措置法」が施行された．この法では，PCB廃棄物を所有する事業者等に保管状況などの届け出と一定期間内の処分を義務づけたほか，運搬・収集のガイドラインが定められた．またPCB処理施設が全国5か所（北九州，大阪，豊田，東京，北海道）に設置され，2005年から処理が開始されている（大阪は2006年中に，北海道は2007年中に開始予定）．

国際的には，2004年5月に残留性有機汚染物質に関するストックホルム条約（POPs条約）が発効され，PCBについては2035年までの使用の全廃と2038年までの適正な処分が求められている．

6・2　ダイオキシン

ダイオキシンは，ベトナム戦争中に米軍が「枯れ葉作戦」で大量に散布した除草剤に混在しており，散布地域で死産や奇形児などを激増させた．1976年，イタリア北部のセベソで農薬工場が爆発してダイオキシン汚染が広がり，周辺地域で異常な出産が増加した．アメリカでも，1978年ニューヨーク州ラブ・カナルにおいて化学工場の投棄場からダイオキシンが漏出し，付近の土壌や水が汚染されて，大きな社会問題となった．

6・2・1　ダイオキシンとその毒性

ダイオキシンは2個のベンゼン環が2個の酸素で結びつけられた有機化合物（図6・3）で，その1,2,3,4と6,7,8,9位で置換される塩素原子の数と位置によって75の異性体がある．関連物質のジベンゾフランは2個のベンゼン環を1個の酸素で結合しており，135の異性体がある．一般にダイオキシン類と呼ばれるのは，ダイオキシンとジベンゾフランを併せた210種の物質群

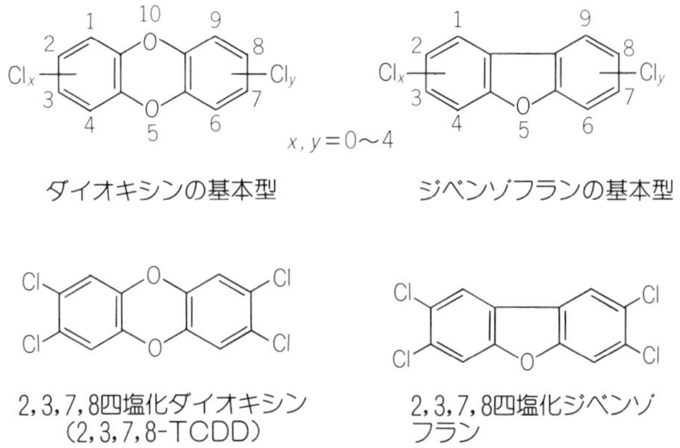

図6・3 ダイオキシン類の化学構造

であるが，1999年に公布されたダイオキシン類対策特別措置法では，ダイオキシンとジベンゾフラン，それにコプラナーPCB（PCBの中で二つのベンゼン環が同一平面上にあって扁平な構造をもつもの）を含めて「ダイオキシン類」と定義されている．それらの中で2,3,7,8-四塩化ジベンゾ-パラ-ダイオキシン（2,3,7,8-TCDD，図6・3左下）が最も毒性が強く，これをダイオキシンということもある．

2,3,7,8-TCDDは合成有機化合物の中では強い毒性をもち，その半数致死量はモルモットでは体重 1 kg 当たり $0.6 \sim 2.0 \mu g$ である．2,3,7,8-TCDDは，肝臓障害や免疫抑制などの急性毒性だけでなく，生体内に数年〜数十年間も残留して，奇形や発がんをひき起こす．

6・2・2 ダイオキシンの催奇形性とそのメカニズム

ダイオキシンが催奇形性をもつことはよく知られている．妊娠中のマウスにごく微量の 2,3,7,8-TCDD を与えると，胎仔の腎臓奇形が 96 ％ の高率で起こる．

ダイオキシンは細胞内に入ると，まず細胞質中の受容体と結合する．この受容体には，PCBも結合することができる．ダイオキシンの異性体が示す毒性の強さはこの受容体との結合力とほぼ一致している．次に，ダイオキシン

—受容体の複合体は核内に入り，酵素チトクローム P-450 遺伝子の調節領域に結合する．この結合によってチトクローム P-450 遺伝子の発現が高まるという．ダイオキシンは，この遺伝子以外に 8 種類の遺伝子の発現をも高めるため，これらの遺伝子の過剰な発現が催奇形につながるらしい．しかもダイオキシンは生体内では代謝・分解されにくく，そのまま残留して受容体との結合を繰り返し，P-450 遺伝子などの発現を長期間継続させることになる．

6・2・3 ダイオキシンの発生と環境汚染

ダイオキシンは主として物を燃やすところに発生し，種々の発生源からの排出が報告されている(表 6・1)．1990 年代には，ごみ焼却場の排煙や製紙工場からの廃液に含まれているダイオキシンが問題になった．1983 年に，2,3,7,8-TCDD が愛媛県松山市のごみ焼却場の燃えかすから検出された．また，

表 6・1 ダイオキシン類の年間排出量
(「ダイオキシン類 2005」より改変)

発生源	年間排出量 (g-TEQ*/年)	
	1997 年	2004 年
廃棄物処理分野	7205〜7658	212〜231
一般廃棄物焼却施設	5000	64
産業廃棄物焼却施設	1505	70
小型廃棄物焼却炉など	700〜1153	78〜97
産業分野	470	125
金属関連施設	442.4	115.5
パルプ製造施設	0.74	0.62
その他の施設	26.5	8.7
その他	4.8〜7.4	4.1〜7.0
火葬場	2.1〜4.6	2.3〜5.1
たばこの煙	0.1〜0.2	0.1〜0.2
自動車の排気ガス	1.4	1.3
下水道処理施設	1.1	0.36
最終処分場	0.093	0.018
合計	7680〜8135	341〜363

※単位の TEQ は「毒性等量」のことで，ダイオキシン類の毒性を最も毒性の強い 2,3,7,8-TCDD の量に換算して合計したもの．

1991年には全国各地の製紙工場からダイオキシンを含む廃水が周辺の川や海に放出されていることがわかった．製紙工場では，パルプを塩素で漂白する過程で，塩素がパルプ中の芳香族化合物と反応してダイオキシンが生成するといわれている．ダイオキシンは，自動車の排気ガスやたばこの煙にも含まれている．喫煙者が1日に20本のたばこを吸った場合の摂取量は10.9 pg（ピコグラム，$1\,pg=10^{-12}\,g$）であるという．

ダイオキシンによる環境汚染が明らかにされて，とくに魚介類など食品への汚染が懸念されていたが，1988年に全国14水域のスズキやボラなどからダイオキシンが検出された．1999年に出された中央環境審議会・生活環境審議会・食品衛生調査会合同の報告書では，ダイオキシンを人体が摂取しても何ら影響が出ない量(耐容一日摂取量)を，1日に体重1kg当たり4pg-TEQとしている．厚生労働省による2003年の調査では，日本人は1日に体重1kg当たり，食事から1.33 pg-TEQ，大気などの環境中から0.024 pg-TEQ のダイオキシンを摂取していると計算されている（表6・2）．

人体での汚染については，2,3,7,8-TCDD などが人の脂肪組織から低濃度

表6・2　日本人のダイオキシン類の一日摂取量
（「ダイオキシン類2005」より作表）

発生源	摂取量* (pg-TEQ/kg/日)
食品	1.33
魚介類	1.15
肉・卵	0.14
乳・乳製品	0.032
穀物・芋	0.0014
有色野菜	0.0018
その他	0.007
大気	0.019
土壌	0.0052
合計	約1.35

※摂取量は1人の平均体重を50 kgと仮定して，体重1kg当たりに換算した値．

ではあるが検出されている。母乳や乳児の脂肪組織からもダイオキシンが検出されたが、人工乳より母乳で育った子の方が濃度が数倍以上高いという。ダイオキシンによる環境や人体への汚染は、東京、大阪など大都市圏で顕著である。それは大都市における産業の集中、大量の廃棄家電製品、ごみ焼却場などのためと考えられている。

世界各国でもダイオキシンによる環境汚染は深刻化している。ダイオキシンは、気流や海流に乗って今や地球全体に広がっている。カナダのホッキョクグマやグリーンランドのアザラシの皮下脂肪にも1g当たり平均38.4pgものダイオキシンが検出されたという。

6・2・4 ダイオキシン排出の防止

ダイオキシンによる汚染を防ぐためには、まず焼却施設や製紙工場などの発生源でダイオキシンの排出を少なくする努力が必要である。

ごみ焼却炉では、塩化ビニールなど有機塩素系樹脂を含むプラスチック製品などが300℃ぐらいで生焼けになるときにダイオキシンが発生する。焼却が700℃以上であれば生じたダイオキシンは分解される。発生したダイオキシンを除去するために、最近バグフィルターという集塵機が使われている。合成繊維の羽毛状フィルターに燃焼ガスを通して微細な塵を除去するのである。それを通すとダイオキシンは10分の1以下になるという。ダイオキシンが焼却灰に含まれている場合には、その灰を水と混合し、400℃で30気圧にして30分間加熱加圧すると、約97％のダイオキシンが分解される。酸化剤として過酸化水素を加えると分解率は99％になるという。

製紙工場では、パルプを塩素で漂白する過程でダイオキシンが生成する。塩素をまったく使わずに真白い上質紙をつくる製法は現在知られていない。しかし、ダイオキシンを含む製紙工場からの廃液に紫外線を照射すると、ダイオキシンが分解されることがわかっている。

日本では、1999年に成立したダイオキシン類対策特別措置法（2005年に一部改正）に基づいて、ダイオキシン類の排出防止のための規制やダイオキシン類の除去などの対策が進められている。

6·3 発がん物質

　ヒトのがんは，その発生の80〜90％が環境要因に起因するといわれている．その根拠として次のように説明されている．胃がん，肺がん，肝がん，乳がんなど各部位のがん発生率は世界各国でそれぞれ異なっている．そこで各部位のがんについて最低の発生率をもつ国の値のみを取り出して加えてみると，がん全体の発生率は5分の1から10分の1 (20〜10％) に減少してしまう．この最低発生率の合計値は，各部位のがんを発生させるそれぞれの環境要因をまったく除いた，いわば理想的な生活環境におけるがんの発生率といえる．これがヒトのがんの80〜90％が環境要因に起因するといわれる根拠となっている．疫学調査によれば，化学物質，喫煙，食物が発がんをひき起こす主な環境要因とされている．

6·3·1 発がん性化学物質

　発がん作用をもつ物質は現在まで数多く報告されている．しかし動物実験ではがんを発生させるが，ヒトに対しては発がん性がはっきりしないものも多い．表6·3は，国際がん研究機構がヒトに対して発がん性があると結論した化学物質である．その多くは職業がんの原因となった物質である．

　1775年，イギリスの外科医ポットは，煙突掃除人に皮膚がんや陰囊がんが多数発生していることを指摘した．これが最初に報告された職業がんである．その後，コールタールの発がん性が問題になっていた．山極と市川 (1915) は，ウサギの耳にコールタールを1年あまり塗り続けて，世界で初めて人工的にがんを発生させた．コールタールからは，イギリスのケンナウエイ (1933) が発がん物質としてベンツ[a]ピレン (図6·4) を分離した．

　ベンツ[a]ピレンは，すすやコールタール以外に，石炭，石油，薪，たばこなどの煙，自動車や航空機の排気ガスにも含まれている．日本でも年間数百tのベンツ[a]ピレンが環境中に放出されているものと推定されている．また，この物質は肉，魚，コーヒー豆などを強く加熱して焦がした際にも生じている．

表6·3 ヒトにがんをつくることが確かめられた化学物質

化学物質	ばく露のしかた	発がん部位
アクリロニトリル	職業	肺, 大腸
アスベスト	職業, 環境汚染	肺, 胃腸
アフラトキシン B_1	環境汚染, 食品	肝
4-アミノビフェニール	職業	膀胱
イムラン	医薬品	網状赤血球腫
塩化ビニル	職業	肝, 脳
オキシメトロン	医薬品	肝
オーラミン	職業	膀胱
紙巻きタバコの煙	環境汚染	肺
クロム化合物	職業	肺
クロラムフェニコール	医薬品	白血病
クロルナファジン	医薬品	膀胱
クロロメチルメチルエーテル	職業	肺
酸化カドミウム	職業	肺, 前立腺
シクロフォスファミド	医薬品	膀胱, 白血病
ジフェニルヒダントイン	医薬品	リンパ腫
すす, タール	職業, 環境汚染	皮膚, 肺, 陰のう
スチルベステロール	医薬品	乳腺, 子宮, 腟
赤鉄鉱	職業	肺
トロトラスト	医薬品	肝
2-ナフチルアミン	職業	膀胱
ニッケル化合物	職業	肺, 鼻腔
ビス (クロロメチル) エーテル	職業	肺
ヒ素化合物	職業, 医薬品	皮膚, 肺
フェナセチン	医薬品	腎
ベンゼン	職業	膀胱, 白血病
マスタードガス	職業	肺
メルファラン	医薬品	骨髄性白血病
流動パラフィン	医薬品	胃, 大腸, 直腸

　これまで問題になった主な職業がんとして, 粗製ワックスや頁岩油による職業性皮膚がん, アニリン染料工場従業員に多発する膀胱がん, ウラン鉱坑夫の肺がん, ラジウム取り扱い作業者に発生する白血病, ニッケル精錬工の肺がんや副鼻腔がん, 石綿粉塵やクロム酸塩による肺がん, 塩化ビニル製造作業者に発生する肝臓の血管内皮腫, 発生炉作業者の肺がん, ベンゼンを扱う作業者の白血病などが報告されている (アスベストによる悪性中皮腫につ

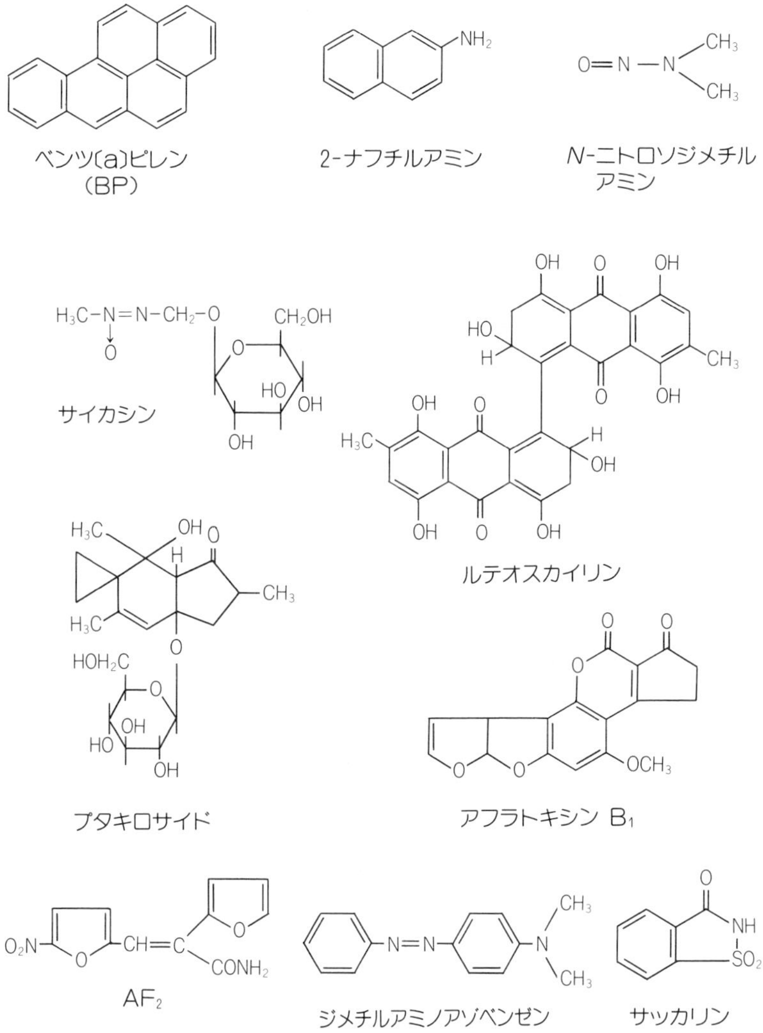

図6・4　食品あるいはたばこの煙などに含まれる発がん物質

（ベンツ〔a〕ピレン（BP）、2-ナフチルアミン、N-ニトロソジメチルアミン、サイカシン、ルテオスカイリン、プタキロサイド、アフラトキシン B_1、AF_2、ジメチルアミノアゾベンゼン、サッカリン）

いては **9・2・7** 項参照）．

6・3・2　喫煙と発がん

喫煙も主な発がん要因の一つである．たばこの煙には発がん物質であるベ

ンツ[a]ピレン，2-ナフチルアミン，N-ニトロソアミンなど40種類くらいの発がん物質が含まれているという（図6・4）．

喫煙は，肺，食道，胃，肝臓，膵臓，膀胱などあらゆる部位のがん発生率を高めると報告されている．このうち膵臓がんは喫煙と肉食が重なった場合に，食道がんは喫煙と飲酒が重なった場合に高率に発生している．また大気汚染やアスベストの粉塵汚染と喫煙が重なると，肺がんの発生率が高くなっている．

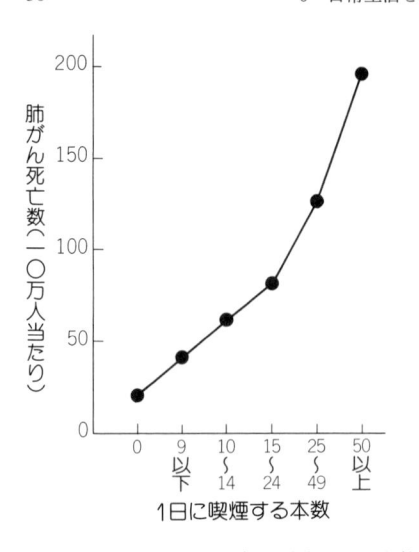

図6・5 1日の喫煙本数別肺がん死亡数（男，1966〜75年）（平山による）

喫煙と肺がん発生との間には明らかな正の相関が見られる．とくに1日の喫煙本数が増加すると発生率が急激に増加しており（図6・5），喫煙を開始する年齢が若いほど肺がんになりやすい．さらに，総喫煙本数については，10万本（1日20本を15年間喫煙した本数に相当する）以上になると，肺がんによる死亡率が急に高くなる．アメリカ公衆衛生局は1982年の調査によって，肺がんによる死亡者の85％はタバコを吸っていなければ，がんで死ぬことはなかっただろうと推定している．

6・3・3 食品に含まれる発がん物質

以前からソテツ，ワラビ，ミョウガ，フキノトウなどの植物には発がん物質が含まれているといわれてきた．

ソテツの実は，南太平洋の島々，沖縄，奄美大島では食品材料に使用されていた．ソテツの実を1〜3％の割合で餌に混ぜてラットに食べさせると，肝臓や膵臓にがんが発生する．西田ら（1955）は，その発がん成分を単離してサイカシン（メチルアゾキシメタノール-β-D-グルコシド，図6・4）と名づけた．サイカシンは腸内で細菌の酵素β-グルコシダーゼによって加水分解

されてアゾキシメタノール（$HOCH_2N=NOCH_3$）を生じ，これが腸管から吸収されてジアゾメタン（CH_2N_2）となってがんをひき起こす．

　先端が巻いている若いワラビの乾燥粉末を餌に3分の1ほど混合してラットに食べさせると，腸にがんが発生する．広野ら（1984）は，ワラビに含まれている発がん物質の化学構造を決定してプタキロサイド（図6・4）と名づけた．この物質は酸やアルカリで分解されやすいので，ワラビを重曹などであく抜きをすれば害はない．

　1953年，輸入米にカビ（*Penicillium islandicum* Sopp.）が繁殖する黄変米事件が起こった．このカビの代謝産物からカビ毒のルテオスカイリン（図

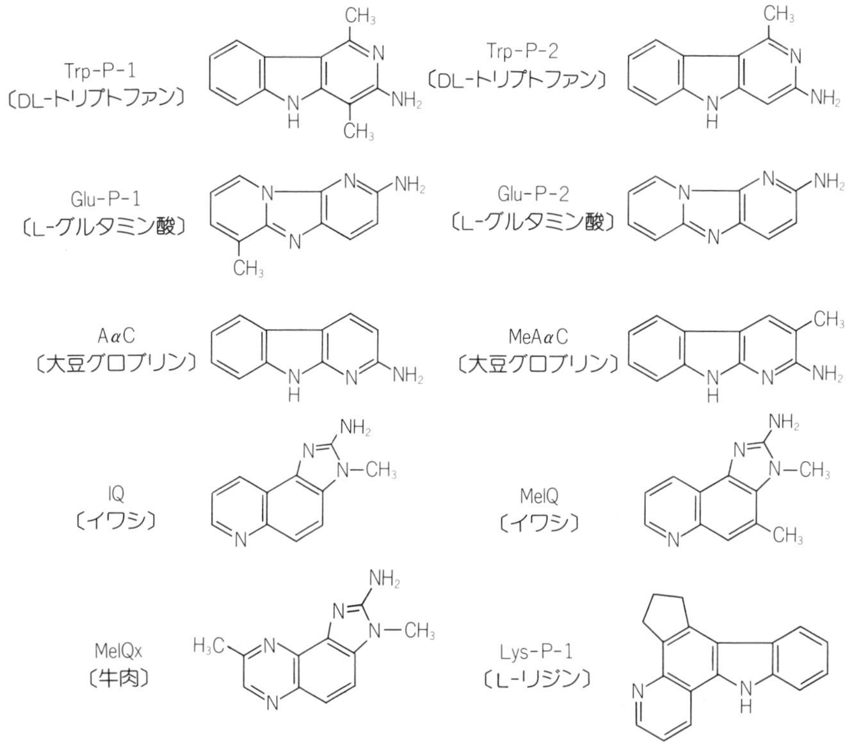

Trp-P-1 〔DL-トリプトファン〕

Trp-P-2 〔DL-トリプトファン〕

Glu-P-1 〔L-グルタミン酸〕

Glu-P-2 〔L-グルタミン酸〕

AαC 〔大豆グロブリン〕

MeAαC 〔大豆グロブリン〕

IQ 〔イワシ〕

MeIQ 〔イワシ〕

MeIQx 〔牛肉〕

Lys-P-1 〔L-リジン〕

図6・6　アミノ酸やタンパク質の加熱により生じる発がん物質（杉村，1982より改写）
　　　　〔　〕内は加熱材料．

6・4)が分離された．ルテオスカイリンはマウスに肝がんを発生させる．アフラトキシン B_1（図6・4）も発がん性の強いカビ毒である．1960年，イギリスでカビ（*Aspergillus flavus* Link.）の生えたピーナッツを食べたシチメンチョウが10万羽も集団中毒死した．このカビの代謝産物からこの物質が分離された．アフラトキシン B_1 は微量でマウスに肝がんを発生させる．

　魚の焼け焦げの部分や，トリプトファン，グルタミン酸，大豆グロブリンなどを強く加熱して焦がしたものには，発がん性の Trp-P-1, Trp-P-2, Glu-P-1, Glu-P-2 など（図6・6）が含まれていることが報告されている．また焼いたイワシから発がん性のアミノメチルイミダゾキノリン（IQ）やアミノジメチルイミダゾキノリン（MeIQ）も分離された．

　これらの焼け焦げに含まれている発がん物質は焦げ1g当たり10〜20ng（$1\text{ng}=10^{-9}\text{g}$）程度である．これらの物質をマウスに多量に与えて，発がんを起こさせる量を焼け焦げに換算すると，30gのマウスが1日当たり70kgくらいの焼け焦げを1年間食べ続けた量に相当するという．そのため焼け焦げ中の微量の発がん物質をとくに恐れる必要はないという．

6・3・4　発がん性食品添加物

　食品保存料の AF_2，食品色素のアゾ色素類，人工甘味料のズルチンなどが発がん性や変異原性（突然変異を誘発する作用）があるということで使用されなくなった．

　AF_2〔2-(2-フリル)-3-(5-ニトロ-2-フリル)アクリル酸アミド，別名トフロン〕（図6・4）はすぐれた殺菌作用のため，防腐剤としてハム，ソーセージ，ベーコン，豆腐などに添加されていた．AF_2 は以前からサルモネラ菌に突然変異を誘発する作用が報告されていたが，その後 AF_2 などニトロフラン化合物が動物実験で発がん性をもつことが明らかになった．そのため AF_2 は，1974年以後使用禁止になった．

　4-ジメチルアミノアゾベンゼン（図6・4）は強い発がん性をもつアゾ色素類の一つである．バターイエローと呼ばれ，以前はマーガリンの着色に用いられていた．この物質をラットに食べさせると，肝がんが発生する．

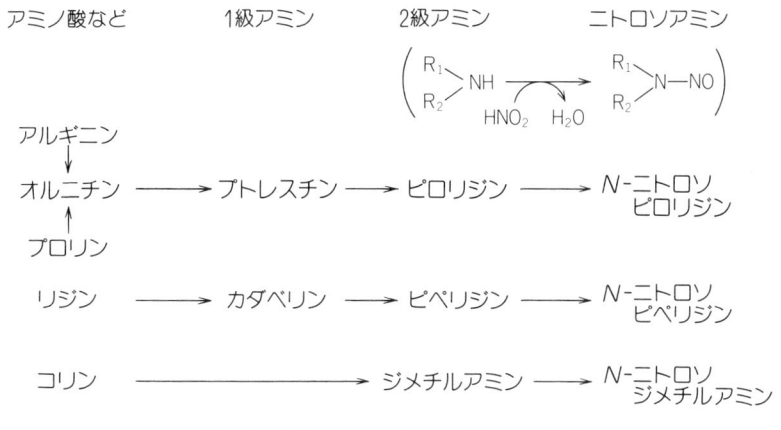

```
アミノ酸など        1級アミン        2級アミン              ニトロソアミン
                                   ⎛ R₁\NH  ─────→  R₁\N—NO ⎞
                                   ⎝ R₂/    HNO₂ H₂O  R₂/     ⎠

アルギニン
  ↓
オルニチン ────→ プトレスチン ────→ ピロリジン ────→ N-ニトロソ
  ↑                                                   ピロリジン
プロリン

リジン    ────→ カダベリン  ────→ ピペリジン ────→ N-ニトロソ
                                                     ピペリジン

コリン    ──────────────────────→ ジメチルアミン ──→ N-ニトロソ
                                                     ジメチルアミン
```

図 6·7　生体内でのニトロソアミンの生成

亜硝酸は，殺菌剤として食品に添加され，ハム，ソーセージ，タラコなどの着色に使用されている．亜硝酸は肉製品に鮮紅色の美しい色調を与える．しかし，亜硝酸塩は動物の培養細胞をがん化させることが報告されている．

1957 年，ノルウェーで多数の家畜が急性の肝臓障害で死亡する事件があった．その原因は家畜の飼料に含まれていた N-ニトロソジメチルアミンであった．この物質は飼料のニシンに含まれている成分ジメチルアミンと保存料の亜硝酸塩が反応して生じたものである．N-ニトロソジメチルアミンは発がん物質 N-ニトロソアミン類の一つであり，ラットに肝がんを発生させる．

同様な反応によって，人の胃腸内でも N-ニトロソアミンが生じている．例えば，食品に含まれているアミノ酸は腸内で細菌のもつ酵素によって 2 級アミンに変化する（図 6·7）．また，動物性脂肪に含まれているレシチンやコリンはジメチルアミン（2 級アミン）に変化する．一方，野菜に含まれている硝酸塩が細菌のもつ酵素によって亜硝酸塩になる．生じた 2 級アミンと亜硝酸塩が反応すると，発がん物質の N-ニトロソアミンが生成される．

サッカリン（図 6·4）は，その甘味が砂糖の 500 倍もあるため，戦後人工甘味料として各種の食品に大量に使用された．その後，サッカリンがラットの

膀胱がんの発生を促進することがわかり，使用が中止された．しかし，動物実験におけるサッカリンの投与量がかなり大量であり，ラット以外の動物では発がん性がはっきりしないため，使用基準を定めて清涼飲料，漬物，佃煮などに使われるようになった．また，サッカリンを多量に使用する糖尿病患者ではむしろ膀胱がんは少なく，現在までにサッカリンの使用でヒトの膀胱がんが増加したという証拠はない．

6・3・5　飲料水に含まれる発がん物質

1955年にヨーロッパで，井戸水の飲用者より水道水の飲用者の方が発がん率が高いことが報告された．1974年のアメリカ・ミシシッピー州での調査でも同様な結果が報告された．発がん率が高くなるのは，水道水を消毒するための塩素処理により発がん性のトリハロメタンが生成していたためとされている．トリハロメタンはメタン(CH_4)の4個の水素(H)のうち3個が塩素(Cl)や臭素(Br)などのハロゲン元素で置き換わったものである（図6・8上）．動物実験では肝がんや肺がんを発生させると報告されている．

1982年に全国で，トリクロロエチレンやテトラクロロエチレン（図6・8下）による地下水や井戸水の汚染が明らかになった．トリクロロエチレンやテトラクロロエチレンは，脱脂力や不燃性などに優れており，溶剤，金属部品の

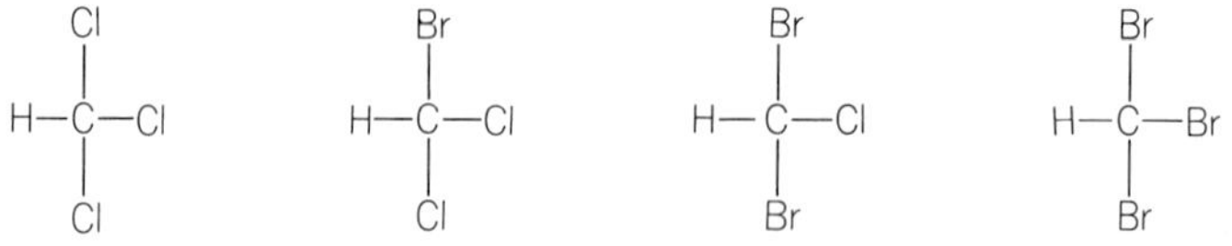

トリクロロメタン　ブロモジクロロメタン　ジブロモクロロメタン　トリブロモメタン
（クロロホルム）

トリクロロエチレン　　　　　テトラクロロエチレン

図6・8　水道水あるいは井戸水に含まれる発がん物質

洗浄剤，半導体の洗浄，ドライクリーニングの洗浄などに幅広く使用されており，産業廃水に含まれて排出され，土壌，地下水，井戸水を汚染していたのである．最近では，代替フロンの原料として使われることが多い（9・2・6項参照）．トリクロロエチレンやテトラクロロエチレンはマウスの肝臓と肺に悪性腫瘍を発生させるため，ヒトでの発がん性が懸念されている．

6・4 環境ホルモン

環境ホルモンは，正式には「外因性内分泌攪乱化学物質」といい，生体の内分泌系を攪乱して生殖器の発育異常や生殖行動の変調などをひき起こす化学物質である．環境ホルモン作用をもつといわれている物質は，ダイオキシン（6・2節参照），DDT（5・1節参照），ノニルフェノールなど70種ほど報告されている（表6・4）．

6・4・1 自然界での異変

1994年に，神奈川県三浦半島の海岸でイボニシ（巻き貝の一種）の性比に異変が起こっているのが見つかった．採集された50個のイボニシすべてが雄の生殖器をもっていたのである．雌の生殖器をもつ個体もすべて雄の生殖器をあわせもっており，雌の雄化が起こっていたのである．さらに，日本中の海岸97か所でも同様な現象が見られた．正常の雌が見つかったのはわずか3か所のみで，残りの94か所ではやはり雌の雄化が起こっていた．

このような雌の雄化はバイ貝やアワビでも報告されている（表6・5）．これらの貝を調べてみると，体内から有機スズ化合物のトリブチルスズ（TBT，4・4・3項参照）が検出された．TBTは，殺虫，殺菌，除草などの殺生物力が強く，1960年代後半から船底や漁網に貝や海藻が付着するのを防ぐための塗料として使用されてきた．日本沿岸の海水中には1 ppb（10億分の1）くらいの濃度で含まれているという．

そこで，TBTが0.1 ppb含まれる海水中でイボニシを3週間ほど飼育してみると，雌のイボニシの90%に雄の生殖器が生じてきた．もっと少ない1 ppt（1兆分の1）しか含まれていない水でも貝の雄化が起こったという．こ

表 6·4 環境ホルモンといわれている主な物質

物質名	概　要
ダイオキシン	ごみ焼却場の排煙や製紙工場の廃液に含まれる．ベトナム戦争で米軍が散布した枯れ葉剤に混入していた．人や動物の脂肪に蓄積されやすい．女性ホルモンの作用を抑制するように働く．催奇形性や発がん性があり，肝臓機能障害，免疫力低下，造血機能低下，子宮内膜症の発症，不妊の増加などを起こす．(**6·2** 節参照)
PCB	電気絶縁油やノーカーボン紙などに使用されていた．女性ホルモンと似た作用をもつ．人や動物の脂肪に蓄積されやすい．発がん性があり，神経障害，手足のしびれ，皮膚炎，肝臓障害，精子形成阻害などを起こす．1972 年に生産が中止された．(**6·1** 節参照)
DDT	有機塩素系殺虫剤．肝臓でホルモンを分解する酵素活性を高める．女性ホルモンに似た作用をもつ．体内で DDT から生じる DDE は男性ホルモンを抑制する作用をもつ．神経毒性がある．1971 年に使用禁止になる．(**5·1** 節参照)
トリブチルスズ	有機スズ化合物．船や漁網に貝や海藻が付着するのを防ぐ塗料．生殖障害を起こす．リンパ球の増殖を抑え，免疫力を抑制する．1997 年に生産中止．(**4·4·3** 項参照)
ノニルフェノール	非イオン界面活性剤の原料．工業用の洗浄剤．女性ホルモンに似た働きをする．ポリオキシエチレンノニルフェノールエーテルは精子を不活性化させる避妊薬．電子レンジ内で塩化ビニール製ラップから滲出．
ビスフェノール A	ポリカーボネート樹脂の原料．ポリカーボネート製の食器や哺乳びんから滲出．缶詰，コーヒー，ウーロン茶，スポーツ飲料，野菜ジュースの缶内側に塗られたエポキシ樹脂から滲出．女性ホルモンに似た働きをする．
フタル酸エステル	塩化ビニールなどプラスチック製品（おもちゃの人形など）の可塑剤．血液中の女性ホルモンの濃度を低下させる．
スチレンダイマー・トリマー	ポリスチレン樹脂に含まれる．発泡ポリスチレン製の容器や食品用トレーから滲出．女性ホルモンに似た働きをする．

れは甲子園球場に水を満たして，角砂糖を 1 個入れてかき混ぜるほどの希薄さである．日本では，1996 年には TBT が使用されなくなったためか，最近では貝類の生殖器異常が減少しており，正常化の途上にあるという．

一方，貝類以外にも多くの野生生物で同様な生殖異常が報告されている（表 6·5）．米国フロリダ半島にあるアポプカ湖では，最近目立ってワニの数

表6・5 野生生物に起こった生殖異常の例

生　物		現　象	推定される原因物質
貝類	バイ貝	栽培漁業で雌に雄の生殖器を生じる雄化.	有機スズ化合物
	イボニシ	三浦半島など全国海岸で雌に雄の生殖器を生じる雄化.	有機スズ化合物
	アワビ	日本海沿岸で雌の卵巣に精子を生じる雄化.	有機スズ化合物
甲殻類	サワガニ	九州の川で雄に雌の生殖器が発生, 雌に雄の生殖器が発生.	
魚類	ローチ（コイの一種）	英国の河川で雄の精巣に卵が混在する雌化, 雄の血液に雌特有のビデロゲニンが含まれる.	ノニルフェノール
	コイ	多摩川で雌個体の増加, 雄の精子形成不良による雌化.	
	タイ	日本の沿岸で雄の精巣に卵が生じる雌化.	
	ヒラメ	雌の卵巣に精巣が生じる雄化.	有機スズ化合物
両生類	アフリカツメガエル	雄ののど骨が雌のように小さくなり, 雄に卵巣を生じる雌化.	除草剤アトラジン
爬虫類	ワニ	米国フロリダ半島の湖で雄の生殖器発育不全, 雌化, 個体数の減少.	DDT, DDE
鳥類	ハヤブサ	英国で産卵数の減少, 抱卵行動の変調.	有機塩素系殺虫剤
	アジサシ, ユリカモメ	米国五大湖で卵の孵化率の低下, 奇形の発生.	PCB
哺乳類	イルカ	カナダ沿岸で不妊や流産, 免疫力の低下.	PCB
	ゴマフアザラシ	北海, バルト海で免疫力の低下, 個体数の減少.	PCB

が減少してきた. 1980 年以後の 7 年間でワニが 90 % も減少してしまった湖沼もある. 若い雄のワニを調べてみると, 生殖器の発育が悪く雌化しており, その割合は 85 % にも及んでいた. その後の調査で, この異常の原因は周辺の農場から湖に流れ込んだ DDT とその代謝産物の DDE (図 5・8 参照) であることがわかってきた. 湖水中の DDT などは低濃度であったためワニを殺す

ほどではなく，むしろ環境ホルモンとして作用し続けたのである．このような生殖異常は，将来いくつかの野生生物の種類で絶滅をひき起こす可能性がある．

6・4・2 人への影響は

DDT，PCB（6・1節参照），ダイオキシンなどは地球規模で汚染が広がっている．有機スズ化合物も世界各国の港や沿岸海域を汚染している．また，ノニルフェノールやビスフェノールAについては，1998年の環境省による調査で，全国の海，湖，河川などが汚染されている実態が明らかになった．ビスフェノールAやスチレンダイマー・トリマーは日常の生活用品から滲出していることが報告されている．このような状況では，野生動物だけでなく人間も環境ホルモンによって生殖機能や免疫機能などに何らかの影響を受けている可能性は否定できない．

1998年，米国のデービスは「ミッシング・ベビー・ボーイズ」（行方不明の坊やたち）という論文で，近年各国で出生時の男女比が変化していることを報告した．通常，人では女児1人に対し，1.06人（出生比率約51.5％）の男児が生れるが，米国では1970年からの20年間に男児の出生比率が0.1％低下しており，カナダでは0.22％低下しているという．デンマークでは1950年からの40年間に0.2％低下し，オランダでは0.3％低下しており，ドイツや北欧諸国でも同様の傾向が見られるという．1976年に起こったイタリアでの化学工場爆発事故でダイオキシンに汚染された地域では，事故直後に女児の出生数が男児の2倍近くに増えたという．

1992年，デンマーク国立大学のスキャケベク教授は，1938〜1990年で人の精液1ml中の平均精子数が1億1300万個から6600万個に減少しているとの調査結果を報告し，「わずか50年の間に男性の精子数は半分に減少した」と報告した．とくに若者の精子数の減少が顕著で，胎児期間に環境ホルモンの影響を受けたためだろうという．動物実験では，ダイオキシンやPCBなどは低濃度で精子形成阻害を引き起こすことが確認されている．その後，フランス，英国，スコットランド，フィンランド，米国でも精子数が減少してい

るとする調査結果が報告された．その多くは若い男性ほど減少の程度が大きく，しかも 1990 年代に入って減り方が顕著であったという．

日本では，1998 年に帝京大学医学部の押尾茂氏が健康な男性 94 例（20 歳代 50 人，30 歳代後半〜50 歳代前半 44 人）の調査結果を報告した．それによると，WHO（世界保健機関）の基準[1]を満たす正常な精液をもつ 20 歳代の男性はわずか 4％であり，若者の精子数が減少していること，中年群は若者群より基準に近い状態であることなどを報告した．一方，日本人の 20 歳代〜40 歳代 100 例について行われた他の研究者の調査では，精子数は正常範囲にある男性が多く，全国的に見ても精子数が減少しているかどうかはわからなかったという．

精子数の調査については，きちんとした過去のデータがないことや，あっても調査個体数が少ないなどの問題が指摘されている．調査方法についても，集まった精液を同じように取り扱って，同様な手法で分析しないと意味のあるデータが得られない．また，精子数は調査される個体の生活状態，食生活，飲酒の習慣，ストレス，季節などによって変動するため，確かに精子数が減少しているかどうかの判定は難しい．戦争や登山などの強いストレス状態の後では無精子状態になっている場合もあるという．さらに，人の場合には精子数の減少が起こっていたとしても，それが環境ホルモンによる影響なのかどうかは不明だという．

6・4・3　環境ホルモンの作用メカニズム

環境ホルモンはどのようにして生物の内分泌系を攪乱するのだろうか．多くの研究報告によれば，環境ホルモンによって攪乱されるのは，エストロゲン（女性ホルモン）やアンドロゲン（男性ホルモン）などの性ホルモン系である．エストロゲンは，発情ホルモンまたは卵胞ホルモンとも呼ばれ，女性の二次性徴の発現や生殖機能の維持に重要な役割をもっている．アンドロゲ

---

[1] 世界保健機関の基準値は，精液の量が 2 ml 以上で，通常の性交渉で妊娠可能な精子の最低限の数は 1 ml 当たり 2000 万個で，直進運動する精子の率（運動率）が 50％以上，正常な形の精子の率が 30％以上，精子の生存率が 75％以上と定めている．

ンは男性ホルモンの総称で，男性の二次性徴の発現，生殖腺の発達や生殖機能の維持に必要で，精子形成にもかかわっている．

　これらの性ホルモンは体内で特定の組織や器官にきわめて低い濃度で作用する．このときホルモンの刺激を受け取るのは，細胞に存在する受容体（レセプター）と呼ばれる物質である．ホルモンが受容体に結合すると，その信号がDNAに伝わり，必要な遺伝子が活性化されて，タンパク質合成や生化学反応が進行する．

　環境ホルモンによる攪乱のしくみは，本来性ホルモンが結合する受容体に環境ホルモンが同じように結合して，細胞に誤作動を起こさせてしまうためと考えられている．そのような誤作動には，本来の性ホルモンと類似の反応をひき起こす場合と，逆に本来の性ホルモン作用を阻害してしまう場合とがある．

　PCB，DDT，ノニルフェノール，ビスフェノールAなどはエストロゲンに類似した作用をもっており，DDEなどはアンドロゲンが受容体に結合するのを妨げて，アンドロゲンの作用を妨げてしまうといわれている．一方，受容体に結合するのではなく，性ホルモンの合成や情報伝達経路に影響をおよぼして，攪乱をひき起こす環境ホルモンの存在も指摘されている．しかし，環境ホルモン作用の詳しいしくみはまだわかっていない．そのしくみを明らかにして，対策を急がなければならない．

7　都市環境と生物

　日本各地で都市化が進んでいる．都市での生活は，人々に経済的な豊かさと便利さをもたらした．しかし，人口過密，住宅不足，物価の高騰，自動車の洪水，大気汚染など生活しにくい面も多い．そのため人々はかなりのストレスを受けており，それに起因する疾患も増加している．都市では，緑被地の減少や土地の舗装によって水分保持力が低下しており，ヒートアイランド現象や乾燥など都市特有の気候をつくり出している．自然環境がほとんど残っていないため，野生動物も都市周辺に退行していった．都市ではトンボやホタルなども見られなくなった．その一方で，都市に適応して優占種となった動物もある．クマネズミやドブネズミ，ハト，スズメ，ツバメ，ゴキブリなどはむしろ人間の生活活動を利用しつつ生息している．

7・1　都　市　化

　都市化とは，産業などの発展にともなって農村地域が都市地域に変わっていく過程をいう．例えば，東京都の国分寺市では，明治時代（1887年頃）にはその地域一帯に農村が点在しており，田畑や樹林地が広がっていた．昭和の初期（1939年頃）には住宅地が広がりはじめ，田畑や樹林地が分断されるようになった．その後宅地化がさらに進み，田畑は残り少なくなり，樹林地は開発しにくい場所や公園などに限られてしまった．1987年には，ほとんどの地域が住宅地になってしまい，ビルが目立ちはじめた．すなわち都市化に

ともなって，人口が集中して市街地が広がり，緑被地が減少していく．緑被地の減少は都市化を示す指標の一つとなっている．

都市についての一般的なイメージは，人口が集中し，交通手段が充実しており，駅やバスターミナルを中心に高層ビルが並び，高度な技術が集中しており，娯楽施設や地下街が発達して，冷暖房化が進み，人工光線下での生活が増加し，多くの情報が飛び交い，経済活動が盛んで，商品の種類や量も多く，人家が密集し，アパート住いが多くなり，舗装により地表面を覆ってしまい，自動車の洪水が見られ，緑被地が少ない，などである．

7・2 廃棄物の問題

日本は世界有数の輸出大国であるが，これは金額ベースでのことで，重量ベースでは輸入大国である．2003年の統計では，輸入総重量7.9億tに対して，輸出総重量は約1.4億tに過ぎない．国内資源とあわせると19.8億tの総物質投入量があり，その約半分の9.3億tが建物や社会インフラなどの形で蓄積され，4.2億tがエネルギー消費の形で失われているが，廃棄物として5.8億tが環境中に排出されている．また，1日1人当たりのごみの排出量は1.1kgとなっている．都市では大量生産・大量消費の生活形態が行われているため，多くの都市では物質循環（図7・1）にひずみを生じ，処理しきれないくらい大量の廃棄物が生じている．

7・2・1 動脈産業・静脈産業

廃棄物問題には行政や産業界はもちろん，学界まで加わって取り組んでいるが，その減量やリサイクルはなかなか進まなかった．その背景には次のような問題がある．生産された製品が流通と販売を経て消費者に届くまでは「動脈産業」と呼ばれている．これに対して，古紙，空き缶など廃棄物をリサイクルする部分は「静脈産業」に例えられる．日本の動脈産業は大量生産・大量消費によって大きく育ってきたが，静脈産業は貧弱なままである．例えば，自動車の解体業者の多くは小規模・零細経営であり，自動車リサイクル法によって徴収された料金も動脈を担う大手メーカーのリサイクル部に

7・2 廃棄物の問題

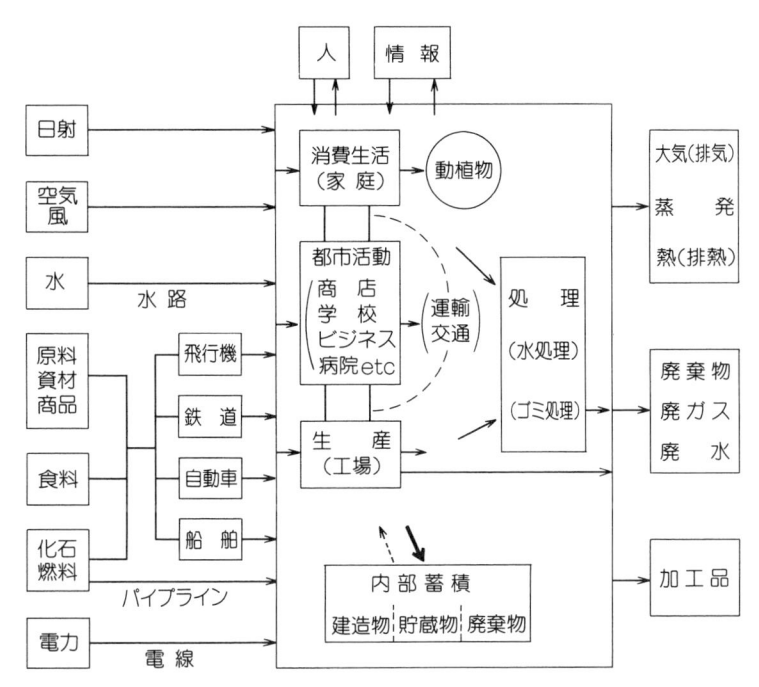

図 7・1 都市における物質およびエネルギー代謝（中野ら，1974 より）

流れて，静脈部の解体業者には一部しか流れていないという．また，個々の問題に対する取り組みは進んできたが，それらが有機的なシステムとして結びついていなかった．自治体が空き缶を分別回収しても，それをリサイクルする企業が育っていないことが多い．静脈部分の強化と有機的なシステムづくりが急務といえる．

7・2・2 循環型社会の構築

1990 年代の後半になって，廃棄物をリサイクルして環境に負担をかけない「循環型社会」を目指す気運が高まってきた．

紙類は以前から再利用される率が大きく，1984 年にはすでに古紙回収率が 50 ％を超えていた．2004 年の古紙回収率と利用率はそれぞれ 69.0 ％と 60.3 ％であった．トイレットペーパー，複写機用再生紙などにリサイクルされている．廃食用油も回収が進み，多くが石けん，家畜の飼料，自動車・漁

船などの燃料にリサイクルされている．ホテルやレストランから出る生ごみも肥料などへのリサイクルが始まった．ごみ焼却排熱を利用した発電はリサイクル型エネルギーとして重要視されるようになった．

2000年には，「循環型社会」の構築を促すことを目的に，廃棄物処理やリサイクルを推進するために「循環型社会形成推進基本法」が制定され，基本方針が定められた．この法律によって「循環型社会」とは，廃棄物などの発生を抑制して循環資源を利用し，適正な処分を確保することによって，天然資源の消費を抑制して環境への負荷をできる限り低減する社会と定義された．また「排出者責任」と「拡大生産者責任」が明確化され，廃棄物処理やリサイクルの優先順位は

　　発生抑制（ごみを出さない）→再使用（リユース）→再生利用（リサイクル）→熱回収（サーマルリサイクル）→適正処分

と定められた．この法律のもとに，容器包装リサイクル法や家電リサイクル法，グリーン購入法，食品リサイクル法，自動車リサイクル法，建築リサイクル法などの法律が整備された．

今後は「完全リサイクル」生産システム，すなわち生産工程から出た排出物は次の工程の原料に使い，廃棄物をいっさい出さないシステムの構築や事業化が必要である．

7・2・3　廃棄プラスチック

現在，プラスチックは日本で年間約1450万tも生産されており，約1000万t以上が廃棄されている．最近では，ペットボトル，ポリ袋，靴，かばん，カメラのボディーなど廃棄プラスチックが全廃棄物の重量で1割を，容積比で4割を超えている．廃棄プラスチックは自然界で微生物によって分解されないので，そのままでは永久的な環境汚染物質として残ってしまう．

廃棄プラスチックの処理はやっかいで，埋め立て処分にするか焼却処理をするかである．プラスチックは燃焼時にダイオキシン（**6・2**節参照）などの有害物質を発生する．その除去のため，焼却炉に電気集塵器や高性能フィルターを備える必要がある．また，プラスチックは焼却時の発熱量がとくに高く，

その1kgが燃えたときに出る熱量は紙の倍の8000 kcalにもなる．そのため炉内の温度が高くなりすぎるので，高温対応型の焼却炉を備えねばならない．

7・2・4 生分解性プラスチック

自然環境中で微生物によって分解される生分解性プラスチックの開発が進めば，廃棄プラスチック問題も解決できる．代表的な生分解性プラスチックとして，微生物が産出する脂肪族ポリエステルや，デンプンと変性ポリビニールアルコールとの混合ポリマーなどが知られている．

ある種の水素細菌，枯草菌，シュードモナス菌などはポリエステル（主鎖中にカルボン酸エステル基 –COO– を含むポリマーの総称）を生合成し，菌体内に顆粒($0.5 \sim 1.0 \mu m$) の形で貯蔵している．とくに水素細菌 (*Alcaligenes eutrophus*) は，生育条件によって菌体重量の80%にも達する大量のポリエステルを合成することができる．水素細菌がつくる最も典型的なポリエステルは，3-ヒドロキシ酪酸 (3HB) が1万個以上も結合したポリ-β-ヒドロキシ酪酸 [P (3HB)] である．これらのポリエステルは土壌や海洋にすむ微生物によって分解されることが知られている．

イギリスのホルムスら (1980) は，水素細菌にプロピオン酸を与えると，細菌が3-ヒドロキシ酪酸と3-ヒドロキシ吉草酸 (3HV) の2種類からなる共重合ポリエステル [P (3HB-co-3HV)] を合成することを発見した（図7・2）．イギリスのICI社はこの共重合ポリエステルを実用化して「バイオポール」と命名した．1990年，ドイツのウェラ社はシャンプー用のプラスチック瓶にこのバイオポールを使用して，最初の生分解性製品を市場に送り出した．

土肥ら (1987) は，水素細菌に4-ヒドロキシ酪酸 (4HB) を与えると，3-ヒドロキシ酪酸と4-ヒドロキシ酪酸が混ざりあった新しいタイプの共重合ポリエステル [P (3HB-co-4HB)] が合成されることを発見した．この共重合ポリエステルを用いた素材は，組成や分子構造を変えることによって，硬いプラスチックから弾性に富むゴムまで多様な物性を示し，ナイロンに匹敵する強い糸や，透明でしなやかなフィルムにも加工することができた．そのた

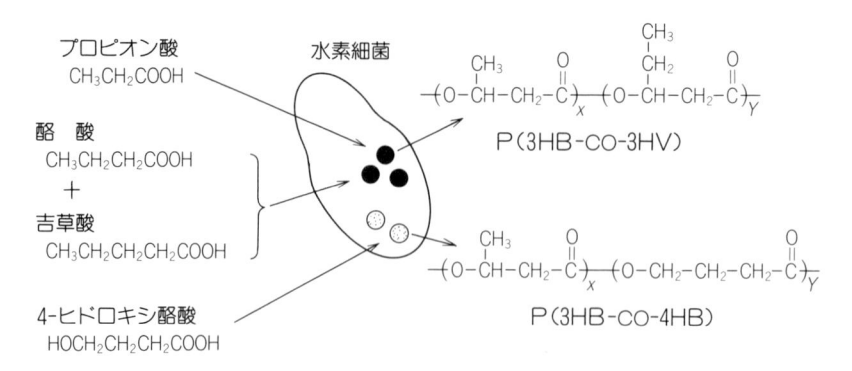

図7・2 水素細菌がつくる共重合ポリエステル（土肥，1989 より改写）
水素細菌（*Alcaligenes eutrophus*）は，プロピオン酸，あるいは酪酸と吉草酸からP(3HB-co-3HV)共重合体を合成し，4-ヒドロキシ酪酸からP(3HB-co-4HB)共重合体を合成する．

め医用材料や電子材料にも応用できる．この共重合ポリエステルからつくったフィルムは，土壌や海洋にすむ微生物によって分解される．土中では，春には6週間で，夏には2週間程度で完全に分解された．

　現在，微生物以外の生物材料で，生分解性プラスチックの原料となりうるのは，量的にみてデンプンとセルロースである．とくにデンプンは毎年再生産が可能な天然資源であり，余剰農産物であるトウモロコシは年間4億tも収穫されている．また，デンプンの製造は大量生産型の製造工業としてすでに確立されており，デンプンは構造材料としての基本的な特性とある程度の成型加工性を備えている．

　デンプンからプラスチックを製造する最も簡単な方法は，デンプンに親水性合成プラスチックであるポリビニールアルコールやポリアクリル酸などを混合して，プラスチック化する方法である．この方法によって，アメリカのナショナルスターチが発泡ポリスチレンの代替品としてバラ状緩衝材「エコフォーム」を開発した．

　デンプンから生分解性プラスチックをつくる他の方法は，乳酸を経てつくられるポリエステルである．デンプンを乳酸菌によって発酵させると乳酸が

できる．これを加熱脱水すると乳酸ポリマーができ，さらに熱を加えると乳酸分子2個が輪になったラクチドと呼ばれるポリエステルができる．ラクチドは高分子であるため，曲げや引っ張りに強く，ポリエチレン並みの強度をもっている．これらのポリ乳酸を原料とした生分解性プラスチックは，畑作の農業用フィルム，包装フィルム，封筒の窓枠フィルムなどに使われているという．

7・3　人口集中とUターン現象

　都市の特徴の一つに人口の集中がある．日本では，以前から東京，大阪，名古屋をはじめ各地の大都市で人口集中が進んでいた．この傾向は経済成長が加速された1955年（昭和30年）頃からますます顕著になった．国勢調査では1km^{2}当たり人口5000人以上の地域を人口集中地区としているが，これは都市地域を意味する．この人口集中地区の人口が全人口に占める割合は，1960年43.7％，1970年53.5％，1980年59.7％，1990年63.2％，2000年65.0％と増大している．2000年の65.0％は8281万人であるが，その人口が全国土面積の3.3％である人口集中地区に集まっていることをみると，日本人口の都市への集中がいかに激しいかがよくわかる．

　人口が都市へ集中するのは，「集積の利益」の論理によるためである．それによると，都市は政治，経済，産業，情報，教育などの中心地であり，道路や上下水道など各種の設備がすでに整備されており，関連産業も多く，材料や部品の調達も容易で，製品の市場も近い．そのため事業に対する投資を都市に投入するほうが，周辺地域に投入するより効率的で高収益が得られ，労働力すなわち人口が自然に都市に集中することになるという．

　ところが，1970年（昭和45年）頃から人口移動の流れが大都市を中心に変化しはじめた．まず，それまで見られた農村から大都市への移動に加えて，地方の中・小都市への移動も見られるようになった．また大都市へ流入した人々も住宅が郊外にしか求められず，大都市中心部から周辺地域に向かっての人口移動が増加してきた．東京や大阪ではドーナツ化現象が始まったので

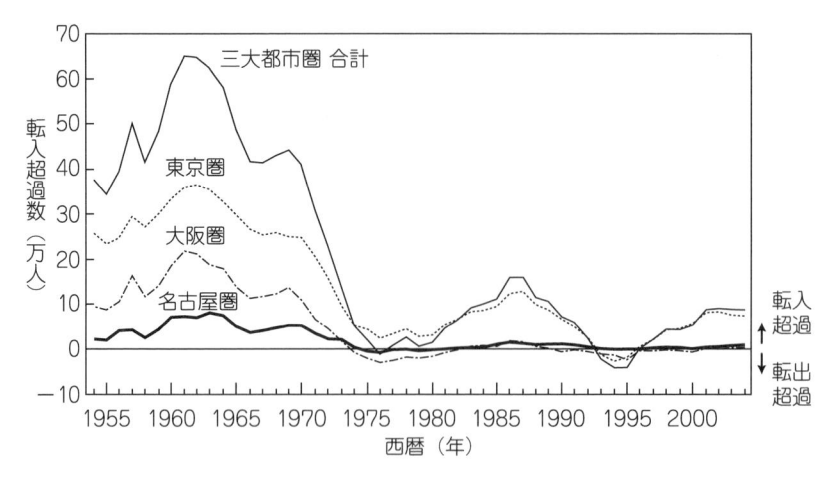

図7・3 3大都市圏の転入超過数の推移（総務省統計局「住民基本台帳人口移動報告」より）

ある．

東京圏（東京，神奈川，埼玉，千葉の各都県）では，1987年には転入者が転出者を約12万7200人も上回っていた．しかし，その後は東京圏の地価高騰や地方都市での就業機会の増加などの影響で，転入者が減り，転出者が増えて，両者の差は年々縮まっていた．1993年には，ついに転出者が転入者よりも1万2690人上回り，人口集中にストップがかかった（図7・3）．また，大阪圏（大阪，京都，兵庫，奈良の各府県）では，以前から転出超過が始まっていたが，1995年には転出者が転入者より2万3000人も多かった．大阪市だけの人口を見ると，1970年には298万人であったが，1995年には260万人で，38万人も減少した．一方，地方では県庁所在地などの都市に人口が集まっているが，周辺の町村では若い人々の流出がみられ，高齢化が進んだ地域が多くなった．

ところが，1990年代末から都市部への人口集中と都市回帰の傾向が再び始まった（図7・3）．東京都では，1996年になって再び転入者が転出者より多くなった．大阪市では，阪神・淡路大震災で転入者が増えた1995年を除き，以前から人口が減り続けていたが，2000年になって転入者が転出者を上回る

ようになった．バブル崩壊後，地下の下落が続いており，利便性の高い都市中心部で安価な分譲マンションが大量に供給されたことが主な要因といえる．

7・4 都市の環境

7・4・1 ヒートアイランド

都市は周辺地域より温度が高い．都市と周辺地域の大気に等温線を記入すると，都市を温度の高い大気が島状に覆っていることがわかる（図7・4）．この状態をヒートアイランド（熱の島）と呼び，これが都市特有の気候をつくりだしている．

都市と郊外の気温差は一般に2～5℃であるが，大都市ではそれ以上の場合もある．東京の都心部では，1870年代には年平均気温が約14℃であったが，この130年間に3℃も上昇している（図7・5）．この3℃の差は，東京と鹿児島の緯度の違いに匹敵している．そのため本来暖かい地域に分布しているシュロが東京で自生する例がみられている．

都市の温度を高める要因として，人の集り（1人で100wの電球1個分の熱を出す），電気や燃料の使用量増加，高層ビルの窓ガラスによる反射，冷房による排熱，ビル群による風速の低下，自動車による排熱の増加，建物や舗装道路による地表の被覆割合の増加，緑地面積の減少などがあげられている．

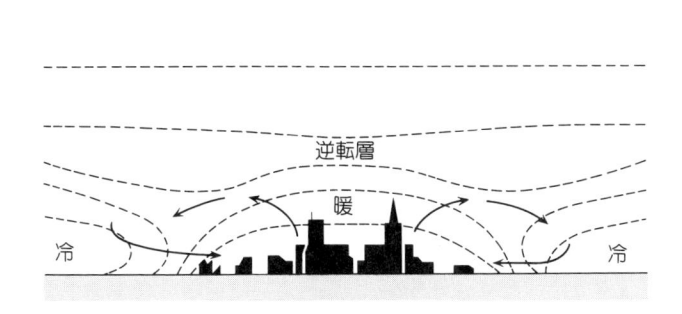

図7・4 都市部とその周辺における夜間の大気循環（ランズバーグ，1972；中野ら，1974より）．破線は等温線，矢印は風の方向．

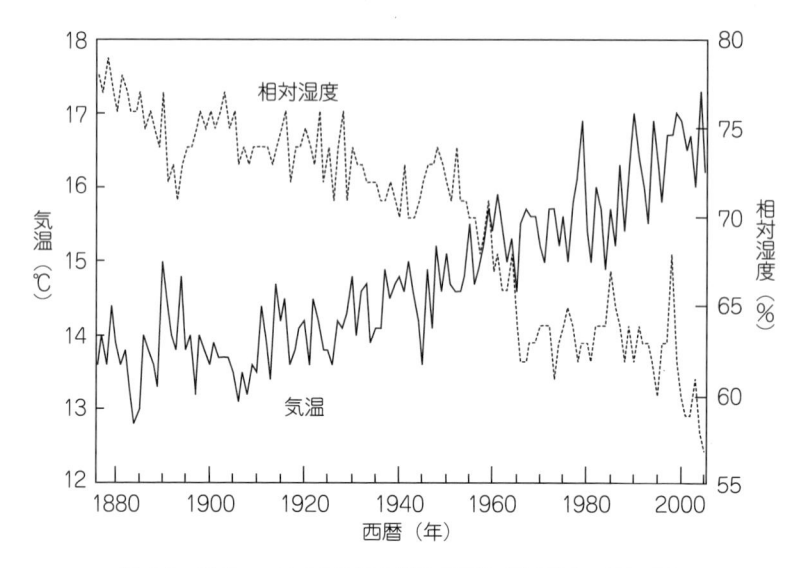

図 7・5 東京における年平均気温と年平均相対湿度の経年変化
(気象庁 気象統計情報のデータより作図)

これらの要因の多くは人間活動に起因するため，都市の気温と人口との間には一般に正の相関関係がみられる．

とくに，都市域のほとんどを被覆しているコンクリートやアスファルトは熱の吸収度が高く，下層の土壌に熱が蓄えられる．雨が降っても水は地表を速やかに流去して，地表からの蒸発量が少なくて熱が除去されない．そのため都市では冬は郊外より暖かいが，夏は高温と冷房による排熱のため屋外はとくに暑い．

都市では，昼間は太陽の幅射熱を受けて表面温度が上昇し，そのため上向きの気流を生じる．その結果，上空では都市から郊外への気流が生じ，地表近くでは逆に郊外から都市への気流が生じる．これを都市風と呼んでいる．都市での上向きの気流は汚染した大気を伴うことが多い．もし上空で地表近くよりも温度の高い気層（逆転層）が存在すれば，汚染大気はそれより上に拡散できなくなる．その結果，閉鎖的な汚染大気の気団が停滞してしまう．それをスモッグ現象と呼んでいる．

7·4·2 緑被地と水面による気温低下

都市の中にある緑被地や水面は気温を下げる要因となっている．日本の主要都市において，都市内外の最大気温差とその都市での緑被地や水面の面積率との関係を調べると，明らかに反比例の関係がみられる．すなわち緑被地や水面の面積が少ないほど，都市における気温が上昇するのである．

最近では，航空機や人工衛星によって反射電磁波を測定して，地表面の状態や温度を知ることができる．この方法によると，都市の中で樹木が集まっている緑被地と低温域がよく一致している．緑被地による気温の低下は，樹木や草による水分の蒸散作用によって気化熱が奪われるためである．

都市の緑被地を調べてみると，面積が大きいほど気温が低く，同じ面積の場合，樹木の割合が大きいほど気温が低い．公園でも樹木の多い方が，裸地や芝生地が多いものより，気温の低下は大きい．これは樹木の蒸散作用に加えて，樹木があると土壌中に熱が蓄えられないためと考えられている．

7·4·3 土壌と大気の乾燥

都市では，土地がコンクリートやアスファルトによって被覆されている．雨が降っても，雨水は舗装道路の表面を流れて，すぐに排水孔や下水道に流れ込んでしまう．すなわち降水の流出係数（一雨ごとの流出割合）は 0.7～0.9 と高い．そのため土壌には雨水がほとんど浸透せず，土壌が乾燥している．コンクリートなどによって土地が被覆されている割合を不透水地率と呼び，この率の高さは都市化の指標になっている．東京はニューヨークよりもその率が高い．他方，都市では地下水の汲み上げが多くて地下水位が低下していることや，太陽の輻射熱が都市から逃げにくいことも土壌の乾燥化を促進している．

都市では不透水地率が高く，緑被地も少ないため地表からの水分蒸発量が少ない．そのため大気の湿度は周辺地域よりも低い．都市内外の湿度差は夏には 12 ％ にもなり，都市砂漠といわれる状態になる．東京の平均湿度は，1900 年頃には 75 ％ であったが，2005 年には 57 ％ に下がり，国内でも最低である（図 7·5）．これはエジプトのアレキサンドリアやスーダンのポート

スーダンなど砂漠近くの海岸都市と同程度である．

7・4・4　都市用水と排水

地球上にある水の 97％ は海水であり，淡水のほとんどは極地や山地に氷や雪として存在している．人間が使用できる河川や湖などの水は全体の 0.01％ 以下しかない．2003 年 3 月の国連「世界水発展報告書」によると，現在でも地球人口の 40％ が水不足の生活を送っており，将来は世界的に水不足が深刻化するであろうと警告している．また，飲料水の不足が最大の都市問題になると指摘している．日本でも，地域によっては水不足が起こっており，給水制限のニュースも聞かれる．

現在，日本で利用可能な水資源量は 4200 億 m^3 であり，そのうち年間約 840 億 m^3 の水が使用されている．農業用水は 557 億 m^3 で，都市用水（工業用水と生活用水）は 282 億 m^3 である．都市化が進むと，人が集中するため水の使用量が急速に増大する．

最近は，生活レベルの向上にともなって，生活用水の需要が急増してきた．日本人は，1965 年には 1 人 1 日当たり平均 169 リットルの生活用水を使用していたが，2003 年には 313 リットルに増加した．大都市では，産業用水や消火用水などの公共的な水の使用量も加わるため，1 人 1 日当たり 350〜500 リットルの水が必要である．

近年，都市では産業排水や生活排水が急増している．しかもその多くは汚濁しており，十分な下水処理をせずに河川や海へ流している．そのため都市の河川や周辺の海では汚濁がひどくなるばかりである．

最近の都市河川の水質は，工場などに対する排水規制の強化によるためか，有害物質による汚染が少なくなっている．他方，生活排水に含まれる有機物による汚濁が目立っている．1990 年，水質汚濁防止法に「調理くず，廃食油等の処理，洗剤の使用等を適正に行うよう心がける」が追加された．もしこの排水対策に東京湾地域の住民のうち 2 割の人が協力すれば，1 日に有機物が 6 t も削減されるという．これは 30〜40 万人分の処理能力をもつ下水処理場の効果に匹敵することになる．

7・5 都市生活とストレス

7・5・1 ストレスの原因

カナダの生理学者セリエは，外部からの刺激に対して身体が防衛・適応しつつある状態をストレスと呼び，ストレスの原因となる外部からの刺激をストレッサーと呼んだ．

現代社会では，人々を取り巻く生活環境が複雑になっているため，ストレスを与える要因が増加している．その要因として，過労，睡眠不足，外傷，疾患など身体に直接影響するものから，人間の過密，職場や家庭での出来事や人間関係，暑さや寒さなどの環境要因までさまざまである．それぞれの要因に対する感じ方は，人の年齢，性別，性格，経験，職業などによって異なっており，成人男性であれば仕事の失敗が，若い男女であれば失恋が，主婦であれば家庭での悩みが，しばしばストレスの原因となっている．

最近，都市生活をする人々に職場不適応が増加している．職場不適応とは，何となくいらいらしたり，あるいは気分がめいって，職場で落ち着いて仕事ができず，能率が低下したり，対人関係がうまくいかず，何らかの精神的・身体的自覚症状を感じる場合をいう．その原因は，家庭での問題，職場での過重な労働，人間関係などが多い．女子銀行員における調査では，職場不適応の原因の約 80 % が職場での仕事や対人関係であったという．その主な症状は不安，緊張，対人恐怖，疲れ，肩凝り，頭痛などであった．

神経症，心身症，うつ病など心の病も増加している．1963 年には，精神安定剤を 2 週間以上服用した人が都市人口の 6.4 % であったが，1987 年には，12 % と倍増している．心の病は，日常生活で受ける精神的ストレスがきっかけとなって発症する場合が多い．

7・5・2 ストレスと生体情報物質

ストレスを受けると，その情報は大脳辺縁系や視床下部に伝えられ，不快感，不安感などを起こす．情報を受けた視床下部は，脳下垂体を刺激して副腎皮質刺激ホルモン (ACTH) の分泌を促す．ACTH は，環境からの刺激に

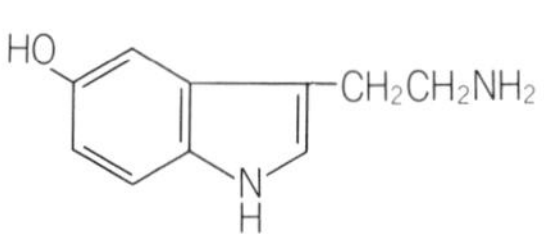

セロトニン

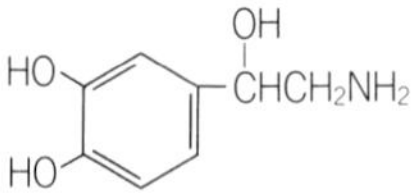

ノルアドレナリン

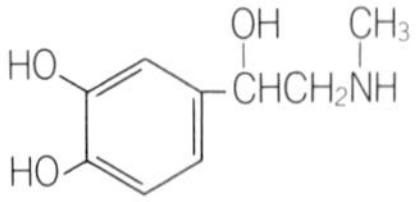

アドレナリン

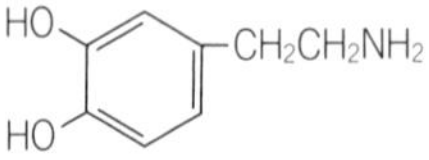

ドーパミン

図7･6　ストレスに関係する脳内細胞間情報物質

対する生体の感受性や適応反応を調節している．例えば，ネズミに突然大きな音を聞かせると，驚がく反応を示す．音響刺激を反復していると，ネズミは音響に慣れて，驚がく反応は次第に弱まる．もしネズミにACTHを余分に与えておくと，感受性が高くなって音響刺激に慣れるまでの時間が長くなり，逆にACTHの分泌を人為的に抑えると，音響刺激に慣れるまでの時間が短くなる．

ストレスを受けると，脳内にストレス物質といわれるカテコールアミン（ドーパミン，ノルアドレナリン，アドレナリンの総称，図7･6）が増加する．ストレスに対する慣れを調べるために，2匹のネズミを1匹ずつ隣接する飼育箱に入れ，片方には時々床から電流を流して肉体的ストレスを与え，他方には隣のネズミの感電時の声を聞かせて精神的ストレスを与える．肉体的ストレスを受けたネズミの脳内では，カテコールアミンが一時的に増加するが，やがて減少する．一方，精神的ストレスを受けた方は，カテコールアミンが次第に増加して長時間減少しない．すなわち肉体的ストレスには慣れがみられるが，精神的ストレスには慣れが起こりにくいことを示している．

7･5･3　ストレスと自律神経系

ストレス情報を受けた視床下部は自律神経系をも刺激する．試験が近づくと食欲不振，吐き気，下痢などを訴える学生が多い．サラリーマンでも重要な商談や会議を前にして，胸やけや腹痛を訴える人をしばしばみかける．精

神的に緊張したときには，頭痛，動悸，胸部圧迫感，嘔吐なども起こる．これらは，精神的ストレスが自律神経系を強く刺激したために生じたものである．

自律神経系では，交感神経と副交感神経によって各器官の働きを自動的に促進したり抑制したりしている．例えば，交感神経は心臓の搏動を速めるが，副交感神経はそれを遅くする．両者は状況に応じて心臓の働きを強めたり弱めたりしている．

7・5・4　ストレスと消化器疾患

1995年1月の阪神・淡路大震災の際に，被災して避難生活を送っていた人たちに，精神的ストレスによる胃かいようが増加したという．精神的ストレスは，慢性胃炎，胃かいよう，十二指腸かいようなどの消化器疾患や，腹痛，便秘，下痢などの過敏性大腸症候群などの誘因となる．

とくに胃はストレスの鏡といわれ，心の動揺に対して鋭敏に反応する．他人と口論して興奮すると，胃の運動が高まって，胃の粘膜が充血し，多量の胃液を分泌する．精神的ストレスは胃液中のペプシノーゲンを増加させる．ペプシノーゲンから生じたペプシンは，胃壁を保護する粘液の分泌が少ないと，胃壁を攻撃する．これが胃かいよう

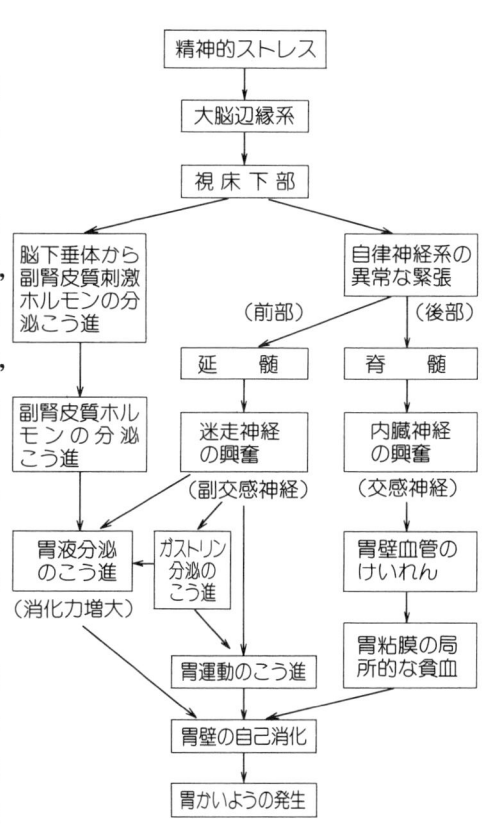

図7・7　胃かいようの発生機序（川上，1981より改写）
ガストリン：胃の幽門部から分泌される消化管ホルモンで，胃液の分泌を促す．

の原因となる（図7・7）．すなわち胃かいようは，塩酸やペプシンなどの攻撃因子と，胃壁の血流量や粘液の分泌量などの防御因子との間にアンバランスが生じたときに発生する．その発生は，胃でのピロリ菌（*Helicobacter pyrori*）の感染によっても加速されるという．

7・5・5 ストレスと循環器疾患

精神的ストレスは，循環器系にも強い影響を及ぼし，高血圧，狭心症，心筋こうそく，心臓神経症（動悸，息切れ，胸痛）などの誘因となる．精神的ストレスによって，不安，怒り，恨みなどの感情を起こすと，心拍数や血流量が増加し，小動脈は収縮して血圧が上昇する．

近年，社会で重責を担っている人たちが，50〜60歳で死亡する例が増加している（図7・8）．これらの人は狭心症や心筋こうそくが一般人に比べて7〜9倍も多いという．精神的ストレスが原因であると考えられている．精神的ストレスによって，血液中にカテコールアミンが増加すると，血管の収縮が起こったりする．狭心症では，心臓組織を流れる冠状動脈が収縮したりして，

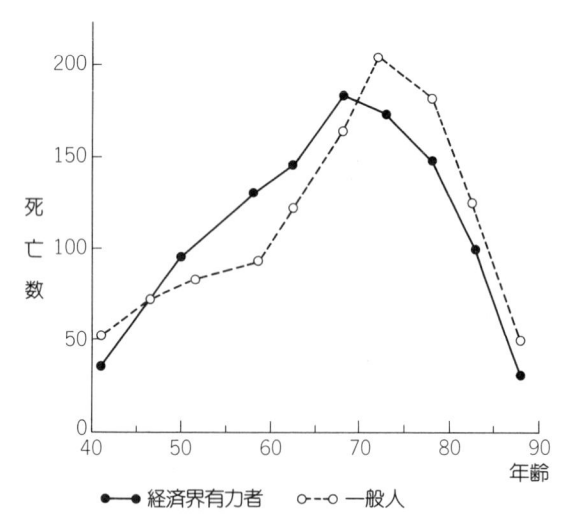

図7・8 西ドイツ経済界有力者と一般人の死亡年齢分布
（田多井，1984より改写）

心筋への酸素の供給が低下する．そのため心臓部に発作性の疼痛が起こり，それが数分間続く．

　血管が収縮したとき，そこに血液が流れると血管の表皮細胞が破れたりする．このような破損部位に血小板やコレステロールなどが付着してこぶ状になると，血液が流れにくくなる．心筋こうそくでは，このようにして冠状動脈や分枝の血管が詰まって，酸素不足となり心臓の組織が壊死する．そのため胸部に30分〜1時間におよぶ激しい疼痛が起こる．

7・5・6　ストレスとうつ病

　うつ病は，躁病と一緒にして躁うつ病と呼ばれており，活動的な躁状態だけの人や，憂うつでやる気のないうつ状態だけの人，躁状態とうつ状態を繰り返す人がある．現実には，うつ状態だけの人が圧倒的に多いので通常うつ病と呼ばれている．

　うつ病には内因性うつ病と心因性うつ病とがある．前者は，その発症に遺伝的素質がとくに強く関係している場合をいう．後者は，患者の性格にもよるが，日常生活で何らかのストレスを受けると発症する場合をいう．患者の多くは，発症前に転職，職場での人間関係，家族の死亡，配偶者との別れなど強い精神的ストレスを受けている場合が多い．

　うつ病は，その範囲や境界が決めにくく，診断基準の設定も困難である．精神面では，憂うつで，やる気がなくなり，自身を失い，不安感がつきまとう．社会行動面では，仕事がはかどらない，登校拒否，出勤拒否などである．身体面では，疲れた感じがする，眠れない，食欲がない，肩こり，胸部圧迫感などである．とくにうつ病患者は不眠症にかかりやすく，睡眠・覚醒のリズムが乱れている．症状の強さには日内変動が見られ，多くは朝が最も悪く，夕方にかけてよくなる．

　うつ病の原因については，現在，脳の神経細胞から分泌されるセロトニンやノルアドレナリンなどの代謝異常によるとする「アミン仮説」が有力である．セロトニンは不安や焦燥を鎮静する作用と関係しており，ノルアドレナリンは意欲を高める作用と関係しているらしい．

7・6 都市の生物

　日本のほとんどの都市では，近年の宅地開発などによって緑被地が破壊され，ため池は埋め立てられ，河川の土手はコンクリートで固められて，自然がなくなってしまった．タヌキやイタチなどの野生動物は，真っ先に都市周辺の山村へ退行していった．ヒバリやカワセミなどの鳥や，ヘビ，カエル，魚などの小動物も，トンボ，トノサマバッタ，ホタルなどの昆虫も都市から消えてしまった．

　一方，都市環境に適応して，街路樹，公園の樹木，ビルや地下街，人家などを利用し，都市で優占種となった動物もある．クマネズミ（イエネズミ），ドブネズミ，スズメ，カラス，ドバト，キジバト，ムクドリ，ツバメ，ヒヨドリ，ゴキブリ，チカイエカ，ハエなどで，ビルの屋上の庭園にはアリがすみついている．植物では，ブタクサやセイタカアワダチソウなどがその分布を広げている．

7・6・1　都市の植生
(1)　緑被地の減少

　東京都では，1932年人口576万人の頃には総面積の$\frac{4}{5}$が緑被地であった．1962年に人口が1000万人を突破して，緑被地は西部に後退して総面積の$\frac{2}{3}$になり，1969年には人口が1100万人になって，緑被地は西部山間部に$\frac{1}{3}$ほど残るのみとなった．その後，東京都の緑被率（緑で覆われた土地の面積の割合）は1983年に61.1％，1995年に59.5％となり，2005年の東京23区内における田・畑・山林・原野をあわせた面積は782 ha（2.3％），西多摩郡内におけるそれは1万2224 ha（86.9％）であった．

　一般に，都市化にともなって緑被地は分断され島状になって減少していく．それに逆比例して舗装による土地被覆の割合（不透水地率）が増加する．そのため緑被地の減少や不透水地率の増加は都市化の指標とされている．東京でも，郊外から都心に近づくにつれて，緑被地が減少し，不透水地率がしだいに高くなっている（図7・9）．

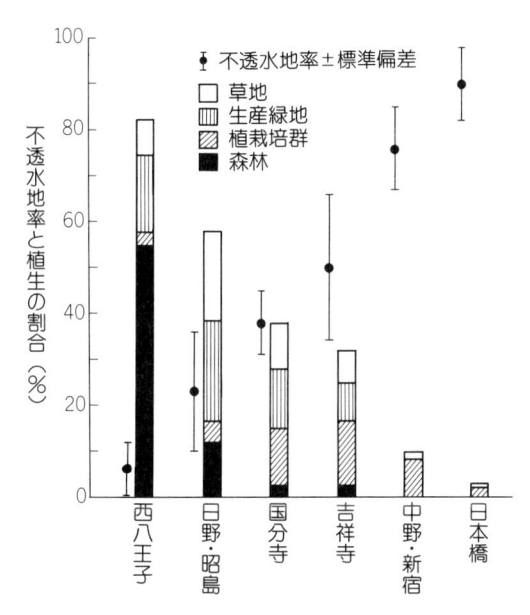

図7・9 東京都の郊外から都心への不透水地率と植生の変化（奥富ら，1975；星野，1992より改写）

　都市では植物が育ちにくい．都市の土壌は水分や養分が少なく，コンクリートからの浸出物によってアルカリ性になっている．地上では，大気が自動車の排気ガスなどで汚染され，高層建築のために日照条件も悪い．そのため都市化の進行にともなって，生育できる樹木や草本植物の種類が限られてしまい，種類数がしだいに減少していく．一方，ブタクサ，オオバコ，セイタカアワダチソウのように繁殖力が強い帰化植物は悪環境に耐えて分布域を広げている．

（2） 外来種の増加

　自然分布域の外から人為的に持ち込まれたり，偶発的に侵入したりして定着し，野生化した植物を帰化植物という．近年，わが国の都市とその周辺では帰化植物が増加して，在来植物を圧迫している．例えば，在来種のタンポポ（関東ではカントウタンポポ，関西ではカンサイタンポポ）と帰化種のセイヨウタンポポの分布状況を調べてみると，市街化の進んでいる地域では帰

化種が多く分布し，自然が多く残されている地域には在来種が多く分布していた．現在，日本の大都市とその周辺では，帰化植物の割合が80％以上にもなっている．

一般に，帰化植物は環境に適応して繁殖する能力が強い．すなわち，乾燥に強く，速く生長して開花し，多くの種子を散布したり，地下茎で繁殖したり，他の植物の生育を抑える物質を分泌したりする．そのため生育環境が良くない都市でも繁殖している．

帰化植物の中には，その地域の生態系に属していた植物と置き換わったり，近縁の在来種と交雑したりするなど，侵入した生態系に大きな影響を与えるものがある．動物でも，沖縄島と奄美大島にハブ駆除の目的で導入されたマングースのように，その捕食行動によってヤンバルクイナやアマミノクロウサギなど在来希少種の絶滅をひき起こしかねない例が知られている．明治時代に観賞用植物として導入され野生化したオオハンゴンソウは，日光・戦場ヶ原や十和田湖周辺などで駆除作業が進められている．

輸送技術の発達や貿易量の増加にともなって，帰化植物や外来種(移入種)の数と量はともに著しく増加しており，日本だけでなく世界的な問題となっている．このため，世界的には生物多様性条約の枠組みの中でその対策が検討されており（1・4節参照），わが国では，外来種による生態系，人の健康，農林水産業などへの被害を防止する目的で，「特定外来生物による生態系等に係る被害の防止に関する法律（外来生物法）」が2005年に施行された．政令で指定された外来種（特定外来生物）の飼育や栽培，譲渡，運搬，輸入，野外への放出などが規制され，必要に応じて被害防止のための防除などの措置が定められた．

(3) 都市における植生の機能

都市林をはじめ緑被地には，気候の緩和作用，大気の浄化作用，防音効果，防火・防災効果，鳥や昆虫などの生息空間，心理的効果など種々の機能や効用がある．

都市では，人間の生活活動にともなって人工的な放熱が増加し，気温が高

くなっている．しかし都市林とその周辺では，樹木の蒸散作用によって気温が低下している．樹木には，日照を遮って木陰をつくる機能もある．

都市では，大量の化石燃料を消費するため，大気の二酸化炭素が増加している．都市林の樹木などは，光合成によって大気中の二酸化炭素を吸収し，酸素を放出して，大気を浄化している．都市の大気には SO_2, NO_2, NO, CO, 炭化水素類，金属微粉なども含まれているが，植物はかなりの量の汚染物質を吸収して，大気の浄化に役立っている．高さ10mほどのケヤキの葉全体が1日に約2.3gの NO_2 を吸収するという．

1923年（大正12年）9月1日，ちょうど昼食の準備時間に，関東地方をマグニチュード7.9の大地震が襲った．そのため東京では136件の火災が同時に発生した．焼失面積は全体の約半分に達し，死者は5万8104人にもなった．当時，多数の避難民が公園などに殺到したが，避難した場所によって死傷者の数がかなり違っていた．後の調査によって，樹木の存在が避難地の安全性に大きく寄与していたことが明らかになった．1995年1月17日の阪神・淡路大震災においても，公園の樹木が火事の延焼防止に役立っていた．街路樹が崩れそうな家屋を支え，道路の閉鎖を防いだことも知られている．

現代の人間過密の都市生活では，必然的にストレスが増加する．都市林の緑やそこにやってくる鳥の鳴き声は，人にとってストレスを和らげる心理的効果がある．

7·6·2 都市にすむ鳥

生息条件が良くないはずの都市にも多くの鳥たちが適応して生息している．ドバト，キジバト，ヒヨドリ，ハシブトガラス，スズメなどである．一方，山地で生息していたイワツバメやハクセキレイなどが都市にまで生息地を拡大させている例もある．

都市鳥の多くは公園の樹木や街路樹に巣をつくるが，人工的な建造物を営巣などに利用することも多い．ハトは駅や寺院などを生息場所にし，ハシブトガラスはビルの広告塔などに営巣する．ムクドリは人家の戸袋などに巣をつくり，スズメは瓦の下などに巣をつくる．ツバメは軒下の壁や外灯の傘の

上に巣をつくる．スズメやツバメはむしろ人家の近くを好むらしい．山村から人が去って過疎化すると，スズメも姿を消してしまうといわれている．京都の繁華街で，ツバメの巣を500個ほど調べてみると，京都御所や二条城など大きな建築物やビルには巣がなくて，むしろ通りに面した家屋の軒先など人の生活する場所の近くで巣をつくっていた．

　都市にすむ鳥は食性を拡大させている．鳥たちは公園などに落ちているパンくずやビスケット，ごみ捨て場の残飯などを食べている．東京のカラスの生息数は，1985年に約7000羽であったのが2001年には約3万7000羽にまで増えたが，その最大の要因は家庭や飲食店などから排出される大量の生ごみである．そのため東京都では，2000年にカラス対策プロジェクトチームを発足させ，ごみの夜間収集や防鳥ネットの利用拡大などのごみ対策とカラスの捕獲作業を進めた結果，2004年には生息数が2万羽を切るまでに減少した．一方，鳥たちの習性の変化も起こっている．例えば，ヒヨドリは晩秋から平地に姿を見せる典型的な冬鳥であるが，東京では1970年頃から春先山地に帰らずに，都心で営巣するものが現れた．しかもわずか5，6年の後には，このように習性が変化したヒヨドリが東京都全域で見られるようになった．

　これらの鳥たちにとって，都市は人間の存在が天敵を遠ざけ，競合する野生動物も少なく，食物や営巣場所さえ手に入れば，生息に適した場所なのかもしれない．

7・6・3　都市のネズミ

　日本の都市には，通常クマネズミ（イエネズミ），ドブネズミ，ハツカネズミの3種類が生息している．

　クマネズミは種実や穀類を常食とし，本来農村に適応していた種類である．以前から，農村に隣接している都市に分布を広げ，住宅地区や商店街の建物に優占種として集団で生息していた．戦後，都市化の進行とともに，ドブネズミが飲食店街や地下街などで大繁殖したため，都市ではクマネズミの分布域がそれ以上広がらなかった．

7・6 都市の生物

　ドブネズミは，本来河川や排水溝に生息しているので，都市化にともなう排水溝や下水道の普及はその繁殖に有利に働いた．ドブネズミは集団でなわばりをもち，食性も広いので，家庭からの残飯が集まる下水，都市の飲食店街や地下街，ビル内や地下のパイプ網などは絶好のすみかとなった．年間6回以上も分娩できるので，クマネズミより繁殖が速い．一方，ハツカネズミは小型であるため，鉄筋住宅団地や高層アパートの狭い場所にすみ着いている．

　1970年頃から，東京，名古屋，大阪をはじめ全国の都市で，ビルを中心にクマネズミが再び増加してきた．この時期はちょうど高度経済成長期で，全国の都市にビルが著しく増加したときであった．都市ビルの立体構造は，本来半樹上生活の習性をもつクマネズミの生活に適するが，平面行動の習性をもつドブネズミには必ずしも有利ではない．都市ビルには，クマネズミの繁殖に好都合な営巣の空間や通路が多く，空調によって温度が調節されていることも繁殖に有利であった．ビルの多くは地階に飲食施設があり，駅ビルや地下街などにも飲食店が多い．これらがクマネズミの主要な餌場となった．

　クマネズミはドブネズミよりも警戒心が強いため，殺鼠剤を食べさせるのがドブネズミよりも困難であり，また罠（捕鼠器）にもかかりにくい．さらに，殺鼠剤に対する強度の抵抗性をもったクマネズミも出現したこともあって，多くの都市ではビル街や地下街にクマネズミが相対的に多く生き残る結果となった．

　1990年代以降は，ビル街だけでなく，住宅街にまでクマネズミの分布域が拡大しはじめていて，ここ数年，保健所などにより住宅地で捕獲されるネズミのほとんどはクマネズミとなっている．一般住宅の建築様式が進んで気密性が高まり，寒さに弱いクマネズミにとっても快適に過ごせる環境となったことや，都市の再開発や不況にともなって取り壊された建築物から周辺の一般住宅などへの移動が起こるなどが要因と考えられている．

　ネズミは，鼠咬症やサルモネラ症，E型肝炎などさまざまな動物由来感染症を媒介して人の健康へ被害を及ぼすほか，電線ケーブルやガス管を囓ることによって停電や火災，ガス漏れ，爆発事故，またそれらにともなうシステ

ムダウンや交通麻痺などが起こったり，食害によって商品を汚染したり電気機器を破損したりするなど経済的に大きなダメージを与えることがある．

7・6・4 都市に適応した昆虫やクモ

都市の地下空間にはチカイエカが繁殖している．都市では，高層ビルや地下街ができ，地下道も多い．そこには貯水槽などが設置され，地下湧水が溜まることも多い．このような暗くて湿った環境はチカイエカの発生に適している．チカイエカは，地上の水域でみられるアカイエカとは生理的にまったく異なった生態品種である．カ類は，一般に成虫の雌は人間や家畜など動物の血液を吸って栄養とし産卵するが，雄は口器が退化しているため，吸血することができず，花蜜や樹液を吸って樹間にすむ．しかし，チカイエカは人間や動物のいない場合は，無吸血で産卵でき，人間や動物がいると吸血して，無吸血産卵のときより多数の卵を産むことができる．

ゴキブリも都市にすむ代表的な昆虫である．チャバネゴキブリは，食堂，食料品店，食品倉庫，地下街などにいる．大形のクロゴキブリは，一般の民家やアパートの台所やダストシュートの中などでよく見かける．ゴキブリは低温を嫌うので，都市での人工的な暖房はその生息に有利である．また身体が扁平であり，家屋内の小さな隙間でも出入りすることができ，雑食性であるため，人口過密の都市は生息に適している．都市地域が拡大すれば，それに応じて容易に分布を拡大させている．ゴキブリは物陰に集まって生活するが，それは糞に含まれる集合フェロモンの匂いに誘引されて集まるのである．集合したゴキブリどうしは触角を互いに接触させて，その接触刺激によって互いの成長を促進している．ゴキブリの成虫での寿命は3か月〜1年であるが，その間の産卵回数が多いため，増殖が速い．

ハエの種類数は日本だけでも数千種にのぼるという．そのうち都市の人家で見かけるハエは，食物や台所の生ごみなどに集まるイエバエ，トイレやごみ捨て場に多いメタリックグリーンに輝くミドリキンバエ，黒青色で大型のオオクロバエなどである．これらのハエたちは，人間生活にともなって出る生ごみや排泄物に結びついて，都市に適応してきた．これらのハエは，野生

種に比べて食性や温度選好性の幅が広く，生活史のサイクル期間が短く，多産である．これらの習性も都市で優占種として生息できる条件となっている．都市にすむハエは，世界中どの国でも構成種が似ている．これは各国の都市環境が類似しており，それら都市間の輸送手段が著しく発達したためと考えられている．

　クマゼミは，以前は都市にはめったに姿を見せなかったが，最近，東京，大阪，名古屋，京都など大都市の公園や街路樹でも鳴き声が聞かれるようになった．東京の代々木公園ではクマゼミが定住しており，大阪城公園ではクマゼミが全体の86％を占めてアブラゼミを圧倒している．京都御所や東本願寺周辺でもクマゼミが優占種になりつつある．都市が温暖化して生息しやすくなったことや，ケヤキなど好みの街路樹が増えたこと，都市には天敵が少ないこと，環境汚染に強いこと，などのためと考えられている．セミの種類やその抜け殻は都市に残っている自然の程度を示している．アブラゼミやクマゼミがいる場合は，自然度が低い．次の段階はニイニイゼミがいる場合で，自然度が高くなると，ツクツクボウシが見られる．最も自然度が高い場合は，ミンミンゼミやヒグラシなど山地性のセミがいる場合である．京都御所ではツクツクボウシの抜け殻が見つかっており，都会の真ん中としては，貴重な自然が残っている場所だといえる．

　1995年11月，大阪府高石市で亜熱帯産の毒グモ，セアカゴケグモが多数繁殖していることがわかった．このクモは本来，中国南部，オーストラリア，メキシコなど熱帯や亜熱帯地方に生息しており，荷物と一緒に日本に上陸したものと考えられている．このクモは，自動販売機の裏側，暖かい工場排水の流れる溝，日当たりのいい場所の墓石など暖かい場所で見つかっており，都市が生み出した片隅の"亜熱帯地域"で日本の冬を生き延びているらしい．三重県，和歌山県，奈良県のほか，2005年8月には愛知県常滑市（中部国際空港）と群馬県高崎市で生息が確認され，日本の各地に侵入している．セアカゴケグモは外来生物法の特定外来生物に指定されている．

8 人口問題

　日本ではわずか 37 万 km² の面積に，2005 年 10 月現在で 1 億 2775 万 7000 人が住んでいる．その人口密度は 1 km² 当たり 330 人を超え，他の先進国に比べて格段に高い．しかし，少子化傾向が進んだため，人口は 2006 年にピークを迎え，それ以後減少していくと見られている．一方，65 歳以上の高齢者が総人口に占める割合は 2005 年に 20 ％ に達した．今後さらに高齢化が進んで，2025 年頃には 28.7 ％ になると予測され，超高齢化社会が到来するであろう．

　国連の「世界人口予測」は，2005 年の世界人口が 65 億人に達したと報告している．現在，発展途上国の人口爆発が進んでおり，2050 年頃には世界人口が 90 億人に達すると推定されている．将来，環境汚染や環境破壊がさらに広がり，エネルギー，食糧，資源などが不足する可能性が高い．人口増加の抑制が急務である．

8・1　日本の人口問題

8・1・1　人口増加の推移

　日本で最初の国勢調査が行われたのは 1920 年（大正 9 年）である．当時の人口は約 5600 万人で，出生率（人口 1000 人当たりの出生数）は 35 人前後，死亡率（人口 1000 人当たりの死亡数）は 23 人前後であった．その後，出生率が低下しつづけたが，死亡率も低下したため，人口は増加しつづけた（図 8・1）．

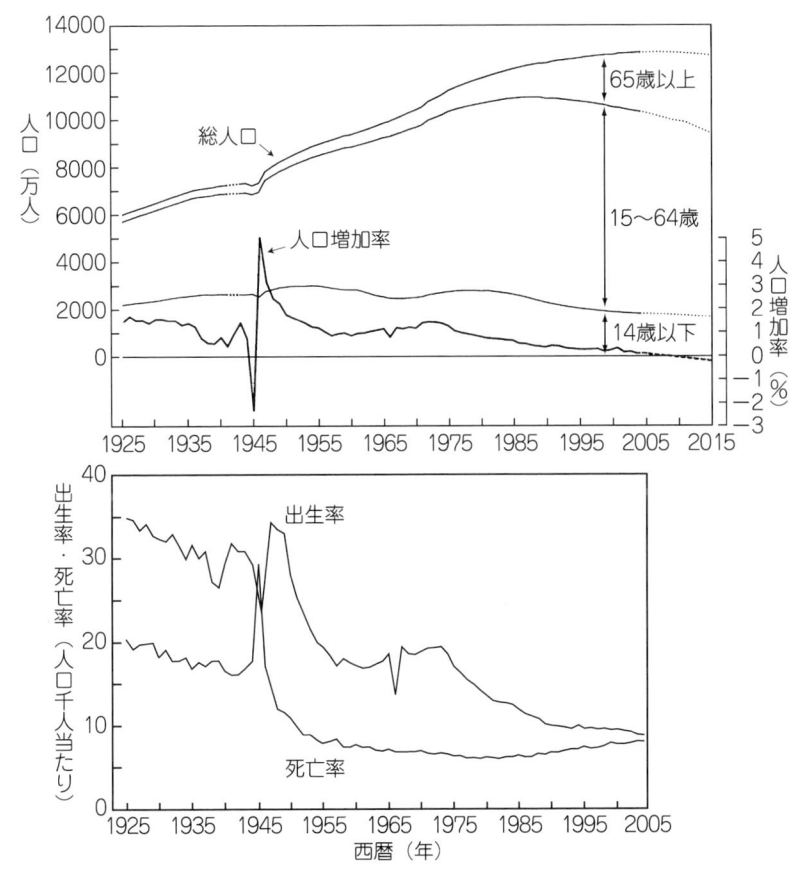

図 8・1 日本の総人口，人口増加率，出生率，死亡率の推移（日本統計年鑑 平成18年版，厚生労働省「人口動態統計」等より改変作図）

終戦後，1945年(昭和20年)には人口が7220万人になっていた．1947～49年(昭和22～24年)には，ベビーブームによって出生率が一時的に33～35人にまで急増したが，その後30人以下へと急速に低下し，死亡率も10人前後にまで低下して，人口増加率は1％台を維持していた．

1967年(昭和42年)に，人口はついに1億人を超えた．その後，晩婚化と少産傾向が進んで，1985年(昭和60年)頃には出生率が12.5人に低下し，

死亡率も 6.2 人にまで低下した．人口増加率も 0.62 ％ に落ちたが，総人口は 1 億 2105 万人に達した．

1995 年（平成 7 年）3 月末，日本の人口は 1 億 2465 万人になり，人口増加率は 0.24 ％ であったが，生産年齢人口（15〜64 歳，約 8700 万人）がこの年以後は減少しはじめた．2005 年（平成 17 年）10 月には人口は 1 億 2775 万 7000 人になったが，人口増加率は 0.04 ％ にまで低下し，男性の数が前年に比べて 1 万 680 人減少した．人口の高齢化はさらに進み，65 歳以上の高齢者の割合は全人口の 20.0 ％ にまで増加した（図 8・1）．人口密度は 1 km² 当たり 330 人を超えており，他の先進諸国と比べれば依然として高い．

8・1・2　将来の人口

1992 年に行われた人口推計では，日本の人口は 2013 年頃にピークに達すると予測していた．しかし，少子化傾向が急速に進んだため，人口増加が予測よりずいぶん早い段階で止まり，2005 年に男性の数が減少しはじめた．人口は 2006 年にピークを迎え，その後は少しずつ減少して，2030 年には 1 億 1700 万人，2050 年には 1 億人，2100 年には 6400 万人にまで減少すると予測されている．その間，少子高齢化社会はますます進むであろう．

人口が減少すると，労働力が減少し，産業や消費市場の縮小につながり，社会が萎縮すると懸念されている．しかし，わが国は現在でも世界有数の過密国である．人口減少を，住み場所，食糧，エネルギー，鉱物資源，水などの不足を緩和し，ごみ排出を減らす好機と捉え，環境，医療，教育などの質的な向上を目指したい．

8・1・3　食糧問題

いずれの国でも，経済が発展して生活水準が高くなると，食糧の消費が増大する．日本の農産物は，以前から米，野菜，果物，畜産物は自給率が高く，小麦，大麦，大豆，家畜の飼料（油かす，ふすま）などは自給率が低いといわれてきた．現在，農産物の総合自給率はほぼ 50 ％ という低さである．この自給率は先進諸国の中では最低の率である．

自給率が高いといわれる畜産物も，家畜を飼うための飼料の自給率は 30％

くらいで低い．農産物も収穫を高めるために，多量の肥料，農薬，資材を使用している．それらの生産に消費されるエネルギー源の大部分は石油で，ほとんど輸入に頼っている．

現在，食糧自給率向上や生産性向上のために，農地の有効利用，栽培漁業の開発，高エネルギー飼料の開発，土壌微生物の利用などが検討されている．

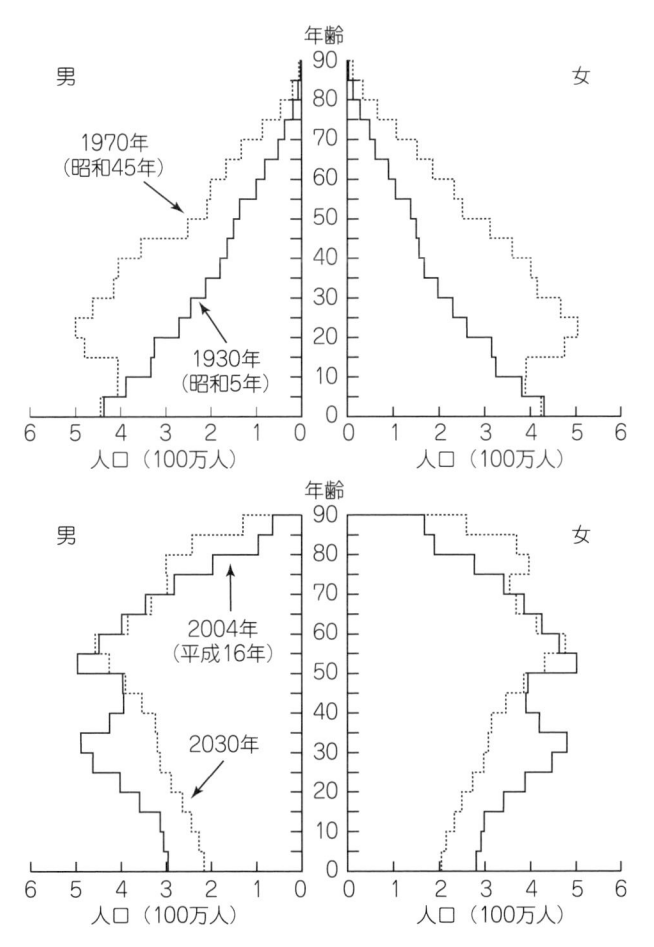

図 8・2　男女，年齢（5 歳階級）別人口ピラミッドの比較（「日本統計年鑑 昭和 61 年版および 2006 年版」より改変）．2030 年は国立社会保障・人口問題研究所の中位推計値による．90 歳以上は省略．

しかし早急な成果は望めそうにない．今後も食糧自給率を高める工夫や努力が必要である．

8・1・4 人口の高齢化

人口の高齢化は少産少死の先進国に共通の現象であり，日本でも同様である．人口の年齢構成を示す人口ピラミッドは，1930 年（昭和 5 年）頃は正三角形に近い形であった．その後釣鐘形に変わり，将来は縦長の長方形に近づくと予測されている（図 8・2）．

わが国では，高齢化の進行がとくに速いことが特徴である．65 歳以上の高齢者人口が総人口に占める割合は，1950 年頃までは 4.9 ％ であり，働く人 12 人が高齢者 1 人を扶養すればよかった．しかし 1970 年には「高齢化の指標」といわれる 7 ％ を超え，わずか 24 年後の 1994 年には 2 倍の 14 ％ を超えて，2005 年には 20.0 ％ に達した．このように日本の人口高齢化は欧米諸国をはるかに上回るスピードで進んでおり（図 8・3），近い将来高齢者の割合が世界一になり，2025 年頃には高齢者が総人口の 28.7 ％ を占める超高齢化社会になると予測されている．この場合には，働く人 2.5 人で高齢者 1 人を扶養しなければならない．

人口の高齢化が進む主な原因は出生率の低下である．2004 年の女性の平均生涯出生児数（合計特殊出生率）は 1.29 である．子供（15 歳未満）の数も減少しつづけて 2004 年 4 月で過去最低の 13.9 ％ になってしまった．出生率の

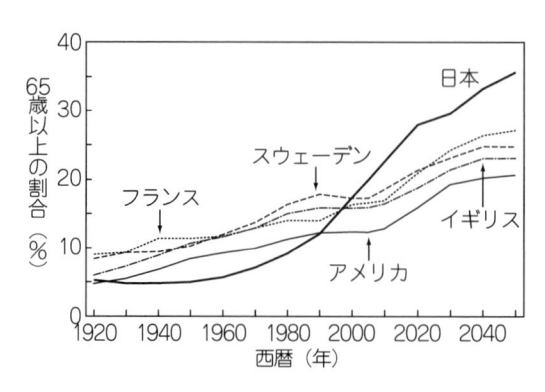

図 8・3　65 歳以上の人口が総人口に占める割合の推移（国立社会保障・人口問題研究所のデータより作成）
2010 年以降は推計値．

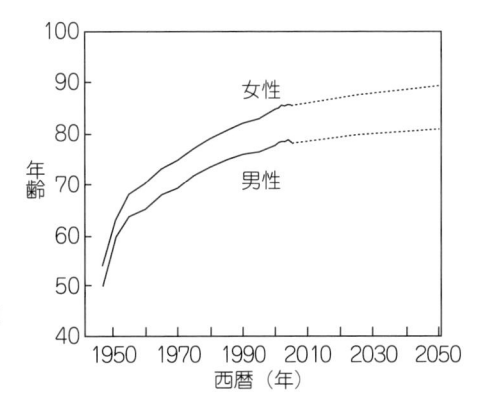

図 8・4 日本の平均寿命の推移
（「人口統計資料集（2006 年版）」
より作図）
2005 年以降は推計値．

低下による少子社会は，超高齢化社会，生産年齢人口の減少，貯蓄率の減少による投資の低下，若い頭脳の減少による新技術開発の停滞，活力のない社会などを招くと危惧されている．

　平均寿命が高くなることも人口高齢化の一因である．日本人の平均寿命は，1935 年頃には女性が 49.6 歳，男性が 46.9 歳であり，終戦直後の 1947 年には女性が 54 歳，男性が 50 歳であった．それ以後男女とも平均寿命が急速に長くなり（図 8・4），1993 年には女性 82.51 歳，男性 76.25 歳で，ともに世界最長となった．2004 年には女性 85.59 歳，男性 78.64 歳で，他国の平均寿命は，女性はスペインが 83.6 歳（2003 年），フランスが 83.0 歳（2002 年），スイスが 83.0 歳（2003 年），男性はアイスランドが 78.8 歳（2001〜04 年），スウェーデンが 78.1 歳（2004 年），スイスが 77.9 歳（2003 年）であった．今後，日本の平均寿命はこれまでより緩やかに変化し，2025 年には女性が 85.1 歳，男性が 78.3 歳になると予測されている．

　一般に高齢者は若い人に比べて疾病が多い．しかも受療や入院の日数が長い．そのため高齢化社会では，それに対応できる医療機関の数や医療関係者の確保が必要となる．医療費の負担も問題になる．多くは社会保障費に頼らねばならない．このような医療費や社会保障費は将来深刻な社会問題になるであろう．2003 年度の年金受給者は 4691 万人であり，1 年間に 204 万人も増加した．今後はさらに急増するに違いない．将来，老齢人口が増加して年

金受給者が激増したときには,その財源をどうするかが問題になる.

8・2 世界の人口問題

8・2・1 急増する世界の人口

紀元前8000年頃,地球の人口は800万人くらいであった.以後,長期間多産多死によって人口は微増の状態が続いた.農業生産が安定しはじめた1650年頃には,死亡率が低下しはじめて,世界の人口は約5億5000万人に増加していた.18世紀末からの産業革命によって出生率が低下しはじめたが,死亡率も低下しつづけていたため,世界の人口は増加しつづけ,1830年には10億人に達していた(図8・5).

20世紀に入って,医療の進歩によって死亡率は低下しつづけ,1920年には世界の人口は20億人となった.第二次世界大戦の終結(1945年)とともに,医療や公衆衛生の普及が発展途上国にも広がり,急速な死亡率の低下が始まった.しかし出生率がそれほど低下しなかったために,1950年以降には発展途上国地域に人口爆発が始まった.

1960年には世界の人口が30億人を超え,14年後の1974年には40億人になり,その13年後の1987年にはついに50億人を超えてしまった.この40

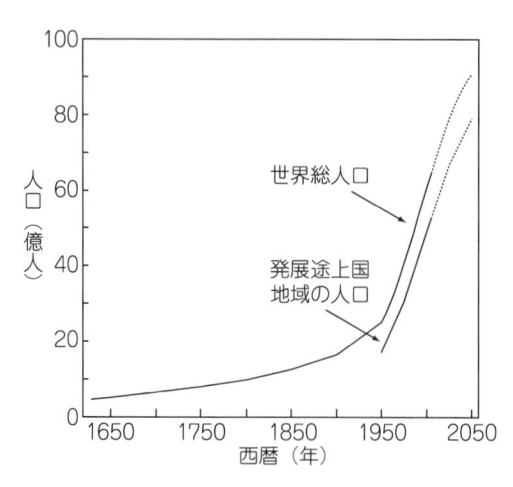

図8・5 世界および発展途上国地域の人口(国連「World Population Projection 2004」,「人口統計資料集(2006年版)」などより作成) 2000年以降は推計値.

年間の人口増加は，人類が出現してから1950年までの数百万年間の人口増加に匹敵する勢いで進んだ．

2000年には世界の人口は60億8600万人となり，前年より約7000万人も増加した．2005年には65億人に達し，このまま増加すれば，2010年には70億人，2025年には80億人，2050年には90億人に達して増減なしの静止状態になると推計されている．

D. H. メドウズは，地球の将来に関する報告書『成長の限界』において次のように説明している．1日で2倍に増殖するスイレンを池に植えて，30日で池いっぱいに広がるとすれば，池の半分がおおわれるのは何日目なのか．それは29日目である．それを見て，急いで池を2倍に掘り広げても，いっぱいになるのはわずか1日遅くなるだけである．世界の人口増加と資源や食糧の関係も同様である．現段階で人口増加と，資源や食糧の消費を抑える有効な方策を立てる必要がある．

8・2・2 世界の人口分布

世界の人口分布は国や地域によって，人口規模，人口増加率，出生率，死亡率，人口密度（1 km² 当たりの人数）にかなりの相違が見られる（表8・1）．

2004年の統計では，アフリカとラテンアメリカでは人口規模が世界総人口のそれぞれ13.9％と5.8％であり，ともに出生率と人口増加率が高い．今後も人口増加が続いて，アフリカでは21世紀の半ばには人口が2倍以上に増加しているであろう．

北アメリカ（アメリカ合衆国とカナダ）は世界総人口の5.2％で，人口密度が低い．

アジアは人口規模がとくに大きく，世界総人口の60.4％を占めている．アジアの中でも地域によって差異がある．中国は人口規模は大きいが，家族計画を徹底させているためか人口増加率が0.65％と低い．インドは出生率が26.1人で高く，人口増加率が1.6％である．日本は，人口規模は世界総人口の2.0％であるが，人口増加率や出生率が低い．しかし人口密度はとくに

表8·1 世界の人口分布（国連「World Population Prospects 2004」,「世界の統計 2006」より作表）

地　域	人口 (100万人) 2004年	年平均人口 増加率(%) 2004年	出生率 (‰) 2000〜05年	死亡率 (‰) 2000〜05年	人口密度 (人数/km²) 2002年
世界全体	6389	1.2	21.1	9.0	46
アフリカ	887	2.2	37.6	15.5	28
北アメリカ	511	1.0	13.7	8.3	15
ラテンアメリカ	370	1.4	21.7	6.1	20
アジア	3860	1.2	20.1	7.6	118
日本	128	0.17	9.2	8.0	342
ヨーロッパ	729	0.0	10.1	11.6	33
オセアニア	33	1.3	17.4	7.4	4

高い．

　ヨーロッパは人口規模が世界総人口の約11.4％であるが，人口増加率がとくに低いことと，人口密度が高いことが特徴である．人口が減りはじめた国もある．

8·2·3　発展途上国の人口爆発

　アフリカ，中南米，アジアなどの発展途上国における人口爆発は深刻な問題である．1950年頃の世界総人口が26億人のときには，発展途上国地域の人口は先進国の2倍程度であった．1985年の世界総人口が48億人のときには，発展途上国地域の人口は先進国の3倍に達していた．当時，先進国の人口増加率は年0.8％であったが，発展途上国は2.5％であった．2000年には，世界の総人口は60億8500万人で，この1年間に約1億人も増加したが，その90％は発展途上国地域での増加である．そのため発展途上国地域の人口は先進国の4倍になった．将来，2025年には5倍になり，2050年には6倍になると予測されている（図8·5参照）．

　人口過剰は人間生活にさまざまな悪影響を与えることは確かである．自然破壊，環境汚染，過放牧や過耕作による砂漠化，食糧や水不足，鉱物資源の枯渇，エネルギーの危機，漁業資源の枯渇，医療や教育の質の低下，生活条

件の悪化，政治紛争などである．これらの多くは急激な人口増加に苦しむ発展途上国においてしばしばみられるが，人口密度の高い日本などでも起こりうる問題である．

8・2・4 食糧不足

食糧不足については，すでに18世紀末にイギリスのマルサルが著書『人口の原理』において，「人口は幾何級数的に増加し，生活資料は算術級数的にしか増加しない」と述べ，人口増加による食糧不足を指摘している．国連食糧農業機関（FAO）による最近の調査では，先進国の人口増加率は年1％で，農業総生産増加率は1.1％であるが，発展途上国の人口増加率は年2.7％で，農業総生産増加率は0.6％であるため，発展途上国の食糧不足は明白であるという．

世界規模で見ても食糧需給が厳しくなっている．1990年代に入って穀物生産量は頭打ちになっており，人口増加に追いつかない傾向が見えはじめた．1995年には，小麦の年間消費量に対する在庫の割合が安定供給の指標である20％を割り込んだ．コメやトウモロコシは12％以下になった．単年度では，生産量が消費量を下回っているのである．

国際稲作研究所は，1986〜92年の7年間で世界のコメ生産の伸びは年率1.2％であり，同期間の人口増加率1.8％より低いことを報告している．生産低迷の理由は，都市化や工業化による水田の減少，発展途上国農業への援助の停滞，品種改良の限界，環境保護のための農薬の使用抑制，価格の高い高品質米への生産転換などがあげられている．

食糧だけでなく，飲料水の不足も深刻になりつつある．国連による調査では，現在80の国々で水の供給が不十分で，世界人口の約40％が日々の水の確保に苦しんでいるという．しかも2010年までに世界の多くの国々で水不足が深刻化し，水資源の供給や管理・節約など有効利用で大きな改善がなければ，紛争や戦争を誘発しかねないと警告している．

1996年11月，「世界食糧サミット」がローマの国連食糧農業機関で開かれた．このサミットでは，貧困や飢餓などの状態にある8億人を超す人口を

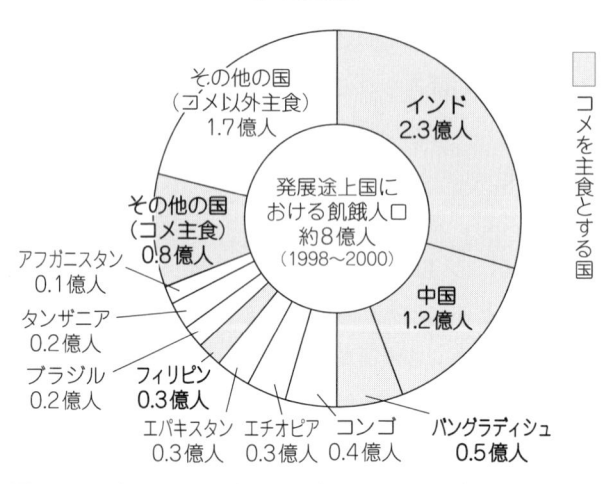

図8·6 栄養不足人口の多い発展途上国とコメ主食国との関係
(出典:FAO. AFF(農林水産省広報誌)2004年1月号より)

2015年までに半減させることなどの「ローマ宣言」を採択し,貧困の撲滅,農業生産力の向上,農業投資の推進などの行動計画を打ち出した.また,栄養不足人口(飢餓人口)を多く抱える国・地域はコメを主食とする国・地域と大半が重なることもあって(図8·6),国連の決議により2004年は「国際コメ年」として世界各地でさまざまな活動が行われた.

8·2·5 食糧供給の不均衡性

世界では,食糧不足による飢餓と,飽食による肥満といった食糧供給の不均衡性が横行している.現在,世界全体では8億5000万人,すなわち8人に1人は満足な食事をとっていないという.一方では欧米諸国のように,穀物在庫を多量に抱えて輸出に熱心な国もある.日本では,毎日大量の食べ物が残飯として捨てられている.東京都で出る残飯だけでも,発展途上国5万人分の食べ物に匹敵するという.いわば飢餓の原因は食糧不足というよりも,むしろ食糧供給の不均衡によるためだといえる.

食糧供給の不均衡は1950年頃から顕著になった.それ以前は,農業生産の増大は耕地面積の拡大によって達成されてきた.しかし,この頃から耕地面

積の拡大が頭打ちになりはじめ，それ以後は大型機械の投入，大規模な灌漑，大量の化学肥料や農薬の使用などによって，農業生産の増加を維持してきた．このような近代的農業が農業生産の格差や食糧供給の不均衡性を一層拡大させたという．

1969～70年の世界の肥料生産量は6580万tであるが，その65.5％は先進諸国で生産され，58.1％が先進諸国で消費された．先進諸国の1ha当たりの肥料の投下量は発展途上国の8倍にもなり，日本はアジア諸国の30倍の肥料投下量である．そのため日本の農業生産性（1ha当たりの生産額）を100とすると，多くの国ではその5分の1くらいである．

奇妙なことに，人口増加で食糧危機に陥っている発展途上国の多くは，農業を主産業とする国々である．そのような国々が食糧危機に陥ってしまう最大の原因は，その農業が特定の商品作物に頼るモノカルチャーであるためだという．例えば，セネガルでは農耕地の半分以上がピーナッツ畑である．スリランカでは輸出の33％が紅茶であり，ブルンジでは93％がコーヒーであり，スーダンでは65％が綿花である．しかしこれらの国では食糧生産が低いため，食糧は輸入に頼っている．

8・2・6　都市への人口集中

近年，世界各国で都市への人口集中が顕著になってきた．その多くは農村から都市へ生計手段を求めての移動である．韓国では都市人口が，1960年には総人口の27.7％，1970年に50.1％，1980年に68.8％，1990年に79.8％，2000年には81.9％にまで急激に増加した．

一方，アメリカなどの過密大都市では都市人口が減少しつつある．アメリカ合衆国の首都ワシントンでは，2000年の人口が57万2000人で，1970年の75万6500人と比べて約24％も減少している．生活条件や治安の悪化，行政サービスの低下などが主な原因だとされている．

アジアやアフリカの農村地域では，耕作可能面積が増加しないのに，農業人口が急激に増加してきた．そのため土地を持たない農民が増え，その過剰の人口が都市へ流入している．しかもアフリカの農村では，働き盛りの男性

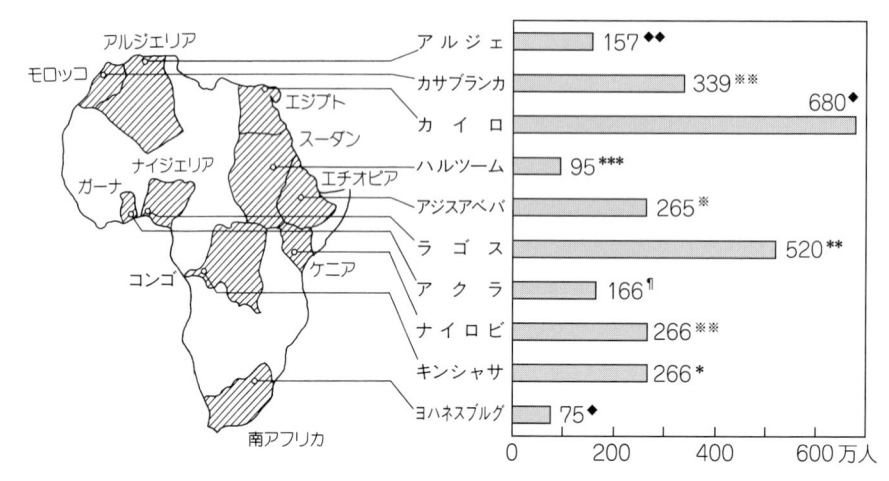

図8・7 アフリカの10大都市における人口（国連"Demographic Yearbook 2003"より作図）
数字の肩付きの記号は年を示す．*1984年，**1991年，***1993年，♦1996年，♦♦1998年，¶2000年，*2002年，**2003年．

の姿をあまり見かけず，農作業をするのは女性と老人が圧倒的に多い．男性はナイロビなどの大都市に出ている．今後はますますこの傾向が進むであろう（図8・7）．

人口集中が過剰に進めば，都市での生活環境が悪化し，貧困層のスラム人口も膨れ上がる．世界の多くの過密都市では，すでに"都市のがん化"が始まっている．例えば，メキシコシティ首都圏の人口は20世紀後半から急激に増加し，1985年には1800万人を突破して世界第1位の過密都市になった．2005年には2200万人を超え，メキシコ全人口の約5分の1がこの都市に集中している．市の中心部には近代的なビルが立ち並び，レストランなどが軒を連ねているが，車の洪水と慢性的な渋滞による排気ガスや，工場から放出される煙のため大気汚染が激しい．毎日多量に出るごみの収集は完全には行われておらず，そのまま捨てられていたりする．河川は産業排水や生活排水の垂れ流しによって水質汚濁が激しい．市の周囲地域にはすさまじいス

ラム街が取り巻いており，それが年々拡大している．そこではおびただしい数の人々が上水道や下水道のないところで生活しており，人口過剰，貧困，飢餓，失業，住宅難，犯罪などで都市機能がマヒ状態に陥っている．

8・2・7　将来の予測と対策

(1)　ローマクラブ

1970年，世界各国から科学者や実業家などがローマに集まり，「ローマクラブ」を発足させて，人類の危機に関する研究プロジェクトに取り組むことになった．その第一段階の報告書がD. H. メドウズらによる『成長の限界』である．

この報告書では，人口，農業生産，天然資源，工業生産，環境汚染などが将来どのように変化していくかを予測して，「標準的な世界モデル」(図8・8)を作成している．このモデルでは，人口が増加すれば食糧が必要となる．食糧を確保するためには，農業機械・化学肥料・農薬などの工業生産を増大さ

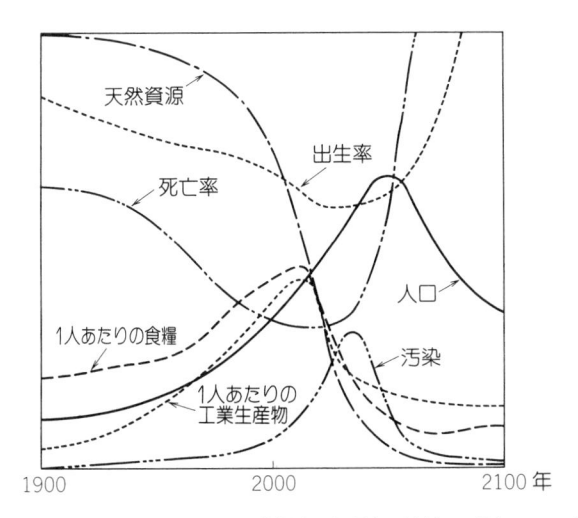

図8・8　標準的な世界モデル（メドウズ『成長の限界』：松村・西岡，1978より改写）
これまでの生産，消費，出産，死亡，価値観といった物理的，経済的，社会的な要因およびそれらの相互関係に大きな変化がないと仮定した場合に，人口，食糧，天然資源，工業生産，環境汚染がどう変わるかをみている．

せる必要が生じる．その結果，石油などの天然資源の消費が増大し，環境汚染も広がる．やがて天然資源が減少し，工業生産も減速し，食糧不足につながる．同時に医療や生活条件なども悪くなり，死亡率が上昇して，人口増加も停止するという．すなわち天然資源は有限であるため，このままでは工業生産と食糧供給の破滅は確実であると警告し，人口増加の抑制と工業生産の制限を主張している．

このモデルは，人口増加と資源や食糧の関係をよくとらえている．しかし，生産や消費の速度，価値観，出産率，死亡率などの要因については，将来も現在と大きく変化しないと仮定している．また世界中が同じ程度の生活水準を保つことを想定した予測である．国や地域の格差，経済問題などの要因をも取り入れたモデルが必要である．

(2) 人口増加の抑制策

人口増加抑制への取り組みには，三つの考え方がある．第1はレッセフェール派ともいわれ，人口増加の根底にある高出生率は経済開発が進めばおのずと低下するとみる考え方である．いわば「開発は最良の避妊薬」という主張である．

第2は人口政策派で，人口増加が持続可能な開発の妨げになるとの考え方で，出生率低下のための家族計画を政府によって推進する必要性を主張している．中国，インドネシア，メキシコなど1960～70年代に家族計画を開始した国々では，出生率が30年間に随分低下している．しかし，アジアやアフリカでは現在でも多産奨励の文化は根強く残っており，家族計画の障害となっている．

第3は，女性が出産計画を決定できることが出生率の低下につながるとし，女性の社会的地位の向上を求めている．パキスタンやバングラデシュ，いくつかのアラブ諸国では，女性の地位が低いため出生率は依然として高いという．

人口問題の解決にあたっては，これら三つの考え方はけっして相互に排他的ではない．経済発展を進め，女性の地位を向上させることが出生率の低下

を促すことはよく知られており，家族計画プログラムを進めることも出生率の低下に寄与することは明らかである．

　1994年にはカイロで国際人口・開発会議が開かれた．この会議では「女性の人権」を前面に打ち出し，「女性の地位が向上して，家庭や社会で自己決定ができるようになれば，避妊を中心とした家族計画が普及し，人口は自然に安定に向かう」との認識で，世界人口を20年後の2015年には73億人に抑えるための行動計画が採択された．このカイロ会議から10年が経過した2004年には，人口問題に配慮した開発の推進がどこまで進んだかを再検討した報告書"The World Reaffirms Cairo: Official Outcomes of the ICPF at Ten Review（カイロ会議から10年・世界はどこまで来たか）"が国連人口基金によって公表されている．

9 大気汚染

近年,肺がんが急増している.厚生労働省の調査では,工場や交通量の多い都市地域は肺がんの発生率が高く,農林水産業の多い地域は発生率が低いことを示しており,都市地域の大気汚染が肺がんの発生率を高めている可能性が高い.大気汚染物質の主なものは,二酸化硫黄,窒素酸化物,一酸化炭素,光化学オキシダント,揮発性有機化合物,浮遊粉塵,アスベスト繊維などである.これらの汚染物質は人体に悪影響を及ぼし,農作物などに被害を与えている.現在,大気汚染を防ぐための対策がいろいろ進められてはいるが,まだ十分な成果が得られていない.

9・1 大気汚染による被害

日本の大気汚染による公害の始まりは,明治時代の足尾銅山鉱毒事件,別子銅山煙害事件,日立鉱山煙害事件である.明治13年,足尾製錬所から出る酸性の粉塵によって周囲の山林がすべて枯死してしまった.明治37年,瀬戸内海の四阪島にある住友鉱業別子銅山製錬所からの排煙が愛媛県の農作物に多大の被害を与えた.また明治38年,茨城県の日立鉱山製錬所からの排煙が周辺の山林や農作物に被害を与えた.

近年では,1950年代後半に三重県四日市にある石油コンビナート地域で,ぜんそく患者や,頭痛,目やのどの痛み,吐き気を訴える人が急増した.調

査の結果，工場の排煙に含まれていた二酸化硫黄（亜硫酸ガス）が原因であることが明らかになった．四日市以外にも，西淀川，千葉川鉄，倉敷などの公害がよく知られている．

　大気汚染は，工場地帯や都市で多量の燃料が使用されることが主な原因である．以前は石炭が代表的な燃料であったため，汚染物質として降下煤塵が多かったが，その後石油が多量に使用されるようになって，ガス状の有害物質による大気汚染が広がった．高度経済成長期以降は，自動車によるガソリンの使用量が急増したため，酸化窒素などが増加し，光化学オキシダントのように二次的に生じる汚染物質も加わるようになった．

　汚染地域についても，以前は工業地帯や都市が中心であったが，最近では自動車の交通量の多い幹線道路とその周辺地域へと広がり，山里にまで及んでいる．例えば，飛騨の山奥にすむニホンザルの肺を調べてみると，9割以上のサルの肺に黒い小さなすすが見つかったという．しかも年齢が高いサルほど汚れがひどかった．自然に囲まれているこのような山里にまで大気汚染が押し寄せているのである．

9・2　汚染物質とその影響

　主な大気汚染物質について，通常の発生源を表9・1に，植物に与える一般的な被害を表9・2に示した．また，大気汚染物質の環境基準（人の健康を保護し，生活環境を保全する上で維持されることが望ましい基準）を表9・3にあげた．表の物質以外にも，健康リスクが高いと考えられる優先取組物質のうち，アクリロニトリル，塩化ビニルモノマー，水銀，ニッケル化合物については，健康リスクの低減をはかるための指針となる数値（指針値）が設けられ，事業者の自主的な排出抑制努力などが求められている．

9・2・1　二酸化硫黄（亜硫酸ガス，SO_2）

　SO_2は，重油や原油などを大量に燃焼させる火力発電所や工場などが主要な発生源で，1960年頃には代表的な大気汚染物質として問題にされた．当時は都市域で平均濃度が0.06 ppmくらいであったが，最近は環境基準以下に

表9·1 大気汚染物質と発生源（松中，1975より改表）

大気汚染物質		発生源
硫黄化合物	SO_2, SO_3, H_2SO_4, H_2S など	製錬所の排煙，硫酸製造化学工場，石炭・石油の燃焼場所（ボイラー，火力発電所など）
窒素化合物	NO, NO_2, N_2O_5, HNO_3, NH_3 など	自動車排気ガス，火力発電所，溶鉱炉，化学工場
酸素化合物	光化学オキシダント（O_3, 過酸化物）	炭化水素＋窒素化合物＋光エネルギー
	CO	自動車排気ガス，焼却炉など
有機化合物	炭化水素など	自動車排気ガス，石油工業，化学工場
	ダイオキシン，PCB	焼却炉，製紙工場など
	農薬（殺虫剤・殺菌剤）	散布農耕地・山林
ハロゲン化合物	HF	アルミニウム製錬工場，リン酸肥料工場
	Cl_2, HCl	化学工場，浄水場，焼却炉
浮遊粉塵	炭素微粒子・灰	火力発電所，ボイラー，焼却炉，セメント工場
	排気微粒子	自動車排気ガス
	アスベスト	ビル解体場所，作業場など

表9·2 主な大気汚染物質による植物急性障害の可視症状とその発生濃度閾値（松中，1975より改表）

大気汚染物質	植物の急性症状発生閾値(ppm)	主な可視症状
二酸化硫黄（SO_2）	0.1〜1.5	中位葉の葉脈間に不定形の大形斑点，広葉の葉縁部に黄褐色の斑点，針葉の先端・中央部の褐変
二酸化窒素（NO_2）	10〜50	二酸化硫黄に類似
オゾン（O_3）	0.05〜0.2	葉の表面に均一な白色〜褐色斑点，ネクロシス（壊死），早期落葉，葉の湾曲
PAN（$CH_3COOONO_2$）	0.05	葉の裏面に銀色〜青銅色の光った大形斑点（全体として横バンド状）
エチレン（$CH_2=CH_2$）	0.05〜1.0	葉の上偏生長，開花異常（めしべ退化，雄花の雌花化など），落果，早期落葉，黄化促進
フッ化水素（HF）	0.005〜0.01	葉先端・周縁クロロシス（脱色現象），ネクロシス
塩素（Cl_2）	0.1〜0.3	葉脈間漂白斑点，葉先端黄変

表9・3 大気汚染物質の環境基準（2006年4月現在．環境省ホームページより作表）

大気汚染物質	環境上の条件
二酸化硫黄	1時間値の1日平均値が0.04 ppm以下であり，かつ1時間値が0.1 ppm以下であること．
一酸化炭素	1時間値の1日平均値が10 ppm以下であり，かつ1時間値の8時間平均値が20 ppm以下であること．
浮遊状粒子物質[1]	1時間値の1日平均値が0.10 mg/m^{3}以下であり，かつ1時間値が0.20 mg/m^{3}以下であること．
二酸化窒素[2]	1時間値の1日平均値が0.04 ppmから0.06 ppmまでの範囲内，またはそれ以下であること．
光化学オキシダント[3]	1時間値が0.06 ppm以下であること．
ベンゼン	1年平均値が0.003 mg/m^{3}以下であること．
トリクロロエチレン	1年平均値が0.2 mg/m^{3}以下であること．
テトラクロロエチレン	1年平均値が0.2 mg/m^{3}以下であること．
ジクロロメタン	1年平均値が0.15 mg/m^{3}以下であること．
ダイオキシン類[4]	1年平均値が0.6 pg-TEQ/m^{3}以下であること．

環境基準は，工業専用地域，車道，その他一般公衆が通常生活していない地域・場所については適用しない．
1) 大気中に浮遊する粒子状物質であって，その粒径が$10\,\mu$m以下のものをいう．
2) 1時間値の1日平均値が0.04 ppmから0.06 ppmまでの範囲内にある地域にあっては，原則として，この範囲内において現状程度の水準を維持し，またはこれを大きく上回ることとならないよう努めるものとされている．
3) オゾン，パーオキシアセチルナイトレイト（PAN），その他の光化学反応により生成される酸化性物質（中性ヨウ化カリウム溶液からヨウ素を遊離するものに限り，二酸化窒素を除く）をいう．
4) 基準値は，2,3,7,8-四塩化ジベンゾ-パラ-ダイオキシンの毒性に換算した値とする．

まで減少し，0.004 ppm前後で横ばい傾向にある．それは低硫黄重油の使用や，脱硫技術の発達で大気汚染防止対策が進んだためと考えられている．

SO_2は有害で，低濃度でも目，鼻，のどを刺激し，脳の働きにも影響を及ぼす．1 ppm以上では肺機能などに影響し，10分間の吸入で呼吸数や脈拍数が増加し，気管支れん縮（急速な収縮と弛緩）をもひき起こすという．

SO_2による植物の被害は，植物の種類（表9・4），SO_2の濃度や接触期間，環境条件，植物の生理状態などによって異なるが，通常急性害と慢性害とに区別される．急性害は，比較的高い濃度（0.5 ppm以上）のSO_2との接触に

表 9・4 二酸化硫黄に対する各種植物の感受性（松中，1975；松岡，1979より改表）

感受性 大（耐性 小）

農作物	アオシソ，アルファルファ，インゲンマメ，エンバク，オオムギ，オクラ，カブラ，カボチャ，キクヂシャ，クローバー，コムギ，サツマイモ，シュンギク，ソバ，ダイコン，ダイズ，タバコ，トウガラシ，ナス，ニンジン，ハツカダイコン，ヒマワリ，ブロッコリー，ホウレンソウ，レタス
花卉	アサガオ（ヘブンリーブルー種），オシロイバナ，コスモス，スイトピー，スミレ，ヒャクニチソウ，マルバアサガオ，ヤグルマソウ
樹木	アカマツ，アメリカトネリコ，カラマツ，クワ，ケヤキ，シラカバ，セイヨウカラマツ，ダグラスモミ，ナシ，マニトバカエデ
野草	アオビユ，イヌホオズキ，オオバコ，ギシギシ，クローバー，セイヨウヒルガオ，ノゲシ，ヒメジョオン，ヒユ，ブタクサ

感受性 中

農作物	エンドウ，キャベツ，ゴマ，サラダナ，ソラマメ，テンサイ，トマト，ニラ，パセリ，ハナヤサイ，ブドウ
花卉	アジサイ，バラ，ベゴニア
樹木	アメリカツガ，アメリカニレ，イチイ，エンゲルマントウヒ，クロマツ，サンゴジュ，ソメイヨシノ，バルサムモミ，ヒマラヤスギ，ニレ，ポプラ，モモ，ユリノキ，ヨーロッパクロマツ
野草	アカザ，タンポポ

感受性 小（耐性 大）

農作物	アワ，イネ，キビ，ジャガイモ，セロリ，タマネギ，トウモロコシ，ピーマン，ヒエ，メロン
花卉	アヤメ，キク，グラジオラス，チュウリップ，ライラック
樹木	アカガシワ，アメリカオオモミ，イチョウ，カナダトウヒ，カンキツ類，キョウチクトウ，ギンエフカエデ，サトウカエデ，シラカシ，スギ，スモモ，ヒノキ，フユボダイジュ
野草	メヒシバ

よって発生し，接触後数時間から数日以内に成熟葉に壊死部分が斑点状に現れる（表9・2）。斑点の色や形状は植物の種類によって異なる。慢性害は，比較的低い濃度の SO_2 に長期間接触することによって発生し，症状が識別できるまでには数週間から数か月以上を要する。慢性害は樹木に多く発生し，まず葉の黄化現象が始まり，後に異常落葉が起こる。このような被害を長期間受けると，樹木はしだいに枝梢部が枯れて，樹形が崩れてしまう。マツやスギなどは慢性害を受けやすい。

9·2·2 窒素酸化物（NO_x）

一酸化窒素（NO），二酸化窒素（NO_2）などの窒素酸化物は，各種燃料の燃焼過程で発生する．最大の発生源は工場の大型ボイラーであるが，自動車からの発生も多い．交通量の多い都市では，自動車による窒素酸化物が 70 % に達することもある．1988 年の調査では，東京・大阪・神奈川の 3 都府県で，幹線道路沿いの 9 割以上の地点が NO_2 の環境基準（表 9·3）を超えていた．しかし 2004 年の調査では，1973 年に環境基準が設定されてから初めて，大気汚染の状況を常時監視する一般測定局で 100 % 環境基準が達成された．交差点や道路などの大気汚染を主に監視する自動車排出ガス測定局でも，約 90 % が環境基準を達成していた．

通常，NO は速やかに酸化されて NO_2 になる．NO_2 は光化学反応によってオゾンなど酸化性の強い光化学オキシダントを生成する．また NO_2 は酸性雨の原因にもなる．

NO_2 は数 ppm の濃度で目，鼻，のどを刺激する．呼吸器の深部に容易に到達する性質があり，肺機能に障害をもたらす．10〜40 ppm の NO_2 を吸入すれば肺気腫などを起こす．50〜100 ppm では急性の気管支炎を起こし，150 ppm 以上では生命に危険を及ぼす．

植物に対しては，NO_2 は SO_2 や光化学オキシダントに比べて毒性は低い．数 ppm 以上の NO_2 は，葉緑体膜の損傷や酵素の阻害によって光合成を抑制し，葉の可視障害などの被害を与える．被害の程度は植物の感受性にもよるが（表 9·5），アサガオのヘブンリーブルー種など感受性の高い植物では 7〜8 ppm の NO_2 に 1 時間程度接触すると，成熟葉の葉脈間に壊死部分が発生する．その症状は SO_2 によるものと類似している．

NO_2 は，低濃度であれば，植物に吸収されて細胞内で硝酸イオン（NO_3^-）や亜硝酸イオン（NO_2^-）を生じる．NO_3^- や NO_2^- は本来窒素代謝系の基質であり，酵素により還元されてアンモニウムイオン（NH_4^+）を生じ，さらにアミノ酸やタンパク質の合成に使用される．

都市の街路樹や植え込みも，汚染物質の NO_2 を吸収してタンパク質を合

表 9·5 二酸化窒素に対する各種植物の感受性（松中，1975；松島，1979 より改表）

感受性 大（耐性 小）	
農作物	インゲン，カラシナ，ゴマ，サツマイモ，ダイズ，タバコ，ナス，ヒマワリ，ホウレンソウ，レタス
花卉	アサガオ（ヘブンリーブルー），キク，ダリア，ハイビスカス，バラ，ペチュニア（白花種）
樹木	カエデ，サクラ，ポプラ
野草	アメリカセンダングサ，オオバコ，オジギソウ，ノイチゴ，ムカシヨモギ，ヨモギ

感受性 中	
農作物	カブ，コンニャク，サトイモ，ソバ，トマト，ニラ，ピーマン，ライムギ
花卉	グラジオラス，サルビヤ
樹木	キョウチクトウ，クリ，ケヤキ，ナシ，ブドウ，モモ
野草	アカザ，タンポポ，ハコベ，ヤハズソウ，ヨモギ

感受性 小（耐性 大）	
農作物	アスパラガス，イネ，キュウリ，スイカ，トウモロコシ
花卉	ハゲイトウ，ベゴニア
樹木	アカマツ，イチョウ，温州ミカン，カキ，クロマツ，スギ，ツバキ，ヒノキ
野草	メヒシバ

成している．自動車の排気ガスが多い大都市では，NO_2 を吸収させるため大規模な植樹が望まれる．NO_2 の吸収にはイチョウが適しているが，イチョウは大気汚染が深刻になる冬には落葉してしまう．そのため年中緑であって，狭い土地でも植樹できるツツジがよいという．サクラの代表ソメイヨシノも NO_2 を吸収する能力が高い．小型の温室内で NO_2 濃度を 0.1 ppm にして調べてみると，ソメイヨシノは葉 1g 当たり約 0.06 mg の窒素を吸収・同化していた．その同化能力はスギなどの 50 倍もあるので，道路沿いに植えれば，大気の浄化に利用できる．

9·2·3 一酸化炭素（CO）

CO は，その 99.7％ が自動車の排気ガスを起源としている．燃焼の際，酸素が完全燃焼に必要な量の 4 分の 1 くらいしかないとき，CO の発生が最大になるという．1970 年頃までは，全国の都市で CO が増加していたが，その後著しく改善して，近年も漸減の傾向にある．最近の東京市街地では環境基

準値以下の平均 0.5〜1.0 ppm くらいである．

COは，血液中のヘモグロビンとの結合力が酸素の210倍も強い．そのため吸入したCOがヘモグロビンと結合すれば，酸素の運搬が阻害されてしまう．中毒症状としては，頭痛，めまい，嘔吐，呼吸困難，意識喪失などが起こり，ついには死に至る場合も多い．

カナリアなどの小鳥はCOなどに敏感であるので，有毒ガスが発生する可能性のある工場や鉱山では，カナリアなどを籠に入れて配置し，人体への悪影響を未然に防止してきた．植物は一般にCOに対して鈍感である．

9・2・4 光化学オキシダント

光化学オキシダントとは，窒素酸化物と炭化水素が夏の強い太陽光によって光化学反応を起こして生じる強い酸化性物質の総称である．その成分は通常オゾンが90％で，パーオキシアセチルナイトレイト (PAN, $CH_3C[O]OONO_2$) も 5〜10％含まれている．

アメリカでは，すでに1940年代から光化学オキシダントによる被害が発生していた．日本でも，1965年頃に光化学オキシダントによって近畿や北四国でタバコの葉に白斑が生じ，東京や千葉でホウレンソウ，レタス，ダイコン，インゲンなどの葉に白斑や黄斑が発生していた．1970年7月，東京都杉並区に発生した光化学オキシダントは多くの生徒に目の痛み，咳き込み，呼吸困難などの被害を与えた．このように人には 0.1〜1 ppm で，上気道粘膜の刺激，視力低下，頭痛，肺機能低下などを起こす．

光化学オキシダントの濃度が高くなり，被害が生じる可能性がある場合は，注意報（1時間値で 0.12 ppm を超えた場合）または警報（一般に 0.4 ppm 以上）の発令が大気汚染防止法に規定されている．2005年には4年ぶりに警報が1日発令された．環境省によれば，光化学オキシダントの年平均値は漸増しており，また都市周辺部で注意報発令レベルの 0.12 ppm を超える日数も増えていて，広域的な汚染の傾向が認められるという．

(1) オゾン (O_3)

オゾンに対する各種植物の感受性を表 9・6 に示した．アサガオ（品種スカー

表9・6 オゾンに対する各種植物の感受性（松中，1975；久野，1993より改表）

感受性 大（耐性 小）
アサガオ，アカザ，アジサイ，アルファルファ，イネ，インゲンマメ，オクラ，キク，クチナシ，シダレヤナギ，シャクヤク，センナリホオズキ，タバコ（メリーランドマンモス），トマト，ピントビーン，ホウレンソウ，ボタン，ムラサキツユクサ，ヤナギダデ，ヤハズソウ

感受性 中
アカマツ，イチゴ，オオムラサキ，オジギソウ，ギシギシ，キュウリ，キンセンカ，クズ，ケヤキ，サツマイモ，サトイモ，シロツメクサ，ゼラニウム，ソメイヨシノ，ダイズ，テンサイ，トウモロコシ，ナシ，ハキダメギク，ハツカダイコン，バレイショ，ヒマワリ，ポプラ，ミニチュアトマト，ラッカセイ

感受性 小（耐性 大）
オオアレチノギク，キョウチクトウ，クスノキ，グラジオラス，クロマツ，コショウ，ゴマ，サルビア，スギ，セイタカアワダチソウ，ダイコン，タンポポ，ネズミモチ，ノゲシ，パセリ，ヒノキ，ヒメジョオン，ヒメムカシヨモギ

図9・1 オゾン（2 ppm）に90分間接触したトマト苗の被害状況（写真撮影および提供：篠崎光夫）

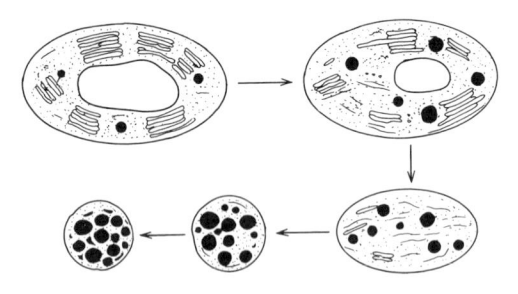

図9・2 オゾン（0.15 ppm）に暴露したアサガオ葉の葉緑体の形態的変化（遠山，1976より改写）

レットオハラやヘブンリーブルー）はオゾンに対して強い感受性を示すので，オゾンを検出する指標植物とされている．スカーレットオハラでは，0.1 ppm くらいのオゾンに接した場合，その日の夕刻あるいは翌朝に，葉の表面の葉脈の間に水に浸したような淡緑色の部分を生じ，2〜3日後にその部分が白い小斑点になる．高い濃度のオゾンに接した場合には，より広い部分が障害を受けて水浸状症状を呈し，やがて黄色や灰白色になる（図9・1，表9・2参照）．一週間後には被害部分が黒褐色に変化して脱落しはじめる．被害が大きい場合には，葉全体が損傷されて，葉が端の方から表面に向かって巻きはじめ，後には壊死・脱落する．

アサガオでは，オゾンによる損傷は展開中の若い葉や生長点には起こらず，成熟直後の葉で最大である．老化するとまた感受性が低下する．オゾンによる被害は，他の葉の陰になって光合成が低下した部分には発生しない．また，葉の裏側をセロファンテープで覆って，気孔からのオゾン吸入を防ぐと，被害が発生しない．葉の組織によっても感受性に差がある．オゾンは葉の柵状組織を侵すため，葉の表面に症状が発生する．一方，PANによる被害は葉の裏面に症状が出る．

アサガオの葉緑体に対するオゾンの影響を図9・2に示した．0.15 ppm のオゾンによって生じた葉の白斑部分では，葉緑体が縮小しており，内部のチラコイド膜系が完全に崩壊していた．崩壊した膜系の脂質はプラスト顆粒（好オスミウム性顆粒）に含まれるため，プラスト顆粒は逆に増加していた．これらの現象はいずれも自然界で葉が老化する際に葉緑体で起こる現象である．

他方，葉の白斑あるいは褐色斑部分にあるミトコンドリアでは，内部の膜系が異常になっており，呼吸や酸化的リン酸化に関与する酵素の活性が著しく低下していた．一方，PANはミトコンドリアに対しては軽微な損傷しか与えない．

(2) パーオキシアセチルナイトレイト（PAN）

1950年頃，ロサンゼルスで農作物に，オゾンによる葉の表面に斑点を生じる被害とは異なって，葉の裏面が銀白色化や青銅色化する被害が発生した．

表9·7 PANに対する各種植物の感受性(松中,1975より改表)

感受性 大(耐性 小)
カラシナ,ダリア,トマト,ハコベ,ピントビーン,フダンソウ,ブルーグラス,ペチュニア(白花系),ホウレンソウ,マカラスムギ,レタス

感受性 中
アルファルファ,インゲンマメ,オオムギ,ギシギシ,コムギ,サラダナ,ゼニアオイ,タバコ,テーブルビート,テンサイ,ニンジン,レタス

感受性 小(耐性 大)
アザレヤ,キュウリ,タマネギ,トウモロコシ,トマト,ナス,ハツカダイコン,ピーマン,ブロッコリ,ベゴニア,ホウセンカ,モロコシ,ワタ

ステフェンズ(1961)らは,その原因物質がPANであることを明らかにした.

　PANに対しても各種の植物はそれぞれ異なった感受性を示す(表9·7).被害の一般的な症状は,0.05 ppmのPANでは翌日に葉の裏面が光沢化し,日時が経過すると裏面が銀白色または青銅色を呈した(表9·2参照).一方,高濃度のPANに接すると,翌朝にはすでに葉の表裏面とも脱水による萎れがみられ,数日後にはその部分が壊死してくる.

　PANによる被害は,ペチュニア(品種ホワイトサイン),ホウレンソウ,インゲン,レタスなどでは生長中の若い葉に集中し,成熟葉には見られない.裏面が光沢化した被害葉の切片を顕微鏡で観察すると,海綿状組織が崩壊しており,オゾンによる柵状組織の崩壊と比較して明らかに異なっている.PANは,オゾンと同様リン脂質などの分解をひき起こす.

9·2·5 浮遊粒子状物質(SPM)

　1970年代から,大気汚染の主役は自動車の排ガスに変わり,幹線道路近くに住む住民の健康被害が増加の一途をたどった.1988年に兵庫県尼崎市では,阪神高速道路・国道43号線沿道の住民が国と阪神高速道路公団に対して「尼崎公害訴訟」を起こした.2000年2月,神戸地裁は車の排ガスと健康被害との因果関係を認め,国などに損害賠償を命じ,一定基準を超える大気汚染物質について排出差し止めを命じた.

自動車のうち大型トラックなどディーゼル車は，燃費がガソリン車に比べて割安なため，自動車台数の2割以上にまで増加してきた．ディーゼル車の排ガスには，窒素酸化物（NO_x）などに加えて多くの浮遊粒子状物質（SPM；Suspended Partikulate Matter）が含まれており，その発がん性が注目されている．環境省は1989年度からその排出を規制しているが，その排出量が各地で環境基準を超えている．浮遊粒子状物質のうち，とくに直径$2.5\mu m$以下の超微粒子（PM 2.5）はディーゼルエンジン内の不完全燃焼などが原因で発生するといわれており，大気汚染の主犯として注目されている．

超微粒子は目が細かいため，人が呼吸すると肺の奥にまで入り込み，そこにたまりやすい．しかも，超微粒子は肺組織を破壊し，ぜんそくをひき起こす原因物質であることがわかった．ぜんそく発作をひき起こす力は，窒素酸化物より強いとされている．最近の調査では，幹線道路から50 m以内に住む人々はぜんそくの発症率が高く，幹線道路より遠くなるほど発症率が低くなっていくことが明らかにされた．

近年，花粉症がとくに急増している．しかし，スギ花粉などは昔から春になれば飛散していた．そのため花粉症の急増と大気汚染との関係が注目され，疫学調査が行われた．その結果，東京に住む学童のスギ花粉に対するアレルギー反応が，大気汚染地区では大きく増加していることがわかった．1980年代に東京大学医学部で，ディーゼル車の微粒子をスギ花粉に加えてマウスに与えると，アレルギー反応を起こす抗体がスギ花粉のみの場合より増えていることが示された．その後の多くの研究でも，ディーゼル車の微粒子がぜんそくや花粉症などのアレルギー症状を増加させていることが示された．

環境省は2001年，「自動車窒素酸化物・粒子状物質削減法（NO_x・PM法）」を制定し，浮遊粒子状物質を多く排出する古い型のディーゼル車を規制しはじめた．最近では，ディーゼル微粒子を除去するフィルターも開発されており，汚染物質の排出を少なくしたディーゼル車の製造も進んでいる．

9・2・6　揮発性有機化合物（VOC）

蒸発しやすく大気中で気体状となる有機化合物は揮発性有機化合物（Volatile Organic Compounds）と呼ばれ，自動車などからの窒素酸化物と反応して光化学オキシダントや，VOC の反応物質が凝縮することによって浮遊粒子状物質を生成するなど，大気汚染の主要原因物質として注目を集めている．またホルムアルデヒドなど一部の VOC は臭気や有害性をもっており，いわゆるシックハウス症候群の原因ともなっている．

　ベンゼンは基礎的な化学原料として多方面で使われているが，自動車のガソリンにも数％が含まれていて，2002 年にわが国で環境中に排出された約1万9000 t のベンゼンのうち，その大半が自動車やオートバイの排ガスに由来するものであった．疫学調査から，ベンゼンは人に白血病を引き起こすと考えられており，また動物実験では染色体異常が観察され，慢性毒性として造血器に障害を起こすことも報告されている．

　有機塩素系溶剤のトリクロロエチレンやテトラクロロエチレンは，おもに金属の洗浄やドライクリーニングの溶剤として使われてきたが，現在は代替フロンの原料として使われることが多い．ほとんどが事業所や工場から大気中に排出され，また常温で揮発性が高いためそのほとんどは大気中に滞留すると考えられている．いずれも低濃度で頭痛やめまいなど神経系への影響，高濃度で肝臓や腎臓への障害が認められている（**6・3・5 項も参照**）．

　有機塩素系溶剤のジクロロメタンは，金属部品の加工で用いた油の除去や塗装の剝離剤などとして使われている．わが国では 2003 年には約 2 万 7000 t が環境中に排出され，3 番目に排出量の多い物質である．高濃度のジクロロメタンを扱う作業などでは，吐き気，だるさ，めまい，手足のしびれなどの神経症状が報告されており，長期間の吸入では幻覚やてんかん発作なども発生している．ただし，発がん性については動物の種により違いが大きく，人の発がん性リスクを評価するのは困難な状況である．

　ベンゼン，トリクロロエチレン，テトラクロロエチレンについては 1997 年に，ジクロロメタンについては 2001 年に大気中の環境基準が設定された．また 2004 年には大気汚染防止法が改正され，VOC について，自動車などの移動発生源に加えて，塗装や印刷，クリーニングなどの固定発生源（工場や事

業場）からの排出についても規制されるようになり，排出口に脱臭・除去装置を設置することや管理の徹底などの対策・取り組みが始まっている．

9・2・7 アスベスト（石綿）

昔から，アスベスト鉱山労働者などに石綿肺や肺がんが多く発生することはよく知られていた．最近，アスベストが悪性中皮腫（腹膜や胸膜にできる悪性のがん）を起こすことがわかって，アスベストによる大気汚染がとくに注目されるようになった．

アスベストは蛇紋岩や角閃石から得られる繊維状鉱物であるが，主成分はケイ酸マグネシウム塩である．鉱物の組成により，白石綿，青石綿，茶石綿などの種類がある．燃えないので，石油ストーブの芯，屋根のスレート，造船，ビルや学校の壁板や天井などの建築材，自動車のブレーキなどに使用されてきた．現在は製造・使用が禁止されている．

アスベストは太さ $0.1\mu m$ ほどの超微細な繊維として空気中を浮遊する．アスベストの微細繊維を吸入した肺の組織を電子顕微鏡で見ると，串団子状の石綿小体が多数見つかる．石綿小体は，肺の中に入ったアスベスト繊維を破壊しようとして，タンパク質がまとわりついたものである．

石綿肺は，アスベスト粉塵を長期にわたって吸入すると発生する．その粉塵が肺繊維症（結合組織が増殖して，肺胞を収縮・繊維化させる）を起こし，呼吸困難となる．アスベストによる肺がんは，10年以上の潜伏期の後に発生する．アスベスト工場の従業員が肺がんに罹患する率は一般人の5～7倍も高く，それに喫煙が加わると50倍も高くなる．

悪性中皮腫は，ビルの工事や造船所の断熱工事でアスベストに直接接触した作業員に多く発生している．アメリカでは第二次大戦後，建築や造船のブームが起こり大量のアスベストが使用された．その後，潜伏期を経た1970年代に入って，悪性中皮腫が激増しはじめた．日本では，以前にアスベストを扱っていた工場周辺の住民に中皮腫が多発する例が増加している．兵庫県尼崎市には，1957～1975年に毒性の強い青石綿を扱っていた工場があった．その工場を中心にして半径1kmの円内では，2002年からの3年間に50人

ほどの住民が中皮腫で亡くなっており，中心地域での死亡率は全国平均の11.7倍にも達していた．死亡者の多くは工場の南側に偏在しているが，その地域は1年のうち大半は北から南に向かう風（六甲おろし）が吹いているという．工場から飛散したアスベスト繊維が中皮腫発生の原因であると推測されている（車谷典男氏と熊谷信二氏の調査による．2005・11・24，2006・4・12朝日新聞より）．

日本では，1955年以降に学校や各種の建築物で耐火や防音の目的もあってアスベストを吹き付ける工事が盛んに行われてきたが，その有害性が認識されて，1975年(昭和50年)にアスベストを吹き付ける作業が禁止され，1976年には作業環境中のアスベスト繊維の数は空気1リットル当たり2本に抑えることとされた．世界保健機関(WHO)は，空気1リットル当たり1～10本であれば危険度は小さいとしている．しかし，蛇紋岩採石場やビル解体工事現場の大気は多数のアスベスト繊維によって汚染されている．1995年1月の阪神・淡路大震災で倒壊したビルの取り壊しの際には，環境基準の25倍ものアスベスト繊維が大気中に浮遊していたという．2005年の一般住宅地域の調査では，空気1リットル当たり大阪市平均で0.4本，東京都板橋区で0.7本であった．2006年には大気汚染防止法が改正され，解体などの作業に伴うアスベストの飛散防止に関する規制の対象が，建築物のみから工作物にまで拡大されている．

9・3 植物における障害と防御の生化学

大気汚染物質による植物の一般的な障害発現の過程は，汚染物質の吸収，標的物質との反応，酵素の失活，生体膜や細胞小器官の損傷，光合成の低下，細胞や組織の壊死，落葉や枯死などである．この経過の中で，植物は気孔の閉鎖による汚染物質の吸収停止や，有害物質の解毒などの防御反応を行っており，この防御反応が大気汚染物質に対する植物の耐性に関連している．

9・3・1 気孔による汚染物質の吸収

大気汚染物質による植物の急性障害の程度は，植物の種類や汚染物質の種

類に加えて，気孔を通る汚染物質の吸収速度や吸収量にも依存している．気孔による汚染物質の吸収速度は，

$$J_{gas} = (C_{air} - C_{leaf}) / (r_{air} + r_{stom})$$

によって表され，J_{gas} はガスの吸収速度，C_{air} と C_{leaf} はそれぞれ大気と葉内のガス濃度，r_{air} と r_{stom} はそれぞれ葉面と気孔でのガス拡散抵抗である．SO_2，NO_2，O_3 はいずれも水に溶け，植物体内で速やかに代謝される．そのため C_{leaf} はほとんど 0 で，吸収速度は大気中のガス濃度に比例することになる．NO や CO は水に溶解せず，植物体内で代謝されないため，ほとんど吸収されない．

　大気汚染物質の吸収を抑えるためには葉の気孔を閉じることが重要である．そのため，乾燥，暗所，内生アブシジン酸の増加など気孔が閉じる条件下では，大気汚染物質の吸収が低下して，障害を受けにくくなる．また，環境の変化に敏感で，気孔を素早く閉じる植物は一般に大気汚染に対して耐性が大きい．気孔は高濃度の SO_2，NO_2，O_3 によって閉じるが，これは汚染物質によって光合成活性が低下し，葉組織内に CO_2 濃度が増加し，それに孔辺細胞が反応するためである．SO_2 には気孔を閉鎖させる直接的な作用もある．これらの反応は大気汚染に対する防御機構として役立っている．

9・3・2　二酸化硫黄の代謝

　植物に吸収された SO_2 は，水に溶けて亜硫酸イオン（SO_3^{2-}）や亜硫酸水素イオン（HSO_3^-）になる．SO_3^{2-} は炭酸固定系酵素であるリブロース 1,5-ビスリン酸カルボキシラーゼや電子伝達系酵素を阻害して光合成を低下させる．葉緑体内では光によって活性酸素のスーパーオキシドアニオン（$\cdot O_2^-$）が生じており，これが SO_3^{2-} と反応すると連鎖的に $\cdot O_2^-$ を生じ，さらにヒドロキシラジカル（$\cdot OH$）や過酸化水素（H_2O_2）を生成し，同時に SO_3^{2-} は硫酸イオン（SO_4^{2-}）に酸化される（図 9・3）．$\cdot OH$ や H_2O_2 は反応性に富むので，クロロフィルの分解や，膜脂質の過酸化，酵素の失活などをひき起こす．そのため SO_2 による障害は，光が照射されているときのほうが大きく，葉の障害

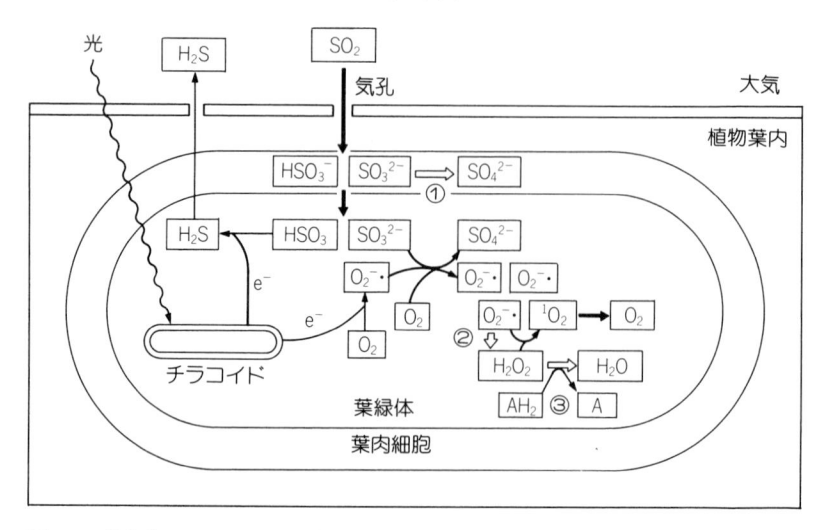

図9・3 植物葉における SO_2 代謝課程での有害物質生成と解毒反応(近藤, 1993 より)
①:亜硫酸酸化酵素, ②:スーパーオキシドジスムターゼ, ③:アスコルビン酸ペルオキシダーゼ.

部位には損傷された葉緑体が見られる.

有害な SO_3^{2-}(あるいは HSO_3^-)は代謝されて無害な SO_4^{2-} になる. この代謝経路は SO_3^{2-} を減少させる解毒反応といえる. 次に SO_4^{2-} は含硫アミノ酸のシステインに代謝され,タンパク質などの合成に利用される. また, 一部の SO_4^{2-} は液胞に蓄積されたり, H_2S となって大気中に放出される. これらの代謝経路は SO_3^{2-} の解毒反応として働いており, H_2S 放出の多い植物ほど SO_2 に対する耐性が高いことが知られている.

9・3・3 オゾンの代謝

光化学オキシダントの成分であるオゾンが植物に吸収されると,細胞内では大部分が溶存ガスの状態で存在する. オゾンは強い酸化力をもっているので, 酵素を失活させたり, 還元物質のアスコルビン酸やグルタチオンなどを酸化したりする. オゾンがこれらの還元物質を酸化する際には, オゾン自身は還元され無毒化されるので, アスコルビン酸やグルタチオンの含有量が多い植物ほどオゾンに対する耐性が大きいといえる.

オゾンによって光合成も著しく阻害される．オゾンは，まず葉緑体膜の糖脂質から脂肪酸を遊離させる．この反応で葉緑体の構造が損傷され，光合成が阻害される．一方，遊離した脂肪酸は光合成の電子伝達反応などを抑制するため，植物にとって有害である．

9・3・4　遺伝子操作による耐性植物の作成

大気汚染物質の SO_2 やオゾンを吸収した植物では，$\cdot O_2^-$ などの活性酸素が増加している．これらの活性酸素は光合成を抑制したりして，植物に対して有害に作用している．

他方，植物は有害物質が体内に入ってくると，それを無毒化する酵素系を誘導する性質がある．例えば，ポプラ，オオムギ，エンドウは SO_2 を吸収すれば，細胞内にスーパーオキシドジスムターゼ（SOD）の活性が高まる．またホウレンソウを低濃度のオゾンで処理すると，グルタチオンレダクターゼ（GR）やアスコルビン酸ペルオキシダーゼ（AP）の活性が高まる．これは SO_2 やオゾンを吸収した植物体内で活性酸素が生成し，その無毒化に SOD あるいは GR や AP が働いていることを示している．そのため GR の活性が低いタバコ（Be1W3 種）はオゾンに対して耐性が低い．

これらの解毒酵素の遺伝子を遺伝子操作によって植物に導入できれば，大気汚染物質に対して耐性が高くなった植物をつくることができる．例えば，大腸菌のグルタチオンレダクターゼの遺伝子を分離し，それをタバコの細胞に導入してみると，その遺伝子をもつタバコは，対照植物に比べて，SO_2 に対して高い耐性を示した．

9・4　大気汚染の防止

現在，都市での大気汚染の主な原因は自動車が排出する窒素酸化物と浮遊粒子状物質である．これに対する対策は，ディーゼル車を窒素酸化物の排出が3分の1であるガソリン車に切り替えることや，ガソリン車を電気自動車，天然ガス自動車，メタノール自動車，ハイブリッド自動車など低公害車に切替えることなどである．とくに電気自動車は実用化にむけて活発な開発が進

められており，次世代低公害車として燃料電池自動車やDME(ジメチルエーテル) 自動車の研究・開発が進められている．また低公害車を普及させるために，環境省，経済産業省，国土交通省の3省は2001年に「低公害車開発普及アクションプラン」を策定して低公害車の普及を目指している．2005年9月末現在の低公害車（軽自動車を除く）の普及台数は約1092万台である．

　最近，都市の交差点など車の交通量の多い地域で，窒素酸化物（NO_x）を除去するシステムの開発が試みられている．交差点などの汚染した空気を地下に送り込み，地上の土層(厚さ40〜80 cm)に向けて吹き上げると，NO_xは土に吸着され，微生物によって分解されたり，硝酸イオンに変えられる．この土に植物を植えれば，硝酸イオンが養分として植物に吸収される．この実験では，空気中のNO_2は97〜100％，NOは60〜85％も除去されるという．

10　酸　性　雨

　近年，世界各国で酸性雨が降るようになった．酸性雨とは，酸性の大気汚染物質を吸収してpHが低下した雨である．この酸性雨によって，多くの国で森林が枯れ，農作物が被害を受け，湖沼の水が酸性化して生物が死滅したりしている．さらに大理石や青銅でできた歴史的な建造物も浸食されている．日本でも，全国各地で日常的に酸性雨が降っている．大気汚染物質は上空の気流に乗って広範囲に移動するため，汚染物質を排出していない国や地域でも酸性雨が降ることが多い．酸性雨は，世界のそれぞれの国や地域で酸性の大気汚染物質の排出を抑えなければ防ぐことはできない．東アジア地域では，国際協力や調査研究を進めるための東アジア酸性雨モニタリングネットワークが発足し，2001年から本格的に稼働を開始した．

10・1　酸性雨とは

　1950年代に，スカンジナビア半島でpH 3.5の雨が降った．その後，同様な酸性の雨が世界各国でも観測されたため，「酸性雨」としてにわかに注目されるようになった．通常，雨水は大気中の二酸化炭素を吸収してpH 5.6程度の弱酸性になっている．酸性雨とは，工場などから排出された硫黄酸化物や窒素酸化物などが大気中で酸化され，生じた硫酸，硝酸などの酸性物質が雨滴に吸収されて，pH 5.6以下になった酸性の雨をいう．

　本来，大気中での酸性物質の降下には乾性沈着と湿性沈着とがある．前者

は，二酸化硫黄や二酸化窒素などのガス状物質や，硫酸などを含むエアロゾル(煙霧体)，粒子状物質などが地表へ直接降下して沈着することをいう．後者は，それらの酸性物質を大気中で吸収した雨，雪，霧が降下することをいう．

10・2 酸性雨の原因

スウェーデンの土壌学者オデーン(1968)は，1950年頃から大気中で硫黄化合物の降下量が増加しており，同時に雨水のpHが低下していることを明らかにした(図10・1)．その後，酸性雨はスカンジナビア半島やヨーロッパ諸

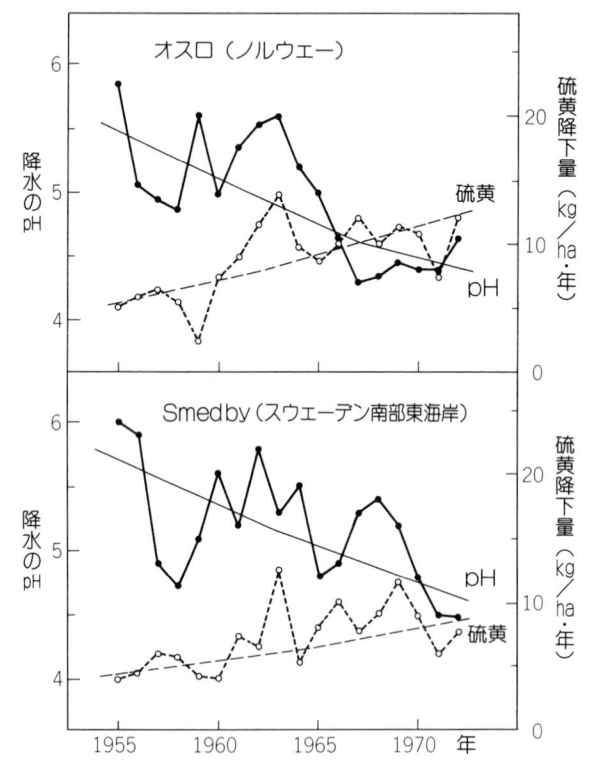

図10・1 スカンジナビアにおける降水のpHと硫黄降下量の経年変化(オーデン，1976；金野，1986より改写)

国でしばしば観測されるようになった（図10・2）．その原因を調べてみると，イギリスやドイツなどの火力発電所や工場地帯から吐き出される多量の排煙が風に乗って移動し，スカンジナビア半島やヨーロッパ諸国に運ばれて，大気汚染物質あるいは酸性雨として降り注いでいることがわかった（図10・3）．そのためスウェーデンやノルウェーでは多数の湖沼が酸性化して魚類が死滅したり，ヨーロッパ各地の森林が壊滅的な被害を受けた．このように酸性雨は，原因となる酸性物質を放出した場所から遠く離れた地域にも大きな被害をもたらしている．

アメリカ北東部やカナダ東部でも酸性雨はしばしば観測されている（図10・2）．1986年頃の調査で，カナダでは酸性雨によって多数の湖で生物が死滅していることがわかった．しかも被害を受けている湖のほとんどが，アメリカとカナダ両国にまたがる五大湖沿岸の工業地帯から近い地域に集中していた．もちろん森林の被害も甚大であった．

日本では，1960年代後半から四日市で硫酸を含む雨が降ったり，1971年頃には関東地方や近畿地方で小雨の降った後に，アサガオなどの花弁が脱色される現象が観察されていた．その後，全国各地で酸性雨が観測されるようになり，最近でも日常的にpH 4～5の酸性雨が降っていることが明らかになった（図10・4）．

わが国では，当初は石油コンビナートや火力発電所から排出される硫黄酸化物に起因する酸性雨が多かった．しかし最近では，硫黄の少ない重油の使用や，排煙から硫黄化合物を除く脱硫装置が使用されているため，自動車から排出される窒素酸化物による酸性雨が多くなってきた．事実，大気中の二酸化硫黄は，1967年(昭和42年)頃の年平均値0.059 ppmをピークに減少しはじめ，1987年には0.010 ppm，2003年には0.004 ppmにまで低下している．一方，二酸化窒素は0.02～0.03 ppmの状態が続いている．

島根県の松江市では，大気汚染源になるような大工場がないのに，pH 3の酸性雨がしばしば観測されている．中国や韓国から亜硫酸ガスが偏西風によって運ばれ，それが酸性雨となって降っているらしい．毎年春先には，中

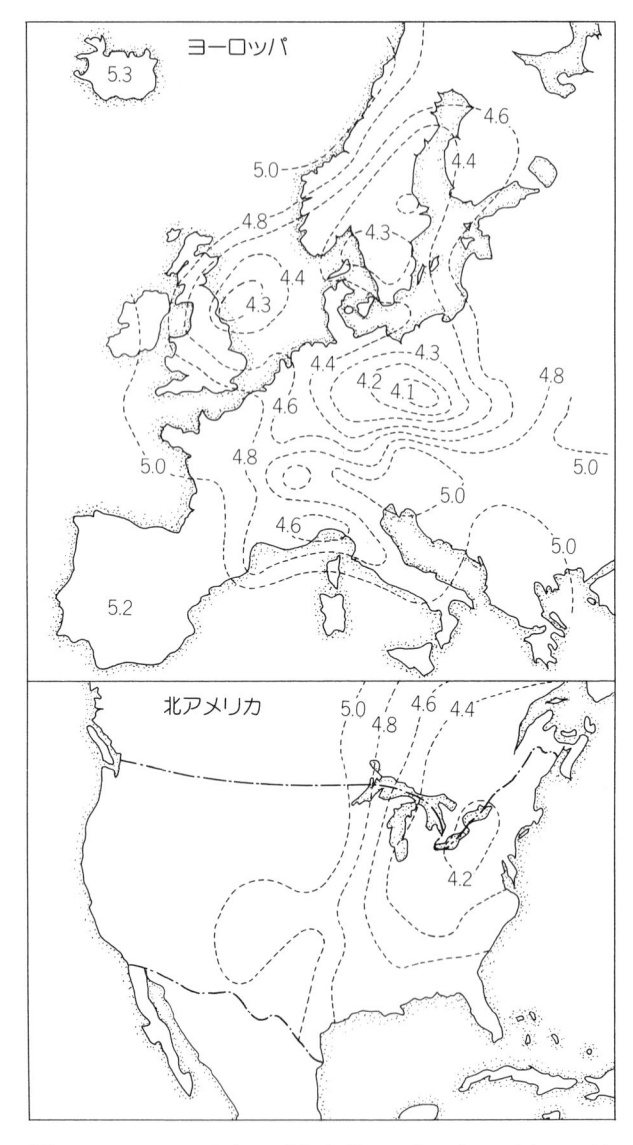

図10・2 ヨーロッパ（1988年）と北アメリカ（1985年）における酸性雨の降雨状況（「平成3年版 環境白書」より改写）

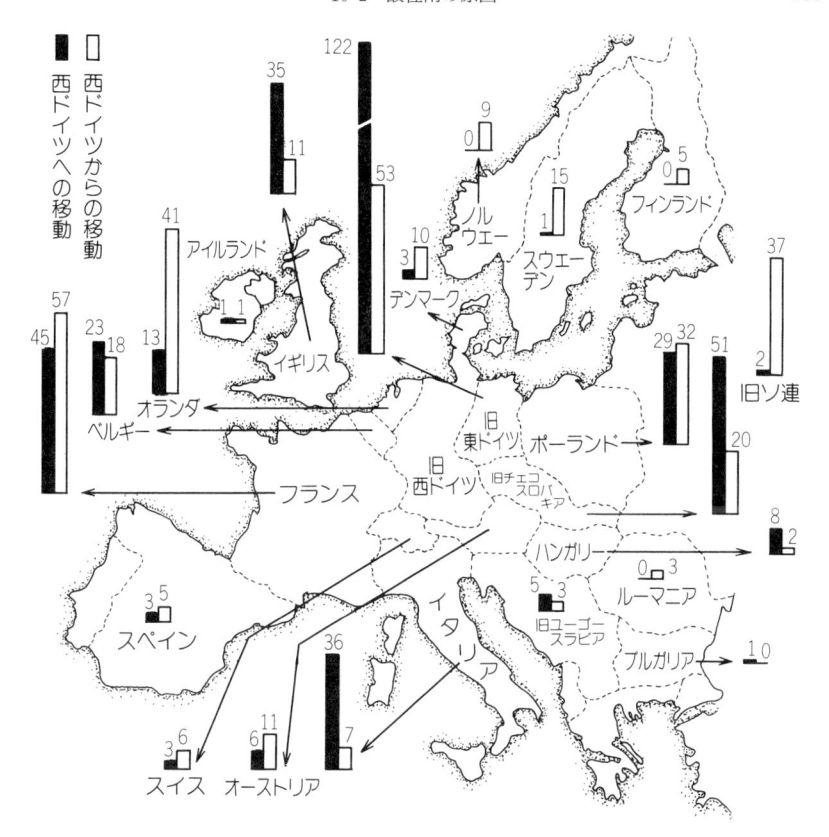

図 10·3 西ドイツと各国との二酸化硫黄の越境収支（1984年）（「昭和63年版 環境白書」；増田，1990より改写）
棒グラフの長さ（数値）は硫黄の量（単位 1000 t）を示す．

国から黄砂が偏西風に乗って運ばれてくるが，黄砂がやってくるたびに酸性雨が記録されている．

　中国は工業用燃料に硫黄分の多い石炭を使用しており，大気中への硫酸化物の排出量は年間約2150万トン（2003年データ）にも達しており，日本の25倍にもなる．中国でも酸性雨による森林の被害が深刻な状態になっていて，重慶では1988年に，1800 ha のモミ林の枯死率が46％にも及んだという．2001年の重慶での年平均値はpH 4.18であった．

166   10 酸性雨

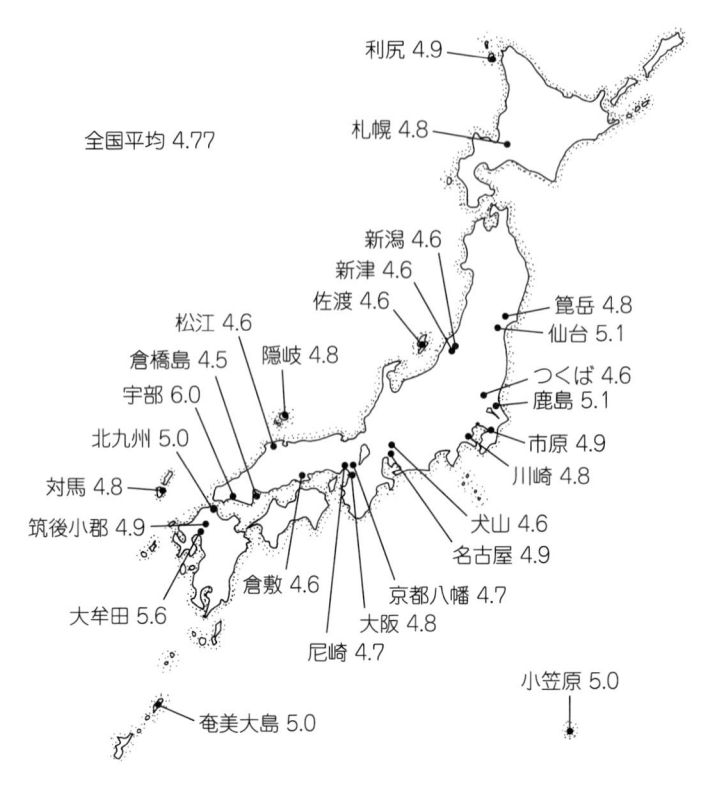

利尻 4.9
札幌 4.8
全国平均 4.77
新潟 4.6
新津 4.6
佐渡 4.6
箟岳 4.8
仙台 5.1
松江 4.6
倉橋島 4.5
隠岐 4.8
つくば 4.6
鹿島 5.1
宇部 6.0
市原 4.9
北九州 5.0
川崎 4.8
対馬 4.8
筑後小郡 4.9
犬山 4.6
名古屋 4.9
倉敷 4.6
京都八幡 4.7
大牟田 5.6
大阪 4.8
尼崎 4.7
小笠原 5.0
奄美大島 5.0

図 10・4 日本における酸性雨の降雨状況(2003 年. 未測定等は 2002 年)(「平成 17 年版 環境白書」より改写)

10・3 酸性雨による影響

10・3・1 湖沼への影響

度重なる酸性雨のため，スウェーデンでは中規模以上の湖沼 8 万 5000 のうち，1 万 5000 で酸性化が進み，4000 もの湖沼で魚類にかなりの被害がでた．ノルウェー南部でも約 5000 の湖沼のうち 1750 で魚が死滅してしまった．カナダでも，約 1 万 4000 が"死の湖"となり，約 4 万の湖が死の危機に瀕している．日本では，酸性雨が降っているにもかかわらず，現在のところ湖沼の被害は報告されていない．

ノルウェーでの調査では，硫黄化合物の降下量が多い地域は，まず湖水の硫酸イオンの濃度が高まり，湖水の pH が低下することがわかった．湖水が pH 6 以下になると，アルミニウムや重金属イオンが湖底から溶け出して，その濃度が急激に高まる．生物への影響は湖水の pH が 5 以下になると出はじめるという．まず魚の減少が目立ってくる．水生植物では耐酸性の種類のみが生き残るようになる．藻類では緑藻類が早期に減少しはじめる．次に動物プランクトンが減少する．一般にミジンコ類は輪虫類に比べて湖水の酸性化に弱い．動物プランクトンや底生無脊椎動物が減少すると，魚類は餌がなくなって生存できなくなる．pH 4.5 以下では，魚の卵も孵化しなくなり，成魚はえらが侵されて生きられなくなる．

10・3・2 森林への影響

1985 年，酸性雨によってオランダでは森林全体の 55 ％，旧西ドイツでは 54 ％，スイスでは 50 ％ に被害が出ている．1988 年には被害域がさらに広がった（図 10・5）．旧チェコスロバキアと旧東ドイツ国境のエルツゲビルゲ山脈には，白骨をさらしたようなカラマツが一面に続いて，40 万 ha の森林が壊滅的な被害にあっている．カナダでの森林被害は 120 万〜150 万 km^2（日本の国土面積の数倍）に及んでいる．日本では，降水量が多いことや，土壌に酸を中和する塩類が多いためか，大きな森林被害は報告されていなかった．しかし，1985 年に酸性雨など酸性降下物が原因と考えられるスギ枯れが関東地方に広がり，酸性降下物が多量に降った地域と被害地域がほぼ重なっていることが明らかになった（図 10・6）．

森林への影響は複雑である．まず酸性雨による樹木への直接的な急性被害に加えて，土壌の酸性化による間接的で長期的な慢性被害が考えられる．また，降雨のないときには，二酸化硫黄などの乾性降下物が樹木の葉や枝に沈着している．そのため降雨の際には，樹冠を透過した雨や樹幹に沿って流れる雨水は沈着した乾性降下物を吸収している．このように乾性降下物も樹木に影響を与え，土壌を酸性化させている．

酸性雨に対する樹木の感受性は樹種によって異なっている．ヨーロッパや

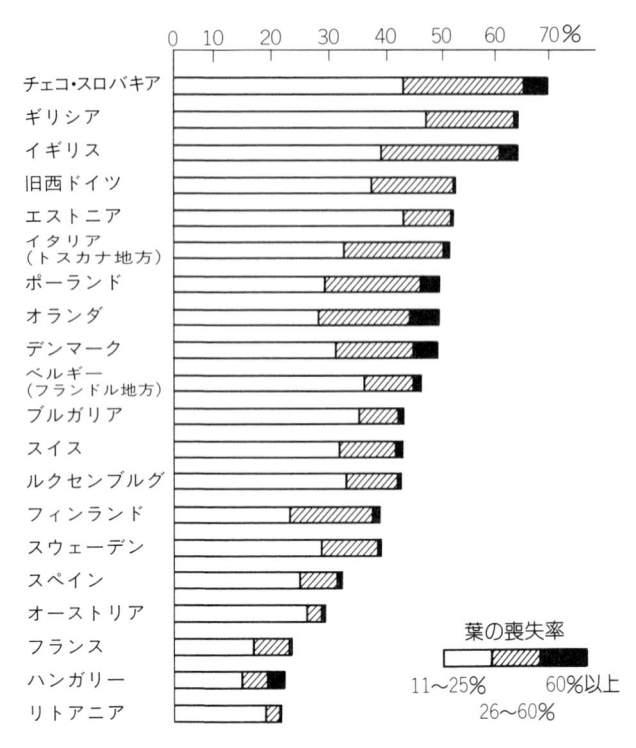

図10·5 ヨーロッパの森林における酸性雨や大気汚染による被害状況（1988年）（「平成3年版 環境白書」より）

　カナダの例を見ると，トウヒ属，モミ属，カラマツなどの針葉樹のほうが広葉樹よりも酸性雨に弱いことがわかる．この点，日本では戦後の経済林優先策によって針葉樹中心の大造林をして，全森林面積2500万haのうち1000万haをスギやヒノキの人工林にしている．そのため，将来酸性雨による壊滅的な打撃を受ける可能性もある．

　針葉樹も広葉樹も，酸性雨による被害の症状は，樹冠や枝の先端から葉の黄化，落葉，枯死が起こり，しだいに根に向かって樹木全体が枯れていくのが特徴である．酸性雨は，直接的には葉の気孔の孔辺細胞を侵して，酸素や二酸化炭素の出入りを妨げるらしい．広葉樹の多くは毎年落葉して翌年新し

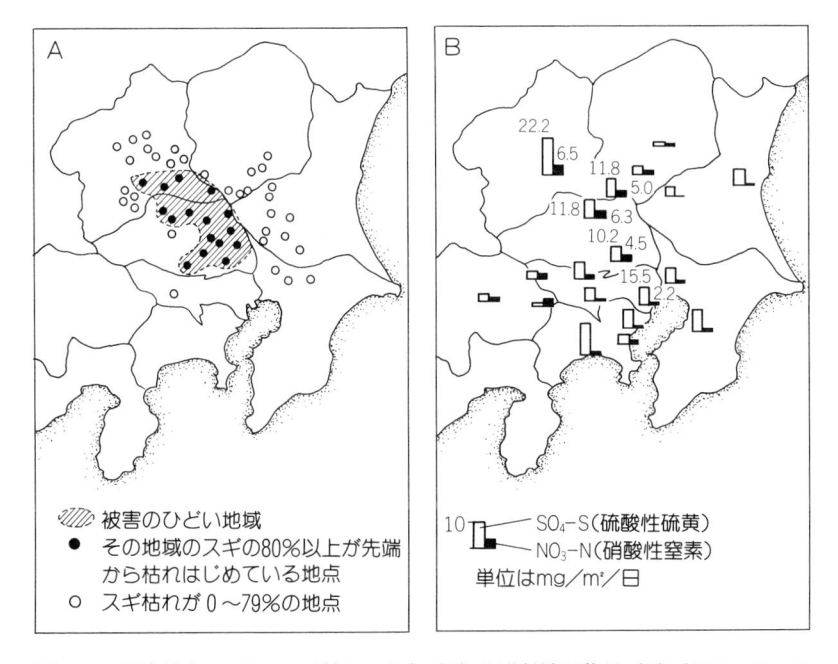

図 10·6 関東地方におけるスギ枯れの分布 (A) と酸性降下物量 (B) (1985・10・28 朝日新聞より改写)

い葉を出すが, 針葉樹の大半は落葉せずに被害を受けた葉や孔辺細胞が残るため, 針葉樹のほうが被害が大きく出ると考えられている.

10·3·3 土壌と地下水への影響

酸性雨は土壌を酸性化し, それによって樹木の生育を阻害する. 土壌のpH が 5 以下になると, 土壌中のカルシウムやマグネシウムが中和に使われる. 生じたカルシウムやマグネシウムの硫酸塩などは雨水によって流失しやすいため, 土壌中のカルシウムやマグネシウムが不足してしまう. そのため樹木の生育が阻害される.

長期間酸性雨が降り続くと, カルシウムなどによる中和が間に合わなくなって, 土壌がますます酸性化する. 土壌の pH が 4.2 以下になると, 酸化物あるいはケイ酸塩として存在していたアルミニウム, 水銀, カドミウム,

鉛などの金属が遊離して溶け出し，毒性を発揮するようになる．とくにアルミニウムは根の先端で細胞分裂を妨げて，根を損傷する．それによって樹木は養分の吸収が阻害されて，衰弱してしまう．

土壌の酸性化は，さらに有用な微生物を殺してその種類を減少させる．そのため有機物の分解，硝化作用，脱窒作用，窒素固定などが阻害される．またミミズや他の土壌小動物も激減してしまう．

酸性雨は，地下深く浸透して地下水をも酸性化する．1970年代中頃に，スウェーデンの農村で女性が井戸水で髪を洗ったら，髪が緑色に染まった事件があった．これは酸性雨が地中にしみ込んで地下水を酸性化し，そこから取水していた水道水の銅管から銅イオンが溶けだしたため，洗髪したときに染まってしまったのである．

10・3・4 農作物への影響

1973年に，静岡県や山梨県でネギ，タバコ，キュウリなどが茶褐色になって枯れた．酸性雨が原因だと考えられている．その翌年にも関東地方で農作物が被害を受けている．

人工の酸性雨による実験では，pH 3以上の酸性雨では，大豆など多くの農作物で顕著な被害は見られないといわれている．pHが3以下の場合には，収量が減少するなどの被害が生じ，とくに根菜類は強く影響を受ける．果菜類のトマトでは，可視的な被害が出るため市場価値が低下してしまう．稲や小麦などでは，光合成速度が低下して収量の低下をひき起こすという．

10・4 酸性雨への対策

1984年，アメリカ政府技術評価局は「何らかの大気汚染防止措置がとられない限り，汚染地域の湖や河川は酸性化して死に絶えてしまう」と警告している．湖や河川ばかりでなく，地球全体の森林も危機にさらされている．酸性雨の原因となる二酸化硫黄や二酸化窒素などの排出規制を各国が協力して強化していく必要がある．ヨーロッパでは，長距離越境大気汚染条約に基づいて，窒素酸化物の削減に関するソフィア議定書や硫黄酸化物の削減に関す

るオスロ議定書などが採択されて，酸性雨への対策が強化された．

　日本では，1993 年から国立環境研究所や森林総合研究所が，日本全国の土壌がどの程度の強さの酸性雨やその降水量に耐えられるかを示す全国地図の作成を始めた．これによって，酸性雨の被害が起きやすい地域を明らかにし，被害の実態把握や未然の防止に役立てようとする計画である．このような調査と同時に，生態系への影響についても幅広い調査・研究が必要である．

　環境庁（現 環境省）は，1983 年から 2002 年までの 20 年間にわたって酸性雨対策調査を実施してきており，2004 年に総合とりまとめ報告書が公表された．その報告書によれば，1)降雨のモニタリングからは，全国的に欧米並みの酸性雨が観測されており，日本海側の地域では大陸に由来する汚染物質の流入が示唆された．2) 植生・土壌・陸水のモニタリングからは，現時点では酸性雨による植生の衰退などの生態系への被害や土壌の酸性化は認められなかったが，岐阜県伊自良湖への流入河川や周辺の土壌において pH の低下など酸性雨の影響が疑われる結果が観察された．3)今後も長期モニタリングや東アジア地域における国際協力などが必要である．

11 オゾン層を破壊するフロン

　1993年，札幌上空で成層圏のオゾンが例年より10％も減少していることがわかった．上空のオゾン観測を始めて以来の異常現象だという．北極や南極でも，オゾンの減少量が観測史上最大であった．以前から，エアコンや冷蔵庫などに使用されているフロンガスの放出によって，極地の成層圏でオゾン層が破壊されていると報じられていたが，日本の上空でもオゾン層の破壊が進んでいたのである．オゾン層は，太陽から地球に届く紫外線のうち波長200〜360 nmのものを吸収する働きがあり，生物に有害な紫外線が地表に到達するのを防いでいる．もしオゾン層が破壊されてしまうと，有害な紫外線が地上に降り注いで，皮膚がんや白内障などが増加するといわれている．フロンの生産や使用を規制して，オゾン層の破壊を防ぐことは世界的な課題である．

11・1　オゾン層とは

　地球上に生命が誕生したのはおよそ30億年前だという．やがて海に原始的な藻類が出現し，それらが光合成能を獲得して酸素を大気中に放出しはじめた．それ以後，20億年以上の年月をかけて地球の上空にたまった酸素はオゾン層を形成してきた．

　太陽から来る紫外線のうち波長240 nm以下のものが酸素分子O_2に照射されると，O_2は解離して酸素原子Oを生じる．このOがO_2と反応すればオ

ゾン O_3 となる．地表から 20〜50 km の大気中には比較的オゾン濃度の高い層が存在しており，これをオゾン層と呼んでいる．しかし，その量は1気圧の状態にすると，地表をわずか 3 mm の厚さで覆う程度だという．

11・2　フロンガスによるオゾン層の破壊

アメリカ・カリフォルニア大学のローランド（1974）は，エアコンや冷蔵庫などに使用されているフロンガスによって，成層圏のオゾン層が破壊されていると警告していた．フロンガスは大気中に放出されて，上空に達すると，紫外線の作用で分解されて反応性に富む塩素原子 Cl を放出し，この Cl がオゾンと反応して一酸化塩素 ClO と O_2 になる（図 11・1）．ClO は O と反応すれば Cl と O_2 になり，再び Cl を生じる．このように1個の塩素原子は1日に 1000 個以上のオゾン分子を破壊し，成層圏に留まる間に1万〜10万個ものオゾン分子を破壊する．そのため大気の上空にフロンガスが増えると，オゾン層が破壊されてしまう．

オゾン層の破壊は地上からの観測でも確認されていた．日本の南極観測隊員である忠鉢（1984）は，南極上空のオゾンが春季に著しく減少することを報告していた．イギリスのファーマン（1985）は，1957 年から 27 年間におよぶ南極上空のオゾン量の測定結果をもとに，オゾンの減少はすでに 1974 年頃から始まっており，その減少量が年々大きくなり，1984 年には 10 年前の

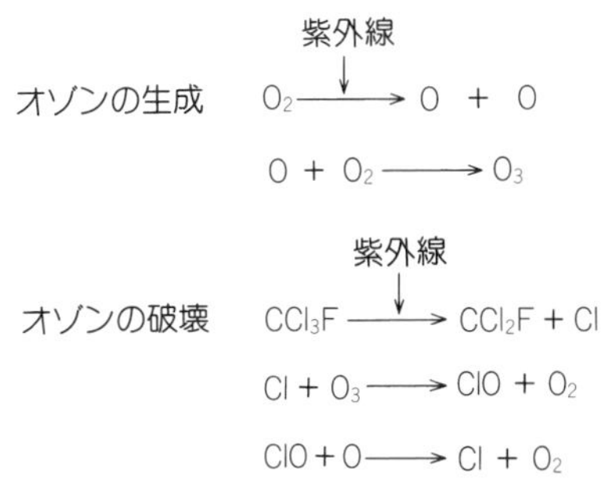

$$\text{オゾンの生成}\quad O_2 \xrightarrow{\text{紫外線}} O + O$$

$$O + O_2 \longrightarrow O_3$$

$$\text{オゾンの破壊}\quad CCl_3F \xrightarrow{\text{紫外線}} CCl_2F + Cl$$

$$Cl + O_3 \longrightarrow ClO + O_2$$

$$ClO + O \longrightarrow Cl + O_2$$

図 11・1　オゾンの生成とフロンによるオゾンの破壊

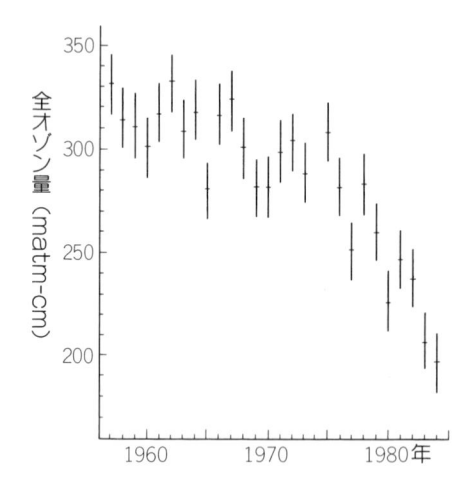

図11・2 南極ハレー湾における10月のオゾン量の経年変化(ファーマン,1985;三宅,1992より改写)
1 matm⁻cm は 0 ℃,1000分の1気圧において 1 cm の厚さになるオゾン量(ドブソン単位)を表す.

40 % も減少していることを明らかにした(図11・2).アメリカ航空宇宙局(NASA)のストラスキー(1986)は,気象観測衛星「ニンバス7号」のデータによって,南極上空に南極大陸より大きいオゾンの減少域,オゾンホールが存在することを報告した(図11・3).しかも上空でのフロンガス濃度の増加量や,フロンガスから生じる一酸化塩素の増加量が,オゾンの減少量と密接に関係していることも明らかになった(図11・4).

現在,フロンガスの使用量は減少したが,以前から放出されていたフロンガスが大気中に残っており,オゾン層の破壊は今後も続くものと推定されている.しかもフロンガスは分解しにくいため,フロンガスの影響がなくなって,地球のオゾン層が正常な状態に戻るのは50〜100年後になるという.

11・3 フロンガスとは

フロンガス(フロンまたはフルオロカーボン)とは,フロン11,12,113などで,メタンやエタンなど低級炭化水素の水素原子をフッ素などのハロゲン原子で置換した有機化合物の総称である(表11・1).そのうちフッ素と塩素を含むものはクロロフルオロカーボン(CFC)と呼ばれている.日本では,1966年からフルオロカーボンに対してフロンという名称を使用している.

11·3 フロンガスとは

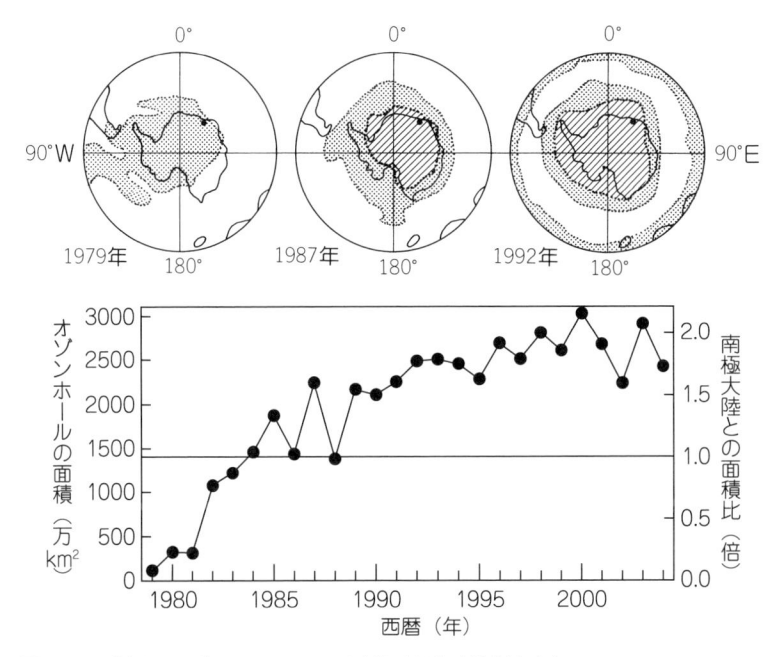

図 11·3 南極のオゾンホールとその面積（気象庁資料より）
地図中の緯度円は 60 S，● は南極昭和基地，▨：オゾン 200 matm⁻cm（図 11·2 に説明）以下，⦂：オゾン 200～300 matm⁻cm，○：オゾン 300 matm⁻cm 以上を示す．折れ線グラフはオゾン 220 matm⁻cm 以下の面積を示す．

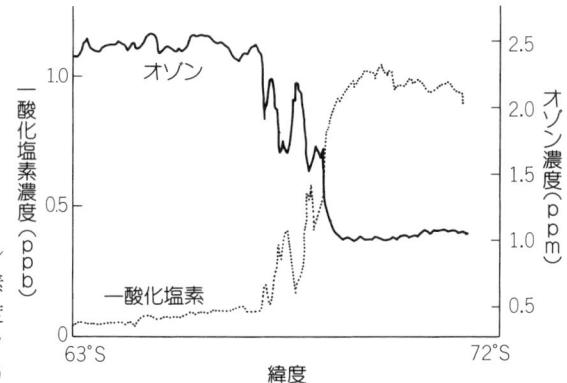

図 11·4 南極オゾンホール内における一酸化塩素 (ClO) およびオゾン濃度の同時観測（アンダーソン，1987；富永，1989 より）

表11・1 主なフロンと関連物質

種類・物質名		主な用途	寿命(年)	オゾン層破壊性	温暖化効果	先進国での生産削減スケジュール
特定フロン						
フロン11 (CFC 11)	CCl_3F	発泡剤・噴射剤	65〜75	大	大	I
フロン12 (CFC 12)	CCl_2F_2	発泡剤・冷媒用	110〜130	大	大	I
フロン113 (CFC 113)	CCl_2FCClF_2	洗浄剤	約90	大	大	I
フロン114 (CFC 114)	$CClF_2CClF_2$			大	大	I
フロン115 (CFC 115)	$CClF_2CF_3$			大	大	I
その他のフロン						
フロン13 (CFC 13)	$CClF_3$					II
フロン111 (CFC 111)	CCl_3CCl_2F					II
代替フロン						
フロン21 (HCFC 21)	$CHCl_2F$			小	大	III
フロン22 (HCFC 22)	$CHClF_2$	冷媒用	約20	小	大	III
フロン23 (HFC 23)	CHF_3					
フロン123 (HCFC 123)				小	大	III
フロン141b (HCFC 141b)				小	大	III
フロン134a (HFC 134a)				なし	大	IV
その他*						
ハロン1301 (halon 1301)	CF_3Br	消火剤		大		V
四塩化炭素	CCl_4	消火剤	40	大		VI
1,1,1-トリクロロエタン	CH_3CCl_3	洗浄剤	7	小	中	VII
臭化メチル	CH_3Br	冷媒用・燻蒸剤		大		VIII

各物質のグループごとに，生産量と消費量（＝生産量＋輸入量－輸出量）の削減が義務づけられている．基準量はモントリオール議定書に基づく．

I：1994年以降は1986年比の25％，1996年以降は全廃．
II：1994年以降は1989年比の25％，1996年以降は全廃．
III：1996年以降は基準比の100％，2004年以降は基準比の65％，2010年以降は基準比の35％，2015年以降は基準比の10％，2020年以降は全廃．
　　基準比＝HCFCの1989年消費量算定値＋CFCの1989年消費量算定値×0.03
IV：対象外．
V：1994年以降全廃．
VI：1995年以降は1989年比の15％，1996年以降は全廃．
VII：1994年以降は1989年比の50％，1996年以降は全廃．
VIII：1999年以降は1991年比の75％以下，2001年以降は50％以下，2003年以降は30％以下，2005年以降は全廃．ただし，検疫および出荷前処理に使用される臭化メチルは規制対象外．
　＊ HBFC（ハイドロブロモフルオロカーボン）とブロモクロロメタンについては，1996年の全廃期限のみ規定されている．

フロンは，化学的に安定で耐熱性があり，揮発しやすいのに燃えにくく，空気といかなる割合で混合しても引火・爆発しない．有機塩素系化合物では例外的に低毒性で，フッ素数が増すほど毒性は減少する．臭素を含むフロンは燃焼を防ぐ作用がある．

フロンは，1928 年にアメリカのゼネラル・モーターズ社で冷媒用に開発され，1931 年になってデュポン社から「フレオン」の商品名で発売された．化学的に安定であるため，冷蔵庫やエアコンなどの冷媒用，断熱用の発泡剤，スプレーの噴射剤，半導体など電子部品や精密機器の洗浄剤，衣類のドライクリーニングなどに幅広く使用されてきた．家庭用冷蔵庫や自動車のエアコンにはフロン 12 が，家庭用ルームエアコンにはフロン 22 が，スプレーにはフロン 11 とフロン 12 が，洗浄用にはフロン 113 が使われていた．フロン 11 とフロン 12 は全体の使用量の 80 % を占めており，とくにオゾンを破壊する力が強く，特定フロンといわれている．

家庭用冷蔵庫には，1 台につきフロンが冷媒用に約 200 g，断熱用の発泡剤に約 500 g が含まれていた．日本だけでも小型の冷蔵庫が年間 100 万台，業務用のエアコンが 83 万台も廃棄されており（2002 年の推計値），それらが破壊されると 6700 t ものフロンが大気中に放出されることになる．廃棄された自動車のエアコンからもフロンが放出され，スプレーが使用されるたびに，また捨てられた洗浄剤からも，フロンが放出される．そして上昇気流に乗って成層圏へ到達する．フロンガスは安定で分解されにくく，その寿命は 70 〜 120 年にも及ぶという．地球全体の大気に残っているフロンガスは 1500 万 t を超えていると推定されている．

11·4 オゾン層破壊による影響

太陽から照射される紫外線には，波長 320〜400 nm の UV-A，280〜320 nm の UV-B，280 nm 以下の UV-C が含まれている．このうち生物に対して有害な波長域は 242〜290 nm にあって，DNA に強く吸収されて遺伝子に突然変異を起こしたり，タンパク質に吸収されて，その立体構造を変えたりする．

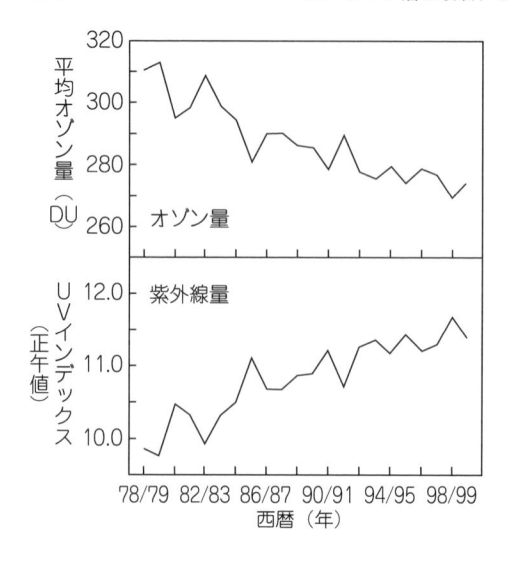

図11・5 ニュージーランドのローダーにおける夏期(12〜2月)のオゾン量と紫外線量の経年変化 (UNEP, 2003；環境省「平成16年度オゾン層等の監視結果に関する年次報告書」より改写)
UVインデックスは紫外線 (UV-B) 量の値の大きさを示したもの．

オゾン層は，太陽から地球に届く紫外線のうち，波長200〜360 nmのものを強く吸収するので，オゾン層が存在すれば生物に有害な紫外線が地表に到達しない．もしオゾン層が減少すると，有害な紫外線が地上に降り注いで，皮膚がんや白内障が増加し，免疫能が低下したりすることが予想される．

オゾンホールが拡大している南半球では，オゾン量の減少に伴って紫外線量が増加している（図11・5）．国連環境計画（UNEP）による1992年の環境影響評価パネル報告では，動物実験と人の疫学調査から成層圏オゾンが1％減少すると皮膚がんの発生が約2％増加するであろうと推定されている．また，最も厳しい規制通りにフロン排出対策が進んだとしても今後40〜50年は皮膚がんが増加していくこと（1998年の同パネル報告），さらに皮膚がんの新発生数がフィンランドの10万人当たり50人に対して，オーストラリアでは10万人当たり800人であり，オーストラリアや北米などで皮膚がんの発生率の高いこと（2002年の同パネル報告）などが示されている．

オーストラリアでは，とくに子どもたちに対して，長袖シャツや帽子の着用，日焼け止めクリームの塗布などの紫外線対策が徹底されている．

11・5 オゾン層破壊の防止対策

11・5・1 代替フロン

現在，クロロフルオロカーボンの塩素の一部あるいは全部を他の元素で置換した代替フロンが開発されている（表11・1参照）．これらの代替フロンは大気中に出ても，オゾン層に達する前に分解したり，オゾン破壊の原因である塩素を含んでいない．しかし，これらの代替フロンはオゾン破壊能は低いが，温室効果（第12章参照）が大きいという別の難点をもっている．

最近，洗浄用の代替フロンとして塩化メチレンが使用されている．塩化メチレンは生産量の規制もなく，価格も安いため，その使用量がしだいに増加している．国内の需要量は2004年には6万8000tに達している．しかし，塩化メチレンは発がん性が疑われており，吸入するとめまいや吐き気を起こすという．

11・5・2 フロンの生産や使用の禁止措置

1985年に，オゾン層破壊防止のための世界的な取り組みが始まり，フロンの生産や使用の削減に向けて「オゾン層の保護のためのウィーン条約」が締結された．1987年には，ウィーン条約に基づく規制措置の「オゾン層を破壊する物質に関するモントリオール議定書」が採択され，20世紀中にフロンの使用を半減させることが合意された．議定書はその後5度にわたって改正され，規制が強化されている．日本でも，1988年に「特定物質の規制等によるオゾン層の保護に関する法律（オゾン層保護法）」が公布されてフロンの規制が始まった．

一方，1989年頃には，フロンは全世界でまだ年間100万t近くも生産されており，日本の年間使用量も16万tに及んでいた．その後，オゾン層の破壊が予想以上に進行していることがわかり，1992年には，オゾン層破壊力の強いフロン11，フロン12，フロン113など特定フロンの生産を1995年末までに全廃することが決議された（表11・1参照）．

世界的な規制の強化によるためか，1993年には，南極，ハワイ，カナダの

極地圏の上空でフロン 11, フロン 12 などの増加率が減少していることが報告され，札幌上空や他の北半球の高緯度域でもオゾンの減少傾向が観察されている．しかし，南極上空にはその後も毎年広さ 2000 万 km² 以上のオゾンホールが出現している．

1995 年末には，先進国でのフロン生産は全廃されて，フロンの使用量も 75 % 近く減少したが，発展途上国では 2010 年以降の全廃予定であり，規制がまだ徹底していない．わが国では，ハロン，CFC，四塩化炭素，1,1,1-トリクロロエタン，HBFC，ブロモクロロメタン，臭化メチル（検疫用途などを除く）については 2004 年末までにその消費が全廃された．代替フロンである HCFC の消費も 2030 年までに全廃されることになっている．

2003 年の世界気象機関（WMO）の報告書によると，モントリオール議定書の規制（1999 年に北京で改正されたもの）に従えば，今世紀半ばまでにオゾン層はおおむね回復すると予測されている．

11・5・3 フロンの回収と処理

日本では，フロン使用量の 70 % ほどが工場での部品洗浄などに使われていたが，最近では部品の洗浄は水やフロン 113 含有量の少ない混合溶剤などに切り替えられてきた．

わが国では最近，冷媒用のフロン類の排出を抑制するために，法律によってその回収が義務づけられた．家庭用の冷蔵庫やエアコンは家電リサイクル法，業務用の冷凍空調機器はフロン回収・破壊法，自動車のカーエアコンはフロン回収・破壊法と自動車リサイクル法によって，それぞれ廃棄された各機器中のフロン類を回収して適切に処理することが定められている．

回収されたフロン類は，分解して無害化する必要がある．分解法としては燃焼・熱分解法，化学分解法，光分解法に分けられる．

燃焼・熱分解法には，フロンを一般廃棄物や産業廃棄物とともに円筒形の回転式燃焼炉（ロータリーキルン）などで焼却するロータリーキルン法，セメントや石灰の製造工程で混入させることによって熱分解するセメントキルン法，1200 °C 以上の水蒸気を利用して分解する高温水蒸気分解法，非常に高

温のプラズマを発生させてその熱で分解するプラズマ分解法などがある．わが国では燃焼・熱分解によるフロン類処理施設が最も多い．

化学分解法には，触媒を使ってフロンの分解反応の活性化エネルギーを低下させる触媒分解法がある．440 ℃以上に加熱した酸化チタン系やリン酸アルミニウム系などの固体触媒にフロンを接触させて分解するもので，現段階では供給・処理能力に限界があることもあり，小規模の施設に適している．

アルコール溶媒にフロンを溶解させると，紫外線によって常温常圧で効率的に分解することができるが，処理可能なフロンの種類が限られることもあり，処理設備はまだない．

12 二酸化炭素排出による地球の温暖化

　産業革命以後，化石燃料の使用による二酸化炭素の放出が増加しはじめ，それが今日まで増加しつづけている．また近年，熱帯林が広範囲に破壊され（第13章参照），植物による二酸化炭素の吸収が減少している．そのため大気中の二酸化炭素の濃度がしだいに高くなってきた．大気中の二酸化炭素が増加すると，それが地球から放出される赤外線のエネルギーを吸収して温室効果をもたらし，地球が温暖化する．もし気温が現在より1℃以上高くなると，極地や氷河の氷の一部が溶けて海面が上昇し，海抜の低い地域が水没してしまう．また，地球の温暖化は気象の変化をひき起こし，生物の分布や成長，農業生産，漁業などあらゆる事柄に深刻な影響を与えるであろう．

12・1　自然界における炭素の循環

　炭素は，大気中に二酸化炭素（CO_2）として約 7×10^{11} t 存在し，海水や陸水中に二酸化炭素や炭酸塩として約 3×10^{13} t，地中に各種の炭素化合物として約 2×10^{16} t 存在すると推定されている．

　自然界では，生物体を中心にして炭素化合物が循環している（図12・1）．大気中の二酸化炭素は，毎年約 2×10^{11} t（炭素に換算）が光合成によって植物や植物プランクトンに取り込まれて有機物に変えられている．植物の有機物は一部分被食によって動物体に移される．生物体に取り込まれた炭素の

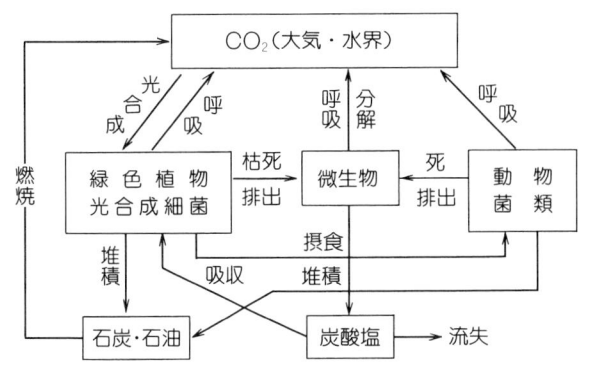

図12・1 自然界における炭素の循環（太田，1980より）

30〜50％は，呼吸によって二酸化炭素の形で再び大気中や水中に放出される．生物の排出物や遺骸に含まれる炭素化合物は，微生物によって分解されて，二酸化炭素の形で大気中や水中に戻される．

自然界をこのような大量の炭素が循環しても，大気中の二酸化炭素は0.03％でほぼ一定に保たれていた．これは植物が光合成によって取り込む二酸化炭素量と，動植物や微生物が排出する二酸化炭素量がほぼ同じくらいであり，しかも大気中の二酸化炭素量と海洋に溶けている二酸化炭素量の間に平衡関係が成立しているためと考えられている．

近年，人類は化石燃料である石油や石炭などを燃焼させて，大量の二酸化炭素を大気中に放出してきた．さらに熱帯林などを広範囲に破壊して，光合成によって吸収される二酸化炭素量を減少させている．これらの人為的な影響が自然界の炭素循環に加わり，大気中の二酸化炭素の濃度が変化しはじめた．

12・2 大気中の二酸化炭素の増加

南極の氷柱に含まれている気泡を分析した結果，大気中の二酸化炭素の濃度は，産業革命以前は約280 ppmでほぼ一定であったが，化石燃料の使用が増加するにともなって上昇していることがわかった（図12・2左上）．1957年

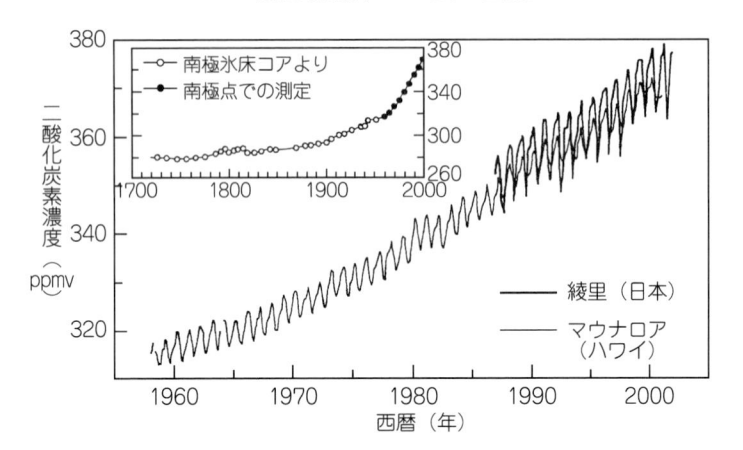

図 12・2 大気中の二酸化炭素濃度の経年変化(WDCGC データ;
内嶋, 2005 より作図)
1958 年以前は南極氷床中の気泡から測定した濃度.

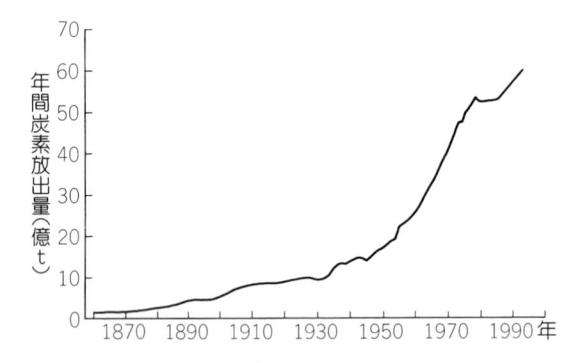

図 12・3 世界の年間炭素放出量の推移(ホートン&ウッドウエル, 1989 より改写)

以後は, ハワイ島のマウナロア山でも二酸化炭素の濃度が測定されており, 1960 年には 320 ppm へ, 1990 年には 360 ppm へと増加していた. この数年は, 年々約 1.7 ppm ずつ増加しており, このまま増加すると 2030 年頃には大気中の二酸化炭素は 560 ppm に達してしまう.

化石燃料の消費による二酸化炭素の排出量は, 1950 年には全世界で年間 15 億 t(炭素に換算)程度であった(図 12・3). その後, 1985 年には年間 53 億 t に, 1993 年には 60 億 t に, 2004 年には 68.7 億 t にまで増加した. 日本だ

けでも2004年に3億4900万t（炭素換算）の二酸化炭素を排出している．このままでは2025年には全世界で年間120億tを超えるであろう．

　大気中の二酸化炭素を増加させるもう一つの要因は熱帯林の破壊である．地球全体の森林は光合成によって年間960～1200億t（炭素に換算）の二酸化炭素を吸収している．この量は化石燃料の使用による年間放出量50～70億tの約20倍前後になる．しかし，最近熱帯林が広範囲に破壊されたため，吸収される二酸化炭素量が年間16億tも減少したという．この量は化石燃料による年間放出量の2割を超える量である．

12・3　温室効果と地球の温暖化

　太陽は，表面温度が約6000℃であるため，その熱を主として可視光線で放出している．地球は，太陽から日射エネルギーを受けて，それを赤外線として放出している．大気中の二酸化炭素は，短波長の太陽光線を通すが，地球から再放射される長波長の赤外線については，そのエネルギーを吸収してしまう．そしてその放射熱が再び地表面に放出される．そのため二酸化炭素は温室のガラスと同じように作用し，地球を温暖化させる．もし大気中の二酸化炭素が倍増すれば，地球の平均気温は1.6～3.5℃も上昇するという．

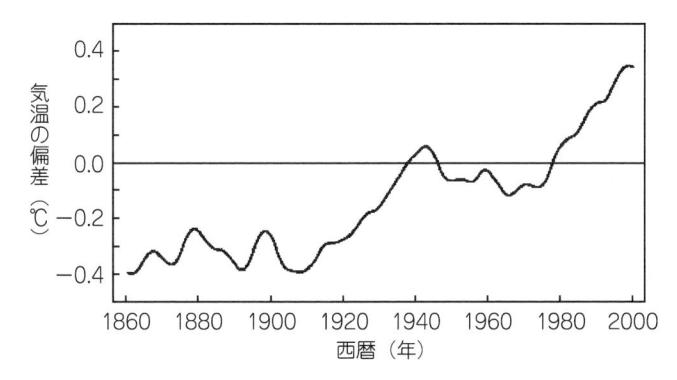

図 12・4　地球の年平均地上気温の推移（IPCC, 2001；気象庁資料より改写）1961～90年の平均からの偏差．

地球の平均気温は，1860年から2004年まで0.6～0.8℃も上昇しており，とくに1990年代の10年間の上昇率はかなり高い（図12・4）．1998年の地球平均気温は平年値＋0.64年と過去の観測記録の中で最高であった（この年はエルニーニョ現象が大規模に観測されている）が，NASAゴダード宇宙研究所の気象研究者たちは，北極のデータまで含めると，2005年が過去1世紀中で最も暖かい年であったと報告している．この状態が続くと2100年頃には平均気温が1～3.5℃も上昇すると予測されている．

温室効果は，二酸化炭素以外にメタン，亜酸化窒素（N_2O），フロンガスなどの温室効果ガスによっても起こる．メタンは，大気中の濃度が二酸化炭素の100分の1以下であるが，二酸化炭素の21倍もの放射熱を吸収して温室効果を発揮する．N_2Oは206倍，フロンガスは1万数千倍もの温室効果をもっているという．

12・4 二酸化炭素増加の影響

将来，大気中の二酸化炭素が増加するとすれば，植物の光合成への影響が最も注目される．コンピューターによる生態系モデルから計算すると，大気中の二酸化炭素濃度が2倍になると，地球全体の植物による光合成の生産量

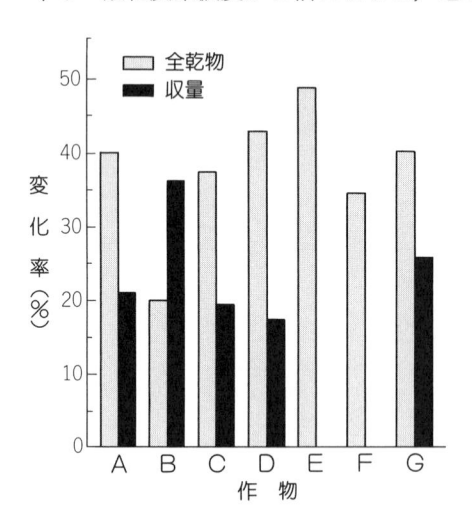

図12・5 二酸化炭素濃度倍増（660/330 ppm）の作物への影響（キンボール，1983；清野，1991より改写）
A：キュウリ，ナス，オクラ，トマト，B：オオムギ，コメ，ヒマワリ，コムギ，C：キャベツ，白クローバ，レタス，D：インゲン，エンドウ，ダイズ，E：砂糖ダイコン，カブ，F：牧草，G：C_3作物平均．

が20～26％も増加するという．とくに熱帯地方における植物の繁茂が生産量増加の大きな要因であるとしている．

多くの農業植物を，二酸化炭素濃度を大気の2倍の660 ppmにした条件で栽培してみると，平均して収量が26％も増加し，乾燥重量が40％も増加する（図12・5）．しかし，これらの効果を最大限に引き出すには，水と養分を適切に管理することが前提になる．光量も植物の生長に大きく影響を与える．たとえ二酸化炭素の濃度が高くても，光量が少なければ，植物の生長はほとんど促進されず，収量増加には結びつかない．

12・5　気温上昇の影響

地球が温暖化すれば，極地や氷河の氷が溶けて海水面が上昇することが予想される．スイスのモルテラチュ氷河は，1996年には1850年に比べて約2 kmも短くなっており，氷河先端の標高も約200 mほど上昇している．最近では先端が年平均で約20 mも後退している．一方，海面はこの100年間ですでに10～20 cmも上昇しているという．

2001年に公表された「気候変動に関する政府間パネル」の第三次評価報告書の予測では，2100年までに気温は平均1.4～5.8℃も上がり，海面は9～88 cmも上昇するとしている．海面の水位が1 m上昇すれば，バングラデシュなど世界各国で合計1億1800万人が住居を失うと推定されている．国土の60％ほどが海面より低いオランダでは，防波堤などの設置で多額の費用が必要になるに違いない．日本でも海岸近くの多くの地域が水没するであろう．もし海面が0.5 m上昇すれば，水没範囲が14万haに及び，290万人が影響を受けると予想されている．海面の上昇は，貴重な生態系である干潟や藻場，マングローブ林，サンゴ礁などの消滅にもつながってしまう．

地球の温暖化は，冷温帯や極地方では生物相にも大きな影響を与えることになる．植物は高緯度地方へ分布域を移動させなければならない．北米のサトウカエデ，アメリカブナ，カナダツガなどは，500 km以上も北方に移動しなければならないであろう．温暖化は移動能力のない植物にとっては種の絶

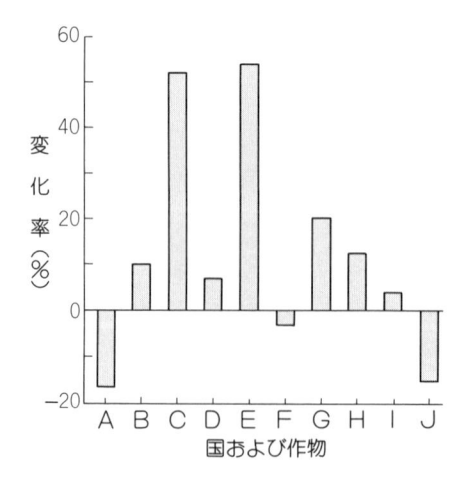

図 12·6 温暖化による世界の作物生産への影響(スミット,1988；清野,1991より)
A：アメリカ中西部（乾燥地，コムギ），B：アメリカ中西部（湿潤地，コムギ），C：アイスランド(牧草)，D：旧ソビエト(冬コムギ)，E：旧ソビエト（冬コムギ，改良栽培法），F：旧ソビエト(春コムギ)，G：旧ソビエト（春コムギ，改良栽培法），H：カナダ(春コムギ)，I：日本(水稲)，J：アメリカ中西部(トウモロコシ)．

滅にかかわる問題である．日本のブナ林は気候の変化に対して鋭敏であるため，分布域が移動すると部分的に消滅するであろう．

　地球の温暖化によって大きな影響を受けるのは農業である．北半球の高緯度地帯は温暖化すれば，従来農業が不可能であった地域が可能になることもある．アイスランド，ロシア，カナダなどでは小麦が増収になると予想されている(図12·6)．一方，中緯度地帯では土地の乾燥が著しくなり，アメリカやカナダの穀倉地帯では干ばつになる可能性もある．アメリカのトウモロコシやメキシコの小麦などは減収になると予想されている．

　日本の水稲の収量は，開花結実・幼穂形成期になる7～8月の温度と密接に関係している．温暖化によって，北日本と東日本の大部分で増収に，東日本の太平洋沿岸と西日本全域で減収になる可能性がある．稲は気温上昇に適応しやすいうえに，高温耐性の強い品種への改良や作期の変更などの温暖化対策を適切に導入できれば，全体として収量が増加する可能性もある．

　農業への影響は，温暖化による光合成の促進，蒸散の増加，高温や乾燥，降水量の変化など直接的な影響のほかに，農業昆虫，土壌微生物，雑草などによる間接的な影響をも配慮しなければならない．温度変化によって害虫類の地理的分布域が高緯度・高標高地帯へ拡大することも考えられ，セアカゴ

ケグモ (**7・6・4** 項参照) のように熱帯産や亜熱帯産の生物が日本に新たに定着することも考えられる．

人の健康への影響としては，暑熱天気による熱中症の増大や，マラリアなど動物媒介性の感染症の増大などが考えられる．

温暖化で海水温が上昇すると，周辺の大気中の湿度が高くなり降水量が増えるといわれている．過去 20 年間にカナダで 14％，アメリカで 8％も降水量が増加している．気象庁は，地球温暖化によって，日本では短時間に多量の雨が降る頻度が増加すると予測している．

海水温が上昇すると，沿岸域の生態系にも影響を与える．日本の沿岸域では，コンブなど冷水性の海藻が繁茂する海中林が減少し，無節サンゴモ（サンゴモ科紅藻）が優占する磯焼け (**4・7** 節参照) が浅海にまで広がるため，水産動物の激減が予想される．またマイワシやサバなどの暖水性魚類の分布域は広がるが，サケなど寒流域の魚類は分布域が北方に移動するであろう．

エネルギー消費量については温暖化によって，冬季の暖房用の都市ガスや灯油の需要が減少し，夏季の冷房用の電力の需要が増加するであろう．そのため夏季には冷房機器からの排熱を増加させ，都市のヒートアイランド現象を一層顕著にするであろう．都市の気温上昇は水需要をも増加させ，水不足はますます深刻になるであろう．

12・6　二酸化炭素増加の阻止

12・6・1　二酸化炭素排出の抑制・削減

1985 年，オーストリアのフィラハ会議で地球温暖化に対する取り組みが始まった．その後も多くの国際会議が開かれて，1992 年の地球サミットでは，大気中の温室効果ガス濃度の安定化を目的に地球温暖化がもたらす様々な悪影響を防止するための「気候変動に関する国際連合枠組条約」が採択され，「2000 年に二酸化炭素の排出量を 1990 年のレベルに戻す」ことになった．

さらに 1997 年には，日本で気候変動枠組条約第 3 回締約国会議(地球温暖化防止京都会議，COP 3) が開かれ，京都議定書が採択された．この会議で，

先進国が削減すべき二酸化炭素量が決められた．削減目標を達成するために，直接的な国内の排出削減以外に，先進国間の共同実施（JI），クリーン開発メカニズム（CDM），排出量取引（ET）という三つの柔軟措置（京都メカニズム）が認められ，また森林による吸収量の増大も排出量の削減に認められた．しかし，最大排出国のアメリカは排出削減目標義務が自国の経済に深刻な打撃を与えるとして条約から離脱し，さらに中国，インド，ブラジルなど経済発展の著しい国々を含めて発展途上国のすべてが京都議定書には加わっていない．

2005年2月16日には京都議定書が発効し，日本は二酸化炭素削減の第1期間（2008〜2012年）に，基準年（1990年）に比べて二酸化炭素の排出量を6％減らすことになった．1998年には地球温暖化対策推進法，2002年3月には地球温暖化対策推進大綱，同12月には地球温暖化防止森林吸収源10カ年対策などが定められ具体的な施策が行われているが，日本における2004年度の温室効果ガスの総排出量は二酸化炭素換算で13億5500万tと基準年より8.0％も上回っていて，削減目標を達成するには相当の努力が必要である．

二酸化炭素の排出を削減するには，今後各国が省エネルギー，二酸化炭素の排出規制，エネルギー供給と需要の技術革新，太陽光発電などのクリーンエネルギー獲得，二酸化炭素の回収・処理技術の開発，植物による二酸化炭素固定の増進などに積極的に取り組まねばならない．

12・6・2 植物による二酸化炭素吸収の増加

生物学的な方法としては，森林破壊の防止や大規模な植林，陸上植物や藻類による二酸化炭素の固定の増進などがある．光合成によって植物に大量の二酸化炭素を固定させるためには，同じ光量でより多くの二酸化炭素を固定できる植物の探索や，遺伝子操作によってそのような植物を得る試みも重要である．

伊豆諸島・式根島の温泉で，二酸化炭素を固定する能力が最大級の藍藻（シネコキスティス *Synecocystis* の一種）が発見された．この藍藻が二酸化炭素を固定する能力はマツの15倍，熱帯林植物の4倍，クロレラの2倍であった．

しかし，この藍藻を地球温暖化対策に利用するには，かなり広い面積で培養する必要があるという．

海中に生息する円石藻のプレウロクリシスやエミリアニアなどは，海水に溶けた二酸化炭素を吸収して $3 \sim 5 \mu m$ の炭酸カルシウムの殻をつくる．この藻類も二酸化炭素の固定能力が高く，地球温暖化対策への利用が検討されている．

13　破壊される熱帯林

　地球上の熱帯林が急速に破壊されている．毎年消滅していく面積は1420万haにもなり，日本の本州面積の3分の2に相当している．熱帯林破壊の主な原因は，焼畑農業，牧場への転換，非効率的な樹木の伐採，鉱石の採掘などであるが，その根底には発展途上国の人口増加や貧困などがある．熱帯林が破壊されると，貴重な天然資源が消失し，多くの動植物種が絶滅に追いやられる．さらに二酸化炭素吸収や水分蒸発量が激減して地球環境にも重大な影響を与える．熱帯林の保護を地球規模で緊急に行う必要がある．

13・1　熱帯林と生物種の多様性

　熱帯林とは，熱帯地方に分布している熱帯降雨林（熱帯雨林，熱帯多雨林ともいう）や熱帯季節林などの総称である．年間を通して一様に多量の雨が降って湿度が高く，平均気温が25℃以上の地域に発達する．主な分布地域は中米・南米北半部，東南アジア，アフリカの中央部・西部，オーストラリア北東部である（図13・1）．

　2000年の国連食糧農業機関（FAO）による調査では，熱帯林の面積は合計18億1900万haであり，地球上の総森林面積の約47％を占めていた．熱帯林全体の52％が中南米に，28％がアフリカ中央部・西部に，18％が東南ア

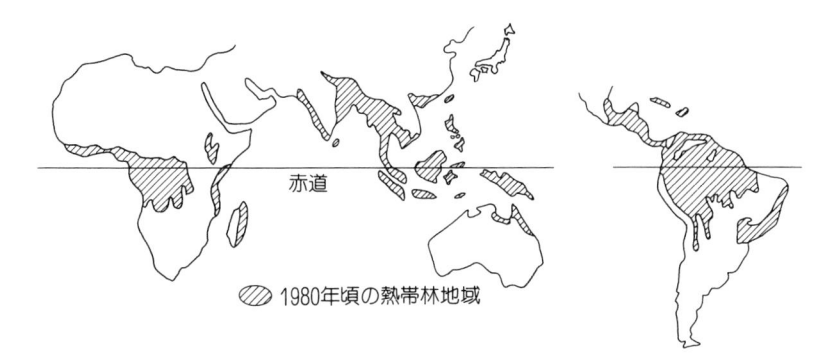

図 13・1 減少する世界の熱帯林（国連環境計画 1980 年資料；石, 1988 より改写）

ジア・太平洋地域に分布している．

熱帯林には，地球上の生物種の 50 % 以上，研究者によっては 8 割近くといわれるほど多様で貴重な動植物種が生息しており，品種改良や医薬品開発に利用できる遺伝子資源も多く存在している．また木材や薪炭材，食料，工業原料など種々の生活材料も豊富である．熱帯林は，植物の光合成による二酸化炭素の吸収や，水分の保持や蒸発によって地球全体の環境を調整している．

熱帯林ではとくに生物種が多様である．集団で生息しているものを除けば，同じ動物種を 2 匹見つけることが非常に困難だという．例えばマレー半島の熱帯林には 924 種のチョウが報告されていた．イギリスの昆虫学者コルバートは現地で 6 年間チョウの採集をしたが，報告されていたうちの 304 種は採集されなかった．1〜4 匹採集されたのが 260 種，5〜9 匹採集されたのが 110 種であった．熱帯林では採集するごとに別種であるという．

アマゾンの熱帯降雨林には約 8 万種類の植物と，約 3000 万種類の動物が生息しているという．このような並外れた生物種の多様性はどのようにして生じたのであろうか．サンダースは，アマゾンは氷河期を経験せず，毎年の冬もなく，多雨と温暖という安定した気候が永続したため，生物種が多様化したという「安定説」を唱えた．一方，ヘイファーは，アマゾンは氷河期，

乾燥期，嵐など激しい気候的変化を経験しており，その際に同じ種が異なった地域にばらばらに避難し，それぞれの地域に適応して進化し，あのような多様性を生み出したとする「リフュージ説」を唱えた．その根拠として，アマゾンでは森林空間が連続しているにもかかわらず，鳥やチョウなどで同じ種類の生息地域が不連続になっている例がかなり多いことをあげている．

カリフォルニア大学のコンネルが唱えた「中規模攪乱仮説」でも，生物種が最も豊かなのは，気候が安定している所ではなく，環境の攪乱がしばしば起こるが，けっして過度にはならない所で見られるとしている．嵐や洪水のような局地的な災害は種全体を絶滅させることはめったになく，むしろ優占種の一部を殺して，非優占種に存続の機会を与え，種の多様性を豊かにするという．しかし，大きな災害は種の絶滅につながるとしている．人間による熱帯林の破壊は，まさに大きな災害に匹敵し，アマゾンの種の多様性を根本から破壊しているという．

13・2 熱帯林破壊の現状

20世紀の後半になって，中南米，東南アジア，アフリカ中央部・西部の三大熱帯林地域で集中的な焼畑農業や，樹木の商業的伐採による破壊が進み，中南米では37％，東南アジアでは42％，アフリカでは52％の熱帯林が消滅してしまった．1981～1990年では（表13・1），毎年，中南米で740万ha，東南アジア・太平洋地域で390万ha，アフリカで410万haの熱帯林が減少した．次の10年間（1990～2000年）でも，この3地域で年間それぞれ440万，270万，530万haの熱帯林が減少しており，最大の消失国はブラジルで230万ha，次にインドネシアで131万haであった．世界全体では毎年日本の本州面積の3分の2に相当する1420万haの消失におよんでいる．

アマゾン地域はブラジル国土の57.6％を占め，かつてはその80％にあたる4億haが熱帯降雨林で，地球上の熱帯降雨林の3分の1を占めていた．しかし，この広大なアマゾン熱帯降雨林のうち，日本の国土面積に匹敵する森林が，1989年までに破壊されてしまった．1975年には，アメリカの人

表13・1 熱帯林の面積と地域ごとの熱帯林減少の見積り(「平成8年版 環境白書」より改表)

地　域	国数	熱帯林面積(100万ha) 1980年	熱帯林面積(100万ha) 1990年	年間減少面積 (1981〜90年) (100万ha)	年間減少率 (1981〜90年) (%)
アフリカ	40	568.6	527.6	4.1	0.7
西サヘル地域	6	43.7	40.8	0.3	0.7
東サヘル地域	9	71.4	65.5	0.6	0.9
西アフリカ	8	61.5	55.6	0.6	1.0
中央アフリカ	6	215.5	204.1	1.1	0.5
熱帯南アフリカ	10	159.3	145.9	1.3	0.9
アフリカ島嶼部	1	17.1	15.8	0.1	0.8
アジア太平洋	17	349.6	310.6	3.9	1.2
南アジア	6	69.4	63.9	0.6	0.8
東南アジア大陸部	5	88.4	75.2	1.3	1.6
東南アジア島嶼部	5	154.7	135.4	1.9	1.3
太平洋地域	1	37.1	36.0	0.1	0.3
ラテンアメリカ・カリブ海地域	33	992.2	918.1	7.4	0.8
メキシコ・中央アメリカ	7	79.2	68.1	1.1	1.5
カリブ海地域	19	48.3	47.1	0.1	0.3
熱帯南アメリカ	7	864.6	802.9	6.2	0.7
合　計	90	1910.4	1756.3	15.4	0.8

(資料) FAO 1990 森林資源評価プロジェクト報告 (1993年)

　工衛星「ランドサット」が, アマゾン上空で火山の噴火を思わせる異常な放熱地域を見つけた. 連絡を受けたブラジル政府が現地を調べた結果, 旧西ドイツの多国籍企業が牧場用の土地を得るために, 東京都の面積の2倍にあたる40万haもの熱帯降雨林を一挙に焼き払っていることがわかり, 人々を愕然とさせた.

　アフリカ西海岸のナイジェリアは, 100年前には国土の60%が森林で覆われていた. しかし近年人口が急増し, それをまかなう食糧を得るために, 熱帯林を破壊して農地に変えていった. それに大規模な樹木の伐採が加わって, 1990年以降毎年40万haのスピードで森林が消失していった. 2000年には森林がついに国土のわずか14.8%になってしまい, アフリカ最大の森林喪失国となってしまった.

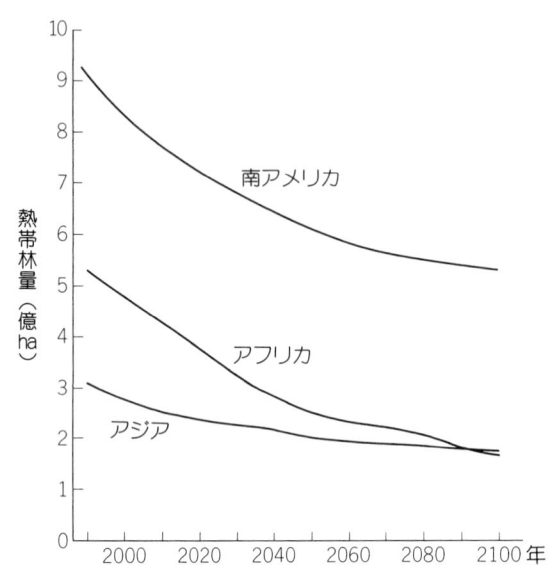

図 13・2 熱帯林の減少予想図（国立環境研究所による報告；「平成7年版 環境白書」より）

このような猛烈なスピードの熱帯林破壊に対して，植林はほとんど進んでいない．先進国では伐採面積と造林面積がほぼ均衡しているが，発展途上国では破壊された熱帯林の大部分がそのまま放置されている．世界全体では11 ha の森林が破壊されている間に1 ha しか植林されていない．アフリカでは破壊と植林は29 対 1 で，アジアでは5 対1 だという．このままでは，熱帯林が恐ろしい勢いで減少しつづけることは間違いない（図 13・2）．

13・3 熱帯林破壊の原因

このように熱帯林を破壊していく原因は，焼畑農業，農園や牧場のための開墾，樹木の過剰な伐採，薪炭材の採取，工業地域の拡大，鉱石の採掘，水力ダムの開発などがあげられている．また，焼畑農業や農地開発のための火入れを起源とする大規模な森林火災によって森林が減少する場合もある．1997〜1998 年に起きたインドネシアのカリマンタン島とスマトラ島の森林

火災では，約500万haの熱帯林が失われた．

　これら熱帯林破壊の根底には，発展途上国の経済的な貧困があり，現地の人口増加がそれらを加速させている．

13・3・1　焼畑農業

　アマゾンでは，破壊される熱帯林の3分の2は焼畑農業が原因である．しかも，木材をほとんど収穫しないまま森林を焼いてしまっている．そのため木材の損失だけでも年25億ドルと算定されている．アフリカ象牙海岸のコートジボワールでも同様で，1960年以降森林面積が75％も減少してしまったが，農地を得るために木材を回収せずに森林を焼き払っており，その損失は年50億ドルにもなるという．

　高さ100mにもなる樹木がうっそうと茂っている熱帯林は，少しぐらいの破壊にはびくともしないように見えるが，実際は驚くほどひ弱な生態系だという．高温のために土壌の有機物はすぐ分解してしまい，植物を養う土壌は貧弱で厚さは2～3cmくらいしかない．そのため樹木の根も浅く，地上50mもある巨木でも根の深さは1mくらいで，簡単に倒れてしまう．樹木が多いと，雨期の豪雨でも雨水が何重にも覆っている枝や葉を通る間にその74％が吸収されて，地面に達する量は少ない．しかし，いったん森林が焼き払われて土壌が表面に出ると，豪雨は直接土壌の表面を叩いて，それをえぐり取って流れていく．いったん土壌が流出した土地は養分が不足して，もはや植物は生育できず，そのまま裸地になって砂漠化してしまう（石，1988より）．

　アマゾンの東隣のノルデステ地方は，昔はアマゾンから続く森林がうっそうと生い茂り，肥沃な黒土地帯であった．約300年前にポルトガルからの入植者によってサトウキビ栽培が始まり，それ以後森林破壊が現在まで続いてきた．そのため森林がほとんど消滅し，表土は流失して不毛の裸地が広がっている．この地方には約3000万人もの住民がいるが，毎年干ばつに見舞われたりして，ブラジルの最貧困地帯となっている．

　1969年から，ブラジル政府はノルデステ地方の住民をアマゾン地域へ入植させることを計画した．そのため人跡未踏のアマゾン熱帯降雨林を切り開い

て，幅50m全長3300kmものアマゾン横断ハイウェーをペルー国境のクルゼイロ・ド・スルまでつくり，このハイウェー周辺に350か所，800万haにおよぶ入植地をつくった．大部分の入植者は焼畑農業でマメやイモなどを植えて生計を立てようとしたが，入植地では雨期の豪雨でたちまち土壌が流され，雨がやむと灼熱の太陽によって赤土が固まり，1〜2年の後には作物が育たなくなってしまう．やむなく別の森林に火を放って破壊を繰り返していくことになった．

　焼畑農業による熱帯林破壊の繰り返しは，東南アジアでも，アフリカでも同様である．

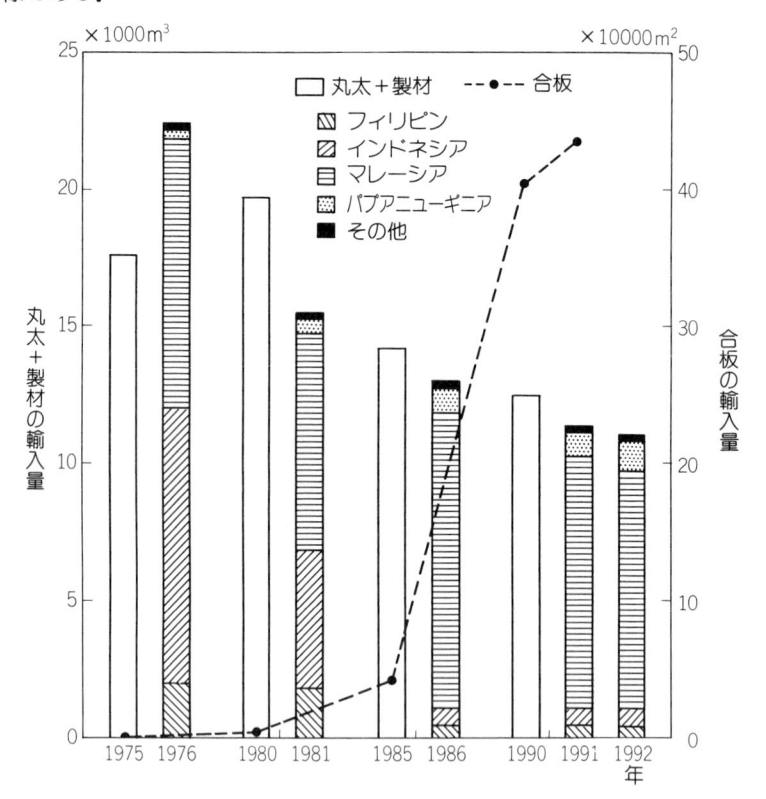

図13・3　日本による南洋材輸入量の推移（大蔵省貿易統計；「平成6年版 環境白書」より改写）

13・3・2 樹木の過剰な伐採

熱帯林破壊の第2の原因は，樹木の過剰な伐採である．この30年間，アメリカは中南米へ，欧州はアフリカへ，日本は東南アジアへ木材を求めて進出してきた（図13・3）．とくに日本は世界最大の木材輸入国で，アジアの熱帯林から切り出される木材の6割以上は日本向けである．

タイでは，1985年からわずか3年間に森林面積が国土の29%から19%に減ってしまった．そのため最近では商業的な伐採を制限している．フィリピンでは，1960年には貴重な高木種のフタバガキ科の自然林が1600万haもあったが，最近では奥地の山岳地域にわずか100haほどしか残されておらず，木材資源が枯渇してしまった．それ以後，最大の木材供給源はマレーシアのサバ州とサラワク州になっているが，そこでも持続的収穫量の2倍の木材が伐採されており，急速に木材資源の枯渇が進んでいる．

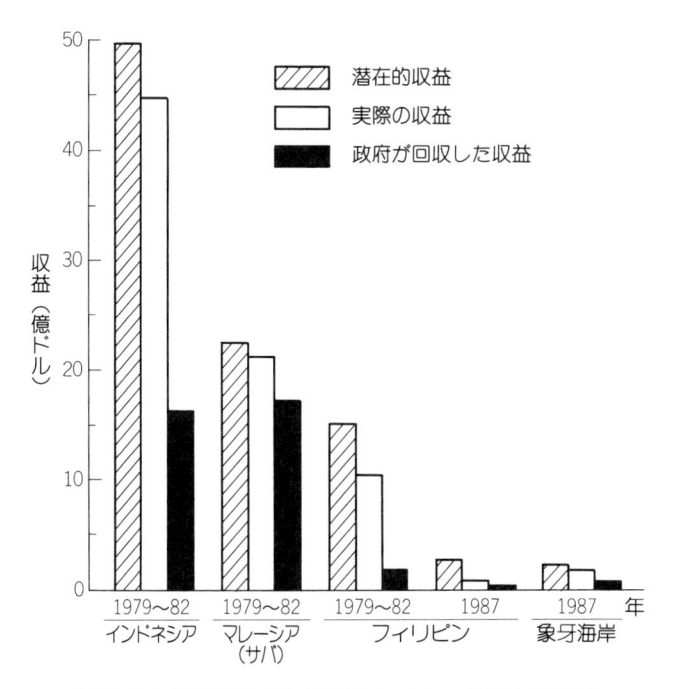

図13・4　熱帯林からの収益状況（レペト，1990より改写）

樹木の伐採方法にも問題がある．例えば，森林で伐採しようとする樹種の成木が全体の10％であっても，その搬出路をつくったりして，同時に未成木や他の樹種など残りの90％の半分ほどを倒して犠牲にしている．

発展途上国の林業政策にも問題がある．多くの政府は，一部の業者や外国企業に低い料金で森林伐採を認めて利益の大半を与えてしまい，資源価値の多くを回収していない（図13・4）．さらに不法伐採，脱税，役人と業者の癒着などが横行しており，政府による効果的な監督や管理ができていない．最近では，各国・各地域の法律や規則に違反した違法な森林伐採が森林減少の原因として注目されている．

薪炭材の採取のための樹木の伐採も熱帯林の破壊をひき起こしている．多くの発展途上国では人口が急増しており，しかも住民の多くは燃料として薪や木炭を使用するため，周辺の森林から薪炭材を過剰に採取している．とくにザンビアなどアフリカ諸国ではそれによる森林の破壊が激しい．

13・4　熱帯林破壊の影響

13・4・1　野生生物の絶滅

現在，地球上には少なくとも150万種もの生物が知られているが，熱帯林にはまだ名前のついていない生物がその10倍以上も生息していると推定されている．しかし，最近の急激な熱帯林の破壊によって，毎年4000〜6000種もの生物が絶滅しているといわれている．絶滅してしまった生物は再び地上によみがえらない．なかには医薬品開発や品種改良などに役立つ貴重な遺伝子をもつものがあり，その消滅による損失は計り知れない．

南米エクアドルの海岸地域の熱帯林には，かつて1万種以上の植物が自生し，20万種もの動物が生息していた．しかもその半分が現地に固有の種類であった．しかし，1960年以降に農園のための開墾，油田の開発などでほとんどの熱帯林が破壊されてしまい，5万種以上の動物が絶滅したと報告されている（石，1988より）．

13・4 熱帯林破壊の影響

　1980年のアメリカ政府による報告書『西暦2000年の地球』では，1980～2000年までの20年間で，25万～80万種の熱帯林生物が絶滅していくと予測していた．人間の手による現在の絶滅スピードは，自然状態で起こる絶滅スピードに比べて4桁も速いという．

ウイルス病の蔓延

　熱帯林の奥深くには未知のウイルスが潜んでいる．むやみに熱帯林を破壊すると，それらが人間に感染するという．

　1995年に，アフリカ・ザイール南西部の都市キクウィトで大流行したエボラ出血熱は，40度の高熱と激しい腹痛とともに，鼻や口から出血して止まらず，注射や輸血用の針を刺すのも危険になってしまう．感染者296人のうち，8割の233人が死亡した．森林で炭焼きをしていた男性が最初の感染者であることがわかり，感染源の生物を求めて，カ，ダニ，ネズミ，サルなど多くの動物を調べたが，病原ウイルスの宿主はまだ見つかっていない．

　ケニアでは，1980年と1987年に一人ずつマールブルグ病による死亡者が出た．エボラ出血熱と同じ症状のウイルス病で，死亡した2人はともにエルゴン山の熱帯林を訪れた後に発病したという．この近くのチェモンゲス山でも同じような感染症がはやった．森林の伐採が原因だといわれ，病原ウイルスははっきりしないが，すみかを追われたサルやネズミから人に感染したと考えられている．

　人跡未踏の原生林には無数のウイルスが潜んでいる．ウイルスは，動物体内に潜伏していたり，次々と動物を渡り歩いたりしている．野生動物のほうも，ウイルスを宿しながら生きられるように進化してきた．森林を破壊すると，すみかを追われた動物と人間の生活圏が重なったりして，ウイルスが人間に感染する機会が増える．しかし，人間ははるか昔に森林を離れたため，そのようなウイルスと共存できる能力はない．1960年以降，熱帯林から伝わったとされるエイズなどのウイルス病が増えている．それは熱帯林破壊が加速された時期とちょうど一致しているのである．（斉藤義浩，1995・8・3朝日新聞より）

13·4·2　資源の減少

　熱帯林の破壊によって膨大な量の木材資源が減少してしまった．それ以外に動物肉，果物，ナッツ，甘味料，油や樹脂，ゴム，薬用成分などが得られなくなる．例えば，インドネシアでは1986年には木材以外の林産物の輸出額が1億2300万ドルにも達していた．

　熱帯林は薬草の宝庫だといわれている．熱帯林では，多種類の植物が繁茂しており，それらを餌とするさまざまな昆虫や微生物が生息している．そのため多くの植物は，昆虫による被食や微生物による侵入から身を守るために，進化の途上で毒成分を生合成する代謝系を獲得してきた．これらの成分は薬として使えるものや，その化学構造が薬品に利用できるものもある．人間の病気を克服してきた薬の成分は，もともと野生の動植物や微生物から得られたものが多い．熱帯林にはまだ未知の薬草が眠っているのに，熱帯林を破壊して，それらの薬草を消滅させてしまうのは大きな損失である．

13·4·3　大気中の二酸化炭素の増加

　熱帯林の破壊は大気中の二酸化炭素を増加させることになる．まず，農地などに転用するために熱帯林を焼き払うと，多量の二酸化炭素を大気中に放出することになる．その量は石油や石炭などの消費による二酸化炭素の放出量に匹敵するともいわれている．次に，熱帯林が減少すると，植物の光合成による二酸化炭素の吸収が減少する．熱帯林では植物が密生しているために，二酸化炭素の吸収量が多く，同じ面積の針葉樹林の3倍，温帯広葉樹林の2倍の二酸化炭素を吸収するという．それにともなって光合成による酸素の放出も減少するが，アマゾンだけで地球上の酸素の収支の3分の1に関与しているといわれている．熱帯林から切り出された樹木は木材や紙として使われ，使用後は燃やされてまたもや二酸化炭素を放出することになる．現在，大気中の二酸化炭素の増加のために，すでに地球の温暖化が始まっている．それを防ぐためにも，熱帯林の保存はとくに重要である．

13·4·4　降雨量の減少

　熱帯林では，その降雨量の約50％が植物の蒸散によって，約25％が土壌

からの蒸発によって大気中にもどされ，残りの25％は河川に流れ込む．しかし，熱帯林が消失すると植物からの蒸散がなくなるので，その地域の降雨量が減少しはじめるという．そのため干ばつが起こって周辺地域の農業に悪影響をおよぼすことになる．

世界三大熱帯林の一つがあるアフリカ中部のザイール川流域では，この30年間に湿度が4〜5％も減少したという．熱帯林が減ったためではないかといわれている．ペルーのアマゾン川源流地帯では，熱帯林を大規模に伐採したため，雨量が年間2600 mmから2分の1ほどに減ってしまったという．西アフリカのナイジェリアやコートジボワールでも，熱帯林の減少とともに雨量が急激に減少している．一方，アラブ首長国連邦のアブダビやドバイなどのように植林に取り組んだ地域では，逆に雨が増加してきたという．

13・5　熱帯林保護の取り組み

13・5・1　熱帯林保護の強化

熱帯林の保護は全世界が協力して取り組まなければならない重要な課題である．現在，熱帯林をもつ発展途上国の多くが，森林の保護を強化しつつ，資源収益を回収する措置をとりはじめた．フィリピンやインドネシアでは部分的に伐採禁止措置をとり，伐採免許料や木材税を大幅に引き上げている．

最近，アメリカの自然保護団体が，南米のボリビアや中米のコスタリカの熱帯林を保護する権利を現地政府から手に入れた．これで貴重な動植物が残されているボリビアのアマゾン川源流地帯や，中米で最も多様な自然であるコスタリカの熱帯林の保護が可能になった．他の地域でも同様な構想が計画されている．東南アジアに影響力をもつ日本やアフリカに影響力をもつ欧州各国がこのような計画に参加すれば，森林保護は進むに違いない．

13・5・2　植林活動

植林活動も，まだ規模は小さいが活発になってきた．ケニアでは，植林団体「グリーンベルト」が多くの農民などを動員して，これまでに200万本以上の苗木を植えた．エチオピアでは日本国際ボランティアセンターが植林活

動を開始している．このような努力の積み重ねに発展途上国の将来がかかっていることは確かである．インドネシアでは，急激な伐採が進む熱帯降雨林を再生させようと，日本の企業（コマツと住友林業）がラワン材として木材価値の高いフタバガキの植林を始めている．フタバガキの種子は毎年生産されないため入手が困難であり，しかも地面にまいても芽や根の出る確率は低く，人工的な苗木の栽培や植林が難しいといわれてきた．そのため両企業は，成木から切り取った枝葉を土に植えて発根させる挿し木によって，苗木を大量に栽培することに成功した．

13・5・3　ブドウ栽培による熱帯林破壊の防止

ブラジル北東部のノルデステ地方は，人口増加が著しく，森林が破壊されて砂漠化が広がっており，ブラジルの最貧困地帯となっている．この増大する貧困層の人々が生活の場を求めてアマゾン地域に移動した結果，アマゾン熱帯林の多くが破壊されてきた．

この地域で，20数年前から日本人関係者がブドウ栽培を試みてきたが，最近ようやく良い結果が得られるようになった．栽培しているブドウの品種はイタリアーノの改良品種（ピロバーノ65番）で，粒の大きさや糖分は日本のネオ・マスカットと比較しても遜色がない．近くのサン・フランシスコ河から水をひき，有機肥料を使用して，1年を通して連続的に開花・収穫することが可能になった．

このブドウ栽培によって，現地の人口増加，貧困，緑化などの問題が同時に解決されつつあるという．ブドウ栽培に現地の女性を大量に雇用したところ，職をもった女性は出産傾向が著しく低下していることがわかった．ブドウの用途は生食用ばかりでなく，ワインやブランデー，食用酢，ジャム，ジュース，生菓子の素材などに使用でき，産業を広げ，就業の機会を多くつくり出している．現地に，ブドウ栽培に加えてマンゴー，パパイヤ，スイカ，イチジク，アセロラなど果樹栽培産業を発展させれば，アマゾン熱帯降雨林破壊の原因であるノルデステの貧困と人口増大の問題を改善し，緑化事業をも同時に進めることが可能だという（吉田，1992より）．

14 急ピッチで進む砂漠化

　近年，多くの国で森林，農耕地，牧草地などが荒廃して，土地の砂漠化が進行している．砂漠化していく土地は，地球全体で毎年600万haにもおよび，九州と四国を合わせた面積に相当しているという．砂漠化の進行がとくに著しい地域は，サハラ砂漠南縁のサヘル地域や中近東など以前からある砂漠の周辺地域で，しかも急激な人口増加が起こっている地域である．すなわち，現在の砂漠化は人口増加や貧困などによる人為的な影響によって進行しているといえる．このままでは近い将来，地球の全陸地の35％が砂漠化してしまい，農耕地が激減して食糧の不足に襲われることになる．

14・1　砂　漠　化

　砂漠化とは土壌の流失，砂嵐の増加，降雨量の減少，塩類の集積などによって，土地が砂漠のようになって植物が育たなくなり，もはや農耕地や放牧地に使えなくなった土地荒廃の究極的な状態をいう．1994年に採択された砂漠化対処条約では「乾燥，半乾燥，乾燥半湿潤地域における種々の要因（気候変動及び人間の活動を含む）に起因する土地の劣化」と定義されている．また，「砂漠化」を植生の退行や土壌劣化と同義語として扱う場合もある．
　地球上には，本来砂漠をつくりやすい乾燥気候の地域がある．アフリカで

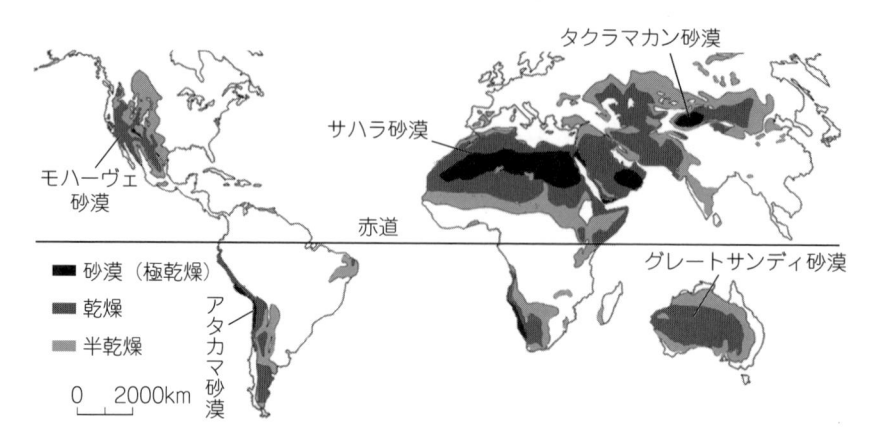

図 14·1 世界の乾燥地域の分布（USGS による Deserts：Geology and Resources "What Is a Desert?" より改変）
乾燥度指数（年間降水量を地表面からの水分損失の強さの比で示したもの）で区分したもので，値が 0 に近いほど乾燥している地域を示す．極乾燥（砂漠）：0.05 未満，乾燥：0.2 未満，半乾燥：0.5 未満．

は，年平均降水量が 200 mm 以下で，乾燥期間が 10〜12 か月，年平均気温が 28〜32 ℃ の地域には砂漠が広がっている．降水量 200〜400 mm，乾燥期間 8〜11 か月，平均気温 26〜32 ℃ の地域にはステップ（半砂漠・乾燥地にできる草原）が広がり，降水量 1000〜1500 mm，乾燥期間 4〜5 か月，平均気温 24〜28 ℃ の地域にはサバンナ（半乾燥地にできる樹木が散生する草原）が広がっている．

　このような乾燥気候による砂漠化は今に始まったことではなく，約 2 億年前（三畳紀）には乾燥気候によって，ゴビ砂漠や，中国の陝西，四川，北アメリカのワイオミング州，コロラド州などの砂漠ができたといわれている．また，紀元前 2000〜3000 年には地球の乾燥が激しくなり，メソポタミア地方の砂漠が生じたり，緑で覆われていたアフリカにサハラ砂漠ができて，それがしだいに拡大したという．

　このように地球上では，乾燥気候によって自然に「気候砂漠」が形成されてはいるが，それは数百年〜数千年単位で進行する砂漠化である．しかし，

現在問題になっている砂漠化は，10年単位で進行している「人為的な砂漠化」といえる．

14・2 砂漠化の進行

現在，砂漠化進行の著しい地域は，サハラ砂漠南縁のサヘル地域，ゴビ砂漠周辺地域，中近東のパキスタンやアフガニスタン，南アフリカなどである（図14・1）．さらにアメリカ，ロシア，中国，オーストラリアなどの農耕地でも深刻な表土流失によって砂漠化が起こっている．国連環境計画（UNEP）によれば，砂漠化への影響を受けている土地の面積は全陸地の約4分の1，耕作可能な乾燥地域の70％に相当する約36億haに達するという．また，砂漠化への影響を受けやすい乾燥地は，地上面積の約41％を占めており，世界の総人口の33％に当たる20億人以上が住んでいて，乳児死亡率も高く，貧困と環境悪化の悪循環が生じているという（表14・1）．

砂漠化の進行がとくに急速なのは，既存の砂漠の周辺にあるステップからサバンナにかけた地域で，しかも急激な人口増加が見られる地域に起こっている．いまや砂漠はステップを飲み込み，隣りあうサバンナを砂漠に変え，

表14・1 影響を受けやすい乾燥地域における土壌劣化面積
（『環境要覧 2005/2006』より）．単位は100万ha．

地域	土壌劣化の種類				合計
	水食	風食	化学的劣化	物理的劣化	
アジア	157.5	153.2	50.2	9.6	370.5
オーストラレーシア*	69.6	16.0	0.6	1.2	87.4
北アメリカ	38.4	37.8	2.2	1.0	79.4
南アメリカ	34.7	26.9	17.0	0.4	79.0
ヨーロッパ	48.1	38.6	4.1	8.6	99.4
アフリカ	119.1	159.9	26.5	13.9	319.4
合計	467.4	432.4	100.7	34.7	1035.2

* オーストラリア，ニュージーランド，近海諸島のこと．
影響を受けやすい乾燥地とは，乾燥，半乾燥，乾燥半湿潤地域をいう．
出典：UNEP "World Atlas of Desertification 2nd Edition" 1997.

さらに森林地域へとせまっている．サハラ砂漠南縁にあるニジェールでは，毎年15kmも砂漠の境界が前進している．スーダンでも過去数十年間に砂漠の境界が100kmも移動して，緑地が失われてきた．アフリカ南部にあるサバンナでは，まずその中に緑が完全に無くなったミニ砂漠がいくつもできて，やがてそれらがくっつきあって大きな砂漠になっていくという．

中国では，陸地面積の27.9％にあたる2億6746万haが砂漠化地域であり，内モンゴル自治区，甘粛省など北西部に集中している．毎年140万haずつ砂漠化が進行していて，4億人が影響を受けているという．砂漠化の原因として，薪炭材の過剰利用（約30％），過放牧（約28％），過耕作（約25％）があげられている．

14・3 砂漠化の原因

人為的な影響による砂漠化の進行にはさまざまな原因が指摘されている（表14・2）．多くの場合，それらの背景には急速な人口増加や貧困が絡んでいる．

14・3・1 人口増加から砂漠化まで

砂漠化の始まりは人口増加からといわれている．近年，発展途上国では人口が急増し，その食糧を得るため森林や草原を大規模に開墾して農地にかえていった．その農地の多くは，十分な休耕期間をとらずに無理な過耕作を続けるため劣化し，作物が育たなくなって砂漠化している．

森林は，過剰な樹木の伐採や薪炭材の採取によっても破壊されてきた．植被のある森林土壌は保水性が高く，雨水の約25％しか流失しないが，裸地化した土壌は保水性が乏しく，雨水の55％が表土とともに流失していく．表土は風によっても流失する．表土が流失した土地はもはや砂漠である．

スーダンのブルーシ村では，1960年代末までアラビアゴムの木（アカシア・セネガル）が数千本も一面に茂っており，人々はアラビアゴムを採って生活していた．しかし，現在そこは見渡すかぎり一面の砂漠となっている．いったいどのような経過で砂漠化したのであろうか．

表14·2 砂漠化の主な原因と砂漠化地域（清水，1987より改表）

1. **人口増加と食糧不足**
   1.1 過放牧：アフリカのエチオピア，アルジェリア，サヘル8か国，イラン，イラク，トルコ，サウジアラビアなど中東諸国，インド，ラテンアメリカ諸国など
   1.2 耕地拡大のための森林破壊（焼畑）：フィリピン，タイ，インド，東南アジアなどのアジア熱帯地域，エチオピア，セネガルなどアフリカの熱帯地域，ブラジル，パラグアイなどのラテンアメリカ
   1.3 乾燥地灌漑農業：アラビア，イラン，イラク，エジプト，アルジェリア，リビア，ラテンアメリカ諸国，アメリカ，旧ソ連など
2. **薪炭の過剰伐採**：スーダン，エチオピアなどのアフリカ諸国，インド，フィリピン，ネパール，ブラジルなど
3. **経済的無力**
   3.1 商業的森林の伐採：東南アジア，エチオピアなど熱帯アフリカ，ラテンアメリカなど
   3.2 換金作物の単作栽培：ヨーロッパの植民地だったアフリカ諸国，タイなどの発展途上国など
4. **植民政策**
   アフリカにおけるヨーロッパの植民政策による現住民の無理な農業生産
5. **工業化・都市化**
   5.1 発展途上国の工業化・都市化：スーダンその他アフリカ諸国，アラビアの諸国，メキシコ，ブラジル，ジャワなど
   5.2 地下資源の開発：アラビア，東南アジア，マレーシア，アメリカ，メキシコ，アンデス山脈地域
   5.3 観光開発：チュニジア，エチオピア，ペルー，ネパールなどの発展途上国
6. **異常気象**：アフリカのサハラ周辺，中近東，ブラジル北部などの乾燥地域
7. **内戦，戦争**：ベトナム，カンボジア，中米のエルサルバドル，アフリカのエチオピア，南アフリカのモザンビーク，イラン，イラク

アラビアゴムの木は樹皮に刃物で傷をつけておくと，2～3週間後に傷から松ヤニのような樹脂が出てくる．それを採って乾燥させると，こはく色に輝くアラビアゴムが得られる．アラビアゴムは，アイスクリームなどの乳化香料や，チョコレートやキャラメルの形を整える添加物に使用され，薬の錠剤を固めるのにも使われている．スーダンはアラビアゴムの世界最大の生産国であり，日本は世界最大の輸入国である．

ブルーシ村では，アラビアゴムはすべての天然の木から採取されていた．実が落ちて，自然に木が生えてくると，数年でアラビアゴムが採れるように

なり，10年ほど採ると枯れてしまう．枯れた木は切り倒して薪や炭にして，あとを焼き払って畑にした．アラビアゴムの木はマメ科なので土を肥やしており，その畑ではミレット（キビ，モロコシ）やゴマがよく育った．4～6年も耕すと地力が落ちてくるので，放置しておくと再びアラビアゴムの木が育ってくる．このように，

　　　ゴムの木 → 薪炭材 → 火入れ → 耕作 → 休耕 → ゴムの木

という合理的な輪作が1960年代中頃まで長年続いていた．

　1960年台後半から人口が急増して，この合理的な輪作が狂ってきた．1945年頃，村には約200人が住んでいたが，1960年代の人口急増期にはこの村にも人や家畜がつぎつぎと移ってきて，1970年には約900人，1975年には1200人と増加していった．人が1人増えると家畜も4～5頭増えていった．

　人口の増加によって，まず食糧の需要が増大した．食糧を得るために，休耕期間の短縮とアラビアゴム林の開墾が始まった．当時，アラビアゴムの価格が低下していたことや，人口増加によって薪の消費が増加したことも森林破壊を加速させた．一方，増加したヤギなどの家畜がアラビアゴム林に入り，アラビアゴムの苗や若木を食い尽くしていった．その十数年で，村の半径10km以内の森林は2～3割に減ってしまった．

　1972年と翌年の干ばつでアラビアゴム林の破壊は決定的になった．薪を売って穀物を買う現金を得るため，人々はアラビアゴムの木の伐採を続け，開墾を続けた．1983年の干ばつでは，開墾した畑も乾燥しきって砂漠となってしまった（石 弘之，1986・6・24 朝日新聞より）．

14・3・2　農耕地の酷使（過耕作）

　1955～85年の30年間に世界の穀物生産は2倍以上にも増えた．しかし，この間に農地面積はわずか15％ほどしか増加していない．このことは穀物の増産が農地の拡大によるのではなく，農地の酷使によって得られていることを示している．

　アメリカでは，トウモロコシや大豆などの連作のため44％の農地で土壌

の劣化や侵食が起こっている．アイオワ州では，連作して土壌の劣化が進んだトウモロコシ畑では，土壌保全の良い畑に比較して，わずか 20 ％ の収穫量であった．

アフリカ各国では，外貨不足の解決策として換金作物の単作栽培に依存している．セネガルやニジェールなどのピーナッツや油ヤシの栽培，ジンバブエのタバコ，綿花，大豆などの栽培，エチオピアのコーヒー，ケニアの紅茶がその例である．東南アジアや中南米のゴム，油ヤシ，コーヒー，ココアなどの農園も同様である．しかし，これらの換金作物は価格が低迷すると，耕作面積の拡大，休耕地での栽培，連作などの過耕作に陥り，耕地を劣化させて砂漠化を招いている．

農業を支えている表土は薄いフィルム状に大地を覆っており，その平均の厚さは 18 cm ほどである．表土は，動植物の遺骸や肥料などの有機物が少しずつ堆積して形成されていく．温帯地方の自然状態では 1 cm の表土ができるのに 100 年以上もかかるといわれている．一度，表土を劣化させたり，流失させたりすると，その再生は容易ではない．

14・3・3 灌漑による塩類集積

先進国は，発展途上国の農業生産を高めるためや，農地の砂漠化を阻止するために，灌漑施設の建設を援助してきた．1960 年以後，発展途上国における農業生産の増加量のうち，50〜60 ％ は灌漑の普及によって達成されており，灌漑は農業生産に効果的であることは確かである．

しかし，この灌漑にも農地の塩類集積という困難な問題が表面化してきた．中東やアフリカでは大規模な灌漑農地がつくられてはいるが，それらの多くが塩類集積で砂漠化している．例えば，スーダンの灌漑施設では，地面から塩分が粉を吹いたように集積しており，畑一面がひび割れて砂漠となっていた．エジプトのアスワンハイダム建設によって灌漑が行われた農耕地も，やはり塩類集積によって再砂漠化していた．

高温乾燥地帯では，灌漑によって供給された水に含まれている塩分が，水分の蒸発によって土地の表面に濃縮蓄積されて，塩類集積を起こすのである．

たとえ灌漑水に塩類が含まれていない場合でも，灌漑水が地中深くにしみこんで塩類を溶解し，地上の激しい蒸発のため毛管現象によって地表に移動し，蒸発の際に塩類のみを残して集積させる．砂漠化を阻止するための灌漑が，かえって砂漠をつくり出しているのである．

灌漑による塩類の集積はアメリカでもみられている．コロラド州やネブラスカ州に見られるセンター・ピボット灌漑システムは地下水を汲み上げて，半径400mの面積に散水できる方法である．この方法は農業の大規模生産を可能にしたのではあるが，地下水が枯渇したり，塩類集積が起こって，土地が砂漠化した例が報告されている．

14・4 砂漠化の防止

現在のスピードで砂漠化が進行すると，近い将来，世界的な食糧不足によって深刻な事態になってしまう．急ぎ砂漠化の進行を食い止めねばならない．

砂漠化を防止するためには，植樹などによる緑化を進めることや，飛砂防止林をつくって砂漠からの飛砂を防止することが必要である．間接的な手段としては，人口増加の抑制，貧困対策，食糧対策，農業の小規模集約化など，背景にある社会的な要因を改善することである．これらの手段を総合的に進めないと効果をあげることはできない．

1977年にケニアの首都ナイロビで，第1回国連砂漠化会議が開催され，砂漠化防止の行動計画が採択された．その後，北アフリカのモロッコ，アルジェリア，チュニジア，リビア，エジプトの砂漠周辺5か国は，サハラ砂漠から北上する砂を食い止めるべく，大グリーン・ベルトの緑化作戦を進めてきた．

アルジェリアでは，1978年以降北アトラス山脈と南アトラス山脈の中間にある低地で，西のモロッコから東のチュニジア国境に至る1500kmに，幅平均20kmのアレッポ松を主としたグリーン・ベルトを造成してきた．この計画によって，砂漠化にさらされている2000万haの土地を守ろうというのである．

モロッコやリビアでは，アカシア属，ユーカリ属などの樹木を用いて飛砂防止林を作っている．エジプトは，リビアの国境からアレキサンドリアにかけた砂漠で，地下水やナイル川の水を利用して，オリーブ，ブドウ，アーモンドなどを栽培して緑化を試み，周囲にアカシア属やユーカリ属からなる飛砂防止林を配置している．

サハラ砂漠の南側のニジェールでも，砂漠にニームなどの苗を植樹して，約 300 km の防風林を造成している．マリやスーダンでも砂漠の緑化が計画されている．

14・4・1 水の確保と管理

砂漠化を防ぐためには植樹が効果的だが，その場合水の管理がとくに重要である．地下水，河川水，海水を淡水化した水がどれだけ得られるかによってその成否が決まってしまう．とくに地下水は自然の状態で植物が吸収できるようにして利用すべきで，汲み上げて灌漑水にすることはなるべく避けるべきである．

近年では，灌漑による塩類集積を防ぐために，トリクル灌漑（点滴灌漑）が行われている．この方法は最初イスラエルで行われ，1970 年代になってアメリカでも導入され，現在では世界中で用いられている．この灌漑では，水は地表または地下に設置されたプラスチックの管で運ばれ，ノズルによって個々の植物に隣接した狭い面積に直接水を滴下するのである．これは灌漑水の利用効率を高め，水を土地に留めて，塩類や農薬などが農地を通り抜けて再び水源に流入しないようにするためである．ただし，小麦などの大規模栽培には向いていない．

最近では，砂漠の緑化のために砂中の保水剤も研究されている．ある種の吸水性樹脂は自重の数百〜千倍の水を吸収することができる．日本は，エジプトでこの樹脂を使って砂漠緑化実験を行っている．また，福井県の工業技術センターは保水性に優れた新繊維を開発し，アラブ首長国連邦で砂漠の緑化に取り組んでいる．この保水性繊維は，水を吸いにくい合成繊維と，紙おむつなどに使われる吸水性の高い樹脂とを一体化して，植物の根の生長を妨

げないようにネット状に編んである.これを使えば,砂中でも$1m^2$当たり数リットルの水を保つため,砂地でも濃い緑の芝がびっしり生えたという.

有機系の保水剤は,長くても2年くらいで分解して炭素と水に変わるため,環境負荷の少ない材料として期待できる.問題は,コストが高いこと,比重の軽い保水剤を土壌に均一に混ぜることが難しいこと,塩分濃度が高い水ではその能力が落ちることなどである.また,枯死した水生植物が長い年月の間に水中に堆積して炭化しかかった草炭(ピート)は,保水性や通気性をもち酸性であるため,アルカリ性の砂漠土を中性化し,保水剤と同じような効果を示すという.今後の活用が有望視されている.

14・4・2 樹種選定と植栽技術

半乾燥地域における植林では,どんな樹種を選択するのかが最も重要な課題である.水の利用効率が高く,ごくわずかな水でも生長する植物が望ましいが,同時に耐乾性や耐塩性を備え,家畜の餌として葉が利用できたり果実を食用に供したりできる樹種が求められており,アカシアやプロソビスといったマメ科の落葉在来種が適しているといわれている.

アフリカの半乾燥地域における植林では,なるべく早く緑化することを目指していたため,生長の著しく早い外国産の樹種を使用してきたが,現在ではその地域の自然条件に適応した在来種を植林する傾向にある.

一方,限られた雨水を有効に利用するために,さまざまな植栽技術が実施されている.マイクロキャッチメント方式は,苗木を囲むように半円形に盛り土をし,その中を流れる雨水を逃がさず土中にしみこませる方法であり,マルチング(根元おおい)方式は,苗木のまわりに小石を敷き詰めたり砂を敷いたりして,土壌にしみこんだ雨水が土壌表面から失われるのを防ぐ方法である.また,飛行機を利用した空中播種は大面積の乾燥地を緑化することに有効で,中国では内蒙古自治区や陝西省で用いられている.播種される植物はその土地に自生する植物が中心で,ヨモギ類,マメ科の低木や草本,マツ類などがよく使われているという.

アラル海の悲劇

カザフスタンにあるアラル海は，九州と四国を足した面積をもつ広さ世界第4位の湖である．現在，その水位が15 mも下がり，面積はざっと半分に縮んでしまった（表14・3）．

表14・3 アラル海の縮小の推移（国立環境研究所地球環境研究センター『砂漠化/土地荒廃データブック』より）

年	海面高度 (m)	海面の広さ (km²)	水量 (km³)	塩分濃度 (g/l)
1960	53.41	68000	1090	10
1971	51.04	60200	925	12
1976	48.28	55700	763	14
1987	40.50	41000	374	27
2000*	33.00	23400	162	35

* 2000年は予想値のまま．
出典：日本カザフ文化経済交流協会．

アラル海にはシルダリアとアムダリアという二つの大河が流れ込んでいる．旧ソ連時代，砂漠を農地に変える「自然大改造計画」で，大量の水が中流域で灌漑用に取られた．灌漑面積は800万haにものぼった．そのためアラル海に流入する水量は激減し，1961年から湖の水位が下がり始め，現在も下がり続けている．シルダリア川は，はるか中国の天山山脈を源とする長さ2210 kmの大河であったが，その河口近くはやせ細り，川幅は100 mもない．川の中下流域には，水田や綿花畑などの灌漑農地が広がるが，雪が降り積もったような大地も広がっている．無理な灌漑のため地中から塩分が浮き出て，放棄された農地である．そこには草さえ生えていない．綿花畑では収穫前に大量の落葉剤をまく．その農薬と塩まじりの砂が，冬の強風にあおられて周辺数百kmにまで達する．そのため農地の汚染と健康被害は計りしれない．湖も塩湖になって漁業は壊滅状態である．

広大な砂漠に水を引いて豊かな穀倉地帯に変える壮大な夢が，20世紀最大といわれる環境破壊をもたらしてしまった．（2001・7・1 朝日新聞より）

旧版 あとがき

　南極大陸では，観測基地や観光船からごみや汚水が投棄されて，環境汚染が進んでいる．1993年に，アザラシの腸内から薬剤耐性大腸菌が見つかった．自然界には存在しないはずの大腸菌なので，人間が捨てた汚水や便などにアザラシが接触して，感染した可能性が高い．病原菌が南極に持ち込まれれば，野生生物に深刻な影響が出るであろう．

　1995年には8000人もの観光客が南極に押し寄せた．南極の観光シーズンは現地が夏になる11～2月で，ペンギンの繁殖時期と重なっている．観光客らが写真を撮ろうとペンギンの巣に近づき，卵を抱くペンギンに相当なストレスを与えているという．

　このように地球上に残された貴重な自然を人間がつぎつぎと踏み荒らしていくと，野生生物は生息できなくなる．地球上で絶滅の危機に陥っている動物の96％が，開発，乱獲などの人為的な原因によって被害を受けている．人間が増加することが野生生物の絶滅をひき起こすという報告もある．

　イギリスの世界保護観察センターは，中国のジャイアントパンダ，アフリカのクロサイ，アメリカのカリフォルニアコンドル，中国のワニ，マダガスカルのキツネザル，パプアニューギニアに生息する世界最大のチョウなど世界20種類の野生動物が，1996年末までに絶滅する恐れがあると警告していた．その原因として，やはり環境汚染，密猟，急激な人口増加，森林の伐採，ダム建設などによる野生動物の生息地の破壊をあげている．

　日本でも明治以降に，ニホンオオカミ，エゾオオカミ，ニホンアシカなど57種の動植物が乱獲や生息環境の破壊により絶滅してしまった．現在，アマミノクロウサギ，イリオモテヤマネコなど多くの動植物が絶滅危惧種になっている．

生物界は遺伝子の宝庫である．それぞれの遺伝子は長い進化の歴史を経て集積されてきた．たとえ一つの生物種を滅ぼすことでも，貴重な遺伝子資源の損失であるといえる．一度絶滅した生物は再び地球上によみがえることはない．現在のように多くの生物が絶滅してできた空白は，自然界で起こる種分化によって回復するまで何百万年も待つしか術がないのである．自然の貴重さを認識して，自然保護に理解をもつことが必要である．

　自然保護には本来二つの考え方がある．その一つは，プレザーベーションと呼ばれるもので，自然に人手をまったく加えずにそのまま保存して，科学的研究などにのみ利用しようとする考え方である．国立公園の特別保護地域や，天然記念物などがその例である．他の一つは，コンサーベーションと呼ばれるもので，自然を木材産業，水資源の確保，漁業資源，レクリエーションなどそれぞれの目的に利用しながら，荒廃しないように維持・管理していこうとする考え方である．

　この場合，学術的資料として保存している自然を，同時に木材産業やレクリエーションの場に利用することはできない．そのためすべての自然を同一の考え方や方法で保護することは無理である．まったく人手を加えない保存地域とか，木材生産用地域，レクリエーション用地域などに分けて，それぞれが最も良い状態で保存できるように維持し，管理するしくみを考え，それを積極的に進めることが重要である．その場合に，保護しようとする自然については，その生態系の構造や特徴などを十分に理解しておく必要がある．

　先進国で現在のような大量生産・大量消費の生活スタイルが続き，発展途上国で人口爆発が続くと，近い将来，資源やエネルギーの不足，もっと深刻な環境破壊や環境汚染，食糧不足などが起こって，人類自身が破滅に向かう可能性が高い．これらの問題については，全世界が協力してその対応に取り組む必要がある．

　現在，日本は高度な経済活動を営んでいる．しかしその活動は，石油，鉱物，木材，食糧などを大量に輸入することによって支えられている．とくに木材の輸入では地球環境に大きな影響を与えている．今後はそれをふまえて

地球環境保全への責任を果たすべきである．わが国には，高度な技術力，公害問題に対処してきた経験，それに経済力がある．このような能力を生かして，発展途上国の環境保全を支援して，問題の解決に貢献していかなければならない．

　1997年2月

松 原　　聰

主な参考文献・参考 WWW サイト
※各省庁の報道発表資料などは省略した．

全　般（数章にわたるものを含む）
- 『平成 18 年版 環境白書』環境省（2006）　ほか各年度版．
  http://www.env.go.jp/policy/hakusyo/
- EIC ネット　環境用語集　　http://www.eic.or.jp/
- 総務省統計局（編集：総務省統計研修所）『第五十五回　日本統計年鑑　平成 18 年版』
  統計情報研究開発センター（2006）．　http://www.stat.go.jp/data/nenkan/
- 総務省統計局（編集：総務省統計研修所）『世界の統計 2006』日本統計協会（2006）．
  http://www.stat.go.jp/data/sekai/
- 宝月欣二・吉良竜夫・岩城英夫　編『環境の科学　―自然・生物・人類のシステムをさぐる―』
  日本放送出版協会（1977）．
- 松中昭一　編『図説　環境汚染と指標生物』朝倉書店（1979）．
- 山岸　宏『現代の生態学（新版）』講談社（1982）．
- 石　弘之『地球環境報告』岩波書店（1988）．
- 石　弘之『地球環境報告 II』岩波書店（1998）．
- 東京農工大学農学部編集委員会　編『地球環境と自然保護（改訂版）』培風館（1997）．
- 遠山　益『人間環境学　―環境と福祉の接点―』裳華房（2001）．
- (財)地球・人間フォーラム『環境要覧 2005/2006』古今書院（2005）．
- 環境省　　http://www.env.go.jp/
- 国立環境研究所　　http://www.nies.go.jp/

1　日本の自然環境
- 気象庁　気象統計情報　電子閲覧室　　http://www.data.kishou.go.jp/
- 環境省　環境基本計画　　http://www.env.go.jp/policy/kihon-keikaku/
- 環境省　生物多様性センター　生物多様性情報システム　自然環境保全基礎調査
  http://www.biodic.go.jp/kiso/fnd-f.html
- 2006 IUCN Red List of Threatened Species　　http://www.iucnredlist.org/
- WWF ジャパン　WWF の活動　野生生物　　http://www.wwf.or.jp/activity/wildlife/
- 環境省　生物多様性センター　生物多様性条約
  http://www.biodic.go.jp/nbsap.html
- 鷲谷いづみ「【インタビュー】生物多様性とは何か」．遺伝，59 巻 3 号，p.22（2006）．
- 環境省　自然再生推進法　　http://www.env.go.jp/nature/saisei/law-saisei/
- 環境省パンフレット「自然再生事業　忘れてきた未来」
  http://www.env.go.jp/nature/saisei/pamph/pamphlet.html

2　河川の汚濁・汚染
- 国土交通省　河川局　　http://www.mlit.go.jp/river/
- 津田松苗『汚水生物学』北隆館（1964）．
- 森下郁子『川の健康診断　―清冽な流れを求めて―』日本放送出版協会（1977）．
- 石けん百科　別館　合成洗剤の基礎知識
  http://www.live-science.com/bekkan/intro/

- 井村伸正・長沼　章「環境汚染性重金属のトキシコロジー」．化学と生物，19巻，p.767（1981）．
- 多自然型川づくりレビュー委員会「多自然川づくりへの展開」
　http://www.mlit.go.jp/kisha 06/05/050530-.html
- リバーフロント整備センター　自然豊かな川づくり
　http://www.rfc.or.jp/kawa/kawa-f.html

3　湖沼の汚濁・汚染

- 滋賀の環境 2006　　http://www.pref.shiga.jp/biwako/koai/kankyo/
- 滋賀県琵琶湖・環境科学研究センター　　http://www.lberi.jp/
- 国土交通省　琵琶湖河川事務所　琵琶湖の現状と変遷
　http://www.biwakokasen.go.jp/others/genjou
- 鈴木紀雄「何が琵琶湖の汚染をもたらしたか」．採集と飼育，8巻，p.426（1980）．
- 手塚泰彦『生態学講座 34　環境汚染と生物 II　—水質汚濁と生態系—』共立出版（1972）．
- 松中昭一『指標生物 —環境汚染を啓示する—』講談社（1975）．
- 楠見武徳「アオコの生産する毒性物質」．化学と生物，26巻，p.149（1988）．
- 彼谷邦光『飲料水に忍びよる　有毒シアノバクテリア』裳華房（2001）．
- 環境省　ラムサール条約と条約湿地　　http://www.env.go.jp/nature/ramsar/conv/
- 尾瀬保護財団　　http://www.oze-fnd.or.jp/

4　海域環境の破壊

- 国土交通省　河川局　明日の海岸づくり　　http://www.mlit.go.jp/river/
- 原島　省・功刀正行『海の働きと海洋汚染』裳華房（1997）．
- せとうちネット　瀬戸内海の環境情報　　http://www.seto.or.jp/seto/kankyojoho/
- 飯塚昭二「赤潮の話 —発生条件と構成種—」．遺伝，37巻9号，p.8（1983）．
- 海上保安庁　東京湾環境情報サイト
　http://www1.kaiho.mlit.go.jp/KANKYO/SAISEI/
- 国土交通省　政策レビュー結果（評価書）「海洋汚染に対する取り組み —大規模油流出への対応—」　　http://www.mlit.go.jp/hyouka/review/15/review04.html
- 水産庁「平成17年度　水産の動向」及び「平成18年度　水産施策」
　http://www.maff.go.jp/hakusyo/sui/h17/
- 農林水産省　農林水産統計データ　　http://www.maff.go.jp/www/info/
- 『漁業・養殖業生産統計年報』農林統計協会（年刊）
- 谷口和也・關　哲夫・蔵多一哉「磯焼けの機構と克服技術としての海中造林」．野生生物保護，1巻，p.37（1995）．
- 谷口和也『磯焼けを海中林へ —岩礁生態系の世界—』裳華房（1998）．

5　殺虫剤散布による汚染と混乱

- 環境省　POPs（残留性有機汚染物質）　　http://www.env.go.jp/chemi/pops/
- 外務省　ストックホルム条約（POPs条約）
　http://www.mofa.go.jp/mofaj/gaiko/kankyo/jyoyaku/pops.html
- 湯嶋　健・桐谷圭治・金沢　純『生態系と農薬』岩波書店（1973）．
- 磯野直秀「有機塩素化合物と野鳥」．遺伝，30巻7号，p.4（1976）．
- 山本　昭「性フェロモンの応用」．遺伝，45巻11号，p.55（1991）．
- 農業環境技術研究所「農業環境研究：この国の20年（5）　生物を活用した持続的農業技術」．情報：農業と環境，No.50（2004）．
- 野口　浩・杉江　元「チャノコカクモンハマキの交信撹乱剤に対する抵抗性系統の確立」．農環研ニュース，64巻10号，p.6（2004）．

6 日常生活を汚染する有害物質

- 環境省 ポリ塩化ビフェニル (PCB) 廃棄物処理
  http://www.env.go.jp/recycle/poly/
- 吉村英敏「PCB の代謝と毒性」. 化学と生物, 14 巻, p.70 (1976).
- 環境省パンフレット「ポリ塩化ビフェニル (PCB) 廃棄物の適正な処理に向けて [2005 年度版]」 http://www.env.go.jp/recycle/poly/pcb-pamph/
- 石倉俊治「ダイオキシンの催奇性」. 遺伝, 42 巻 1 号, p.51 (1988).
- 石倉俊治・小野寺祐夫「ダイオキシンによる環境汚染」. 科学, 59 巻, p.480 (1989).
- 各省庁共通パンフレット「ダイオキシン類 2005」
  http://www.env.go.jp/chemi/dioxin/pamph.html
- 松原 聰『がんの生物学』裳華房 (1992).
- 日経 BP 社医療局 環境ホルモン取材班『環境ホルモンに挑む』日経 BP 社 (1998).
- 彼谷邦光『環境ホルモンとダイオキシン』裳華房 (2004).
- 国立環境研究所『環境儀 No.17 有機スズと生殖異常 ―海産巻貝に及ぼす内分泌かく乱化学物質の影響』(2005).
- 環境省 化学物質の内分泌かく乱作用について http://www.env.go.jp/chemi/end/
- 厚生労働省 内分泌かく乱化学物質ホームページ
  http://www.nihs.go.jp/edc/edc.html

7 都市環境と生物

- 中野尊正・沼田 眞・半谷高久・阿部喜也『生態学講座 28 都市生態学』共立出版 (1974).
- 『平成 18 年版 循環型社会白書』環境省 (2006).
  http://www.env.go.jp/policy/hakusyo/
- 環境省 循環型社会関連 http://www.env.go.jp/recycle/circul/
- 圓藤紀代司『高分子とそのリサイクル ―分ければ原料、混ぜれば焼却―』裳華房 (2004).
- 土肥義治「生物が分解するプラスチック」. 日経サイエンス, 29 巻, p.80 (1989).
- 岡村圭造「生分解性プラスチックのルーツ」. 化学と生物, 32 巻, p.609 (1994).
- 国土交通省 土地・水資源局水資源部 日本の水資源
  http://www.mlit.go.jp/tochimizushigen/mizsei/
- 石川 中「ストレスとは」. からだの科学, 101 巻, p.34 (1981).
- 川上 登「ストレスと消化器疾患」. からだの科学, 101 巻, p.49 (1981).
- 新福尚武「うつ病 ―概念と症状」. こころの科学, 7 巻, p.34 (1986).
- 田多井吉之介『ストレスとはなにか ―あなたの心身に危機はないか―』講談社 (1974).
- 東京都 緑の東京計画 http://www2.kankyo.metro.tokyo.jp/sizen/tokyokeikaku/
- 環境省 外来生物法 http://www.env.go.jp/nature/intro/
- 唐沢孝一 編『都市動物の生態をさぐる ―動物からみた大都会―』裳華房 (2002).
- 唐沢孝一「鳥の生育環境としての都市」. 遺伝, 37 巻 8 号, p.6 (1983).
- 矢部辰男「クマネズミの優勢化が示唆する特異な都市化」. 生物科学, 43 巻 3 号, p.113 (1991).
- 東京都 福祉保険局 水道課「都民のためのねずみ防除読本」
  http://www.fukushihoken.metro.tokyo.jp/kankyo/nezumidokuhon/
- 東京都 ねずみ防除指針
  http://www.fukushihoken.metro.tokyo.jp/kankyo/boujoshishin/

8 人口問題

- 国立社会保障・人口問題研究所 一般人口統計 ―人口統計資料集 (2006 年版) ―

http://www.ipss.go.jp/syoushika/tohkei/Popular/Popular2006.asp?chap=0
- 厚生労働省 統計表データベース 人口動態調査
  http://wwwdbtk.mhlw.go.jp/toukei/
- United Nations Population Division "World Urbanization Prospects: The 2004 Revision Population Database"　http://esa.un.org/unpp/
- United Nations Statistics Division　http://unstats.un.org/unsd/
- 岡崎陽一「日本人口の現状と将来」．遺伝，28巻5号，p.12 (1974)．
- 増田善信『地球環境が危ない』新日本出版社 (1990)．
- 村松　稔・西岡和男『人間はどこまでふえるか　―人口爆発のメカニズム―』講談社 (1978)．

9　大気汚染

- 若松伸司・篠崎光夫『広域大気汚染　―そのメカニズムから植物への影響まで―』裳華房 (2001)．
- 環境省 大気環境基準等　http://www.env.go.jp/air/kijun/
- 中央環境審議会 今後の有害大気汚染物質対策のあり方について（第七次答申）
  http://www.env.go.jp/council/toshin/t07-h1503.html
- 環境省 大気環境モニタリング実施結果
  http://www.env.go.jp/air/osen/monitoring.html
- 環境省 揮発性有機化合物（VOC）対策
  http://www.env.go.jp/air/osen/voc/voc.html
- 環境省 リスクコミュニケーションのための化学物質ファクトシート
  http://www.env.go.jp/chemi/communication/factsheet.html
- 環境省 アスベスト（石綿）関連情報　http://www.env.go.jp/air/asbestos/
- 久野春子「植物の大気汚染耐性と感受性」．植物細胞工学，5巻，p.272 (1993)．
- 近藤矩朗「植物の大気汚染耐性の仕組み」．植物細胞工学，5巻，p.281 (1993)．
- 国立環境研究所『環境儀 No.11　持続可能な交通への道　―環境負荷の少ない乗り物の普及をめざして』(2004)．
- 国土交通省 自動車交通局　http://www.mlit.go.jp/jidosha/roadtransport.htm
- 環境省 低公害車ガイドブック 2005
  http://www.env.go.jp/air/car/vehicles2005/frame-1.htm

10　酸性雨

- 環境省 酸性雨対策　http://www.env.go.jp/earth/acidrain/acidrain.html
- 金野隆光「酸性雨　―農業生態系への影響―」．化学と生物，24巻，p.591 (1986)．
- 村野健太郎『酸性雨と酸性霧』裳華房 (1993)．
- 国立環境研究所『環境儀 No.12　東アジアの広域大気汚染　―国境を越える酸性雨』(2004)．

11　オゾン層を破壊するフロン

- 環境省パンフレット「オゾン層ってどうなってるの？」
  http://www.env.go.jp/earth/ozone/pamph/
- 気象庁 オゾン層・紫外線の観測・監視
  http://www.data.kishou.go.jp/obs-env/ozonehp/3-0ozone.html
- 環境省 フロン回収破壊法　http://www.env.go.jp/earth/ozone/cfc.html
- 特許庁 代替フロン・フロン無害化技術
  http://www.jpo.go.jp/shiryou/s-sonota/map/ippan17/frame.htm

12 二酸化炭素排出による地球の温暖化
- 大政謙次・原沢英夫 編『遺伝 別冊 No.17 地球温暖化 —世界の動向から対策技術まで—』裳華房 (2003).
- 環境省 地球温暖化対策　http://www.env.go.jp/earth/index.html#ondanka
- R.A.ホートン・G.M.ウッドウェル（秋元　肇・光本茂記 訳）「実測データが示す地球温暖化」.『別冊日経サイエンス 93 破壊される地球環境』, p.7, 日経サイエンス (1989).
- 清野　豁「地球温暖化による農業植物への影響」. 遺伝, 45 巻 9 号, p.25 (1991).
- 安成哲三「『地球温暖化』と生物圏」. 遺伝, 45 巻 8 号, p.23 (1991).
- 山田興一「CO_2 問題と対策」. 遺伝, 45 巻 9 号, p.14 (1991).
- 内嶋善兵衛『〈新〉地球温暖化とその影響』裳華房 (2005).

13 破壊される熱帯林
- 国立環境研究所『環境儀 No.4 熱帯林 —持続可能な森林管理をめざし』(2002).
- 国際連合食糧農業機関 (FAO)『世界森林白書 (2001 年報告)』農山漁村文化協会 (2002).
- 環境省パンフレット「世界の森林とその保全」
  http://www.env.go.jp/earth/shinrin/pamph/
- 『2005 年版 開発途上国の森林林業』海外林業コンサルタンツ協会 (2005).
- R.レペト（松下和夫 訳）「政策が加速する熱帯林破壊」. 日経サイエンス, 20 巻, p.8 (1990).
- P.A.コランボウ（山田　勇 訳）「アマゾン多雨林の危機」. 日経サイエンス, 19 巻, p.7 (1989).
- 吉田昭彦「ブラジル・ノルデステの総合農業開発とアマゾン熱帯雨林破壊に対する抜本的な対策」. 日経サイエンス, 22 巻, p.A 2 (1992).

14 急ピッチで進む砂漠化
- 国立環境研究所 地球環境研究センター「砂漠化/土地荒廃データブック」(1997)
  http://www-cger.nies.go.jp/cger-j/db/desert.html
- 鳥取大学 乾燥地研究センター 砂漠化とは
  http://www.alrc.tottori-u.ac.jp/japanese/desertification/40j.html
- 環境技術情報ネットワーク 砂漠の緑化技術
  http://e-tech.eic.or.jp/libra/lib-24/lib24.html
- 外務省 砂漠化対処条約
  http://www.mofa.go.jp/mofaj/gaiko/kankyo/sabaku/
- 国際協力機構 世界の諸問題 世界の砂漠化
  http://www.jica.go.jp/world/issues/kankyou06.html
- 清水正元「地球の砂漠化とその防止対策 (1)」. 化学と生物, 25 巻, p.473 (1987).
- 清水正元「地球の砂漠化とその防止対策 (2)」. 化学と生物, 25 巻, p.546 (1987).
- 環境省 黄砂　http://www.env.go.jp/earth/dss/

旧版あとがき
- 本谷　勲・朝日　稔・阿部　學・広井敏男・布施慎一郎・沖野外輝夫『自然保護の生態学 —野生生物の保護と管理—』培風館 (1979).

URL アドレスは 2006 年 8 月現在.

図表出典一覧

図3・2　鈴木紀雄（1980）採集と飼育，42巻8号，p.428（図5）．
図3・3　鈴木紀雄（1980）採集と飼育，42巻8号，p.426（図1），p.427（図2）改写．
図3・5　楠見武徳（1988）化学と生物，26巻，p.149（図）．
図4・5　村上彰男（1979）「43　プランクトン（海洋）」（松中昭一 編『図説 環境汚染と指標生物』），朝倉書店，p.183（図4-6）／柳田友道（1984）『微生物科学4』，学会出版センター，p.257（図IX.102）改写．
図5・2　湯嶋　健・桐谷圭治・金沢　純（1973）『生態系と農薬』，岩波書店，p.71（図4・3，図4・4），p.72（図4・5）改写．
図5・3　湯嶋　健・桐谷圭治・金沢　純（1973）『生態系と農薬』，岩波書店，p.59（図3・6）．
図5・4　山岸　宏（1973）『現代の生態学』，講談社，p.46（図2.15）．
図5・6　湯嶋　健・桐谷圭治・金沢　純（1973）『生態系と農薬』，岩波書店，p.183（図8・3）改写．
図5・7　桐谷圭治・中筋房夫（1977）「V　農薬禍と害虫管理」（宝月欣二・吉良竜夫・岩城英夫 編『環境の科学』），日本放送出版協会，p.240（図V-1・3）改写．
図5・8　湯嶋　健・桐谷圭治・金沢　純（1973）『生態系と農薬』，岩波書店，p.64（図3・4）．
図5・9　湯嶋　健・桐谷圭治・金沢　純（1973）『生態系と農薬』，岩波書店，p.28（図2・3）．
図6・6　杉村　隆（1982）『発がん物質』，中央公論社，p.109（図8・7）改写．
図7・1　中野尊正・沼田　眞・半谷高久・安部喜也（1974）『生態学講座28　都市生態学』，共立出版，p.96（図1.1）．
図7・2　土肥義治（1989）サイエンス，19巻12号，p.84（図）改写．
図7・4　中野尊正・沼田　眞・半谷高久・安部喜也（1974）『生態学講座28　都市生態学』，共立出版，p.31（図2.1）．
図7・7　川上　登（1981）からだの科学，101巻，p.54（図10）改写．
図7・8　田多井吉之介（1984）『ストレスとはなにか』，講談社，p.94（図）改写．
図7・9　星野義延（1992）「9-5　緑被地の減少」（東京農工大学農学部編集委員会 編『地球環境と自然保護』），培風館，p.167（図9-12）改写．
図8・8　村松　稔・西岡和男（1978）『人間はどこまでふえるか』，講談社，p.61（図5）改写．
図9・2　遠山　益（1976），生物の科学 遺伝，30巻7号，p.48（第2図）改写．
図9・3　近藤矩朗（1993）植物細胞工学，5巻4号，p.284（図4）．
図10・1　金野隆光（1986）化学と生物，24巻9号，p.591（図1）改写．
図10・3　増田善信（1990）『地球環境があぶない』，新日本出版，p.98（図26）改写．
図11・2　三宅　博「6-2　オゾン層の破壊」（東京農工大学農学部編集委員会 編『地球環境と自然保護』），培風館，p.75（図6-4）改写．
図11・4　富永　健（1989）科学，59巻9号，p.608（図7）．
図12・1　太田次郎（1980）『教養の生物』，裳華房，p.178（図6・18）．
図12・2　内嶋善兵衛（2005）『〈新〉地球温暖化とその影響』，裳華房，p.51（第4・2図）．

図12・3　R.A.ホートン・G.M.ウッドウエル（秋本　肇・光本　茂　訳）（1989）サイエンス，19巻6号，p.11（図）．
図12・5　清野　豁（1991）生物の科学 遺伝，45巻9号，p.26（第1図）．
図12・6　清野　豁（1991）生物の科学 遺伝，45巻9号，p.27（第3図）．
図13・1　石　弘之（1988）『地球環境報告』，岩波書店，p.89（図8）改写．
図13・4　R.レペト（松下和夫　訳）（1990）サイエンス，20巻6号，p.13（図）改写．
図14・1　USGSによるWWWサイト Deserts：Geology and Resources "What Is a Desert?"　http://pubs.usgs.gov/gip/deserts/what/world.html

表2・2　津田松苗（1964）『汚水生物学』，北隆館，p.70（表4・1）改表．
表2・3　津田松苗（1964）『汚水生物学』，北隆館，p.72（表4・2）改表／森下郁子（1979）『川の健康診断』，日本放送出版協会，p.103（表3・5）改表．
表3・2　津田松苗（1964）『汚水生物学』，北隆館，p.141（表8・1）改表．
表3・3　倉沢秀夫・山岸　宏（1971）バイオテク，2巻，p.261／山岸　宏（1973）『現代の生態学』，講談社，p.71（表3.2），p 72（表3.3）．
表3・4　Nishino. M & N. C. Watanabe（2000）*Advances in Ecological Research*, 31：151-180（表）／滋賀県琵琶湖研究部自然保護課 編（2000）『滋賀県で大切にすべき野生生物（CD-ROM版）』，滋賀県，（表）改表．
表4・3　飯塚昭二（1983）生物の科学 遺伝，37巻9号，p.8（第1表）改表．
表5・1　山岸　宏（1973）『現代の生態学』，講談社，p.80（表4.1）改表．
表6・1　環境省（2005）「ダイオキシン類2005」，環境省，p.5（表2）改表．
表6・2　環境省（2005）「ダイオキシン類2005」，環境省，p.12（表3）作図．
表9・1　松中昭一（1975）『指標生物』，講談社，p.7（表2-1）改表．
表9・2　松中昭一（1975）『指標生物』，講談社，p.64（表5-11）改表．
表9・4　松中昭一（1975）『指標生物』，講談社，p.58（表5-2）／松岡義治（1979）「II　個別大気汚染・二酸化硫黄　19．高等植物」（松中昭一 編『図説 環境汚染と指標生物』），朝倉書店，p.63（表19-5），p.65（表19-7）改表．
表9・5　松中昭一『指標生物』講談社（1975）p 59（表5-4）／松島二良（1979）「II　個別大気汚染・窒素酸化物　30．高等植物」（松中昭一 編『図説 環境汚染と指標生物』）朝倉書店 p 126（表30-1）改表．
表9・6　松中昭一（1975）『指標生物』，講談社，p.60（表5-5）／久野春子（1993）植物細胞工学，5巻4号，p.52（表2）改表．
表9・7　松中昭一（1975）『指標生物』，講談社，p.61（表5-7）改表．
表14・1　地球・人間環境フォーラム（2005）『環境要覧2005/2006』，古今書院，p.149（表1.8.2）改表．
表14・2　清水正元（1987）化学と生物，25巻7号，p.475（表1）改表．

生物名索引

ア

アカイエカ 75, 124
アカウミガメ 40
アカシア 208, 214
アカトンボ 73
アキアカネ 12
アコヤガイ 44
アサガオ 147, 149, 150, 163
アザラシ 86, 216
アジサシ 97
アデリーペンギン 53
アブラゼミ 125
アフリカツメガエル 97
アホウドリ 55
アマミノクロウサギ 120, 216
アマモ 42, 44
アメーバ 10
アメリカザリガニ 12
アユ 9, 30
アラメ 60
アルファルファ 146, 150, 152
アワビ 97

イ

イエネズミ 122
イエバエ 75, 124
イガイ 51
イカダモ 26
イサザ 28, 29, 33
イタセンパラ 20
イチョウ 148
イトミミズ 12, 13
イボニシ 95, 97
イリオモテヤマネコ 216

イルカ 53, 80, 97
イワシ 57, 58
イワツバメ 121
イワトコナマズ 29
イワナ 13
インゲン 152

ウ

ウグイ 17, 24, 28, 66
ウサギワムシ 26
ウズオビムシ 26
渦鞭毛藻 47, 48
ウナギ 17, 24
ウニ 55, 59, 60

エ

エゾオオカミ 216
エゾアワビ 60
エゾマツ 4
エビ 15, 25, 44
エビモ 33
円石藻 191
エンドウ 159

オ

黄緑色藻類 47
オオカナダモ 33
オオクチバス 28, 30
オオバコ 119
オオハンゴンソウ 120
オオムギ 159
オゼヌマアザミ 37
オゼヌマダイゲキ 37
帯鞭毛藻 48
オランダガラシ 38

カ

カ 15

カイツブリ 66
ガガブタ 33
カキ 52
カゲロウ 12, 32
カシ 4
カツオ 56
カニ 44
カブトガニ 42
カモメ 53
カラス 122
カラマツ 167, 168
カリフォルニアコンドル 216
カワニナ 12
環形動物 29

キ

キジ 66
キジバト 121
キツネ 66
キツネザル 216
棘皮動物 44
ギンブナ 28

ク

クジラ 5
クスダマヒゲムシ 26, 33
クヌギ 4
クマゼミ 125
クマネズミ 122
クモ 73
クリ 4
クロゴキブリ 124
クロサイ 216
クロモ 28, 33
クンショウモ 26

ケ

珪藻 24, 25, 29, 47, 48
ケヤキ 121, 125, 146, 148, 150
ゲンゴロウブナ 28, 29
原生動物 25, 29
ケンミジンコ 26

コ

コイ 24, 28, 97
甲殻類 24, 44
コガタアカイエカ 73, 75
コカナダモ 33
ゴキブリ 124
コクチバス 28
枯草菌 105
コナラ 4
ゴマフアザラシ 54, 97
コムギ 188
コンブ 59, 60, 189

サ

サカマキガイ 12
サケ 56, 189
ササ 4
ササバモ 28
サバ 56, 189
サメ 57
サワガニ 12, 13, 97
サンゴモ科紅藻 59, 189
サンマ 56

シ

シイ 4
シジミ 25
シバ 4
シマイシビル 12
ジャイアントパンダ 216
車軸藻 22
シャットネラ 47, 49
ジュズモ 26, 32, 34
シュードモナス菌 55, 105
シンクイガ 74

ス

スギ 168
スケトウダラ 56～58
スジエビ 25, 30
ススキ 4
スズメ 121
スルメイカ 56
ズワイガニ 57

セ

セアカゴケグモ 125, 189
セイタカアワダチソウ 119
セイヨウタンポポ 119
セキショウモ 28
セタシジミ 29, 30, 32
センニンモ 28
繊毛虫類 47, 48

ソ

ゾウリムシ 26
ソテツ 90
ソバ 146, 148
ソメイヨシノ 148

タ

タイ 97
タニシ 15
タバコ 146, 148, 150, 152, 159
タラ 56, 58
タンチョウ 35
タンポポ 119

チ

チカイエカ 124
チャノコカクモンハマキ 76
チャバネゴキブリ 124
チョウ 193, 216
チョウザメ 57
チョウバエ 12
鳥類 5

ツ

ツクツクボウシ 125
ツツジ 148
ツヅミモ 26
ツバメ 121
ツマグロヨコバイ 73
ツリガネムシ 26

テ, ト

テナガエビ 25
トウヒ 16, 168
トウヒノシントメハマキ 16, 65
トウモロコシ 106, 188, 210
ドジョウ 15
トチカガミ 33
トドマツ 4
ドバト 121
トビケラ 12
ドブネズミ 122
トマト 146, 148, 150, 152
トンボ 15

ナ 行

ナガバノモウセンゴケ 37
軟体動物 5, 44
ニイニイゼミ 125
ニカメイチュウ 73
ニゴイ 17
ニゴロブナ 28, 29
ニホンアシカ 216
ニホンオオカミ 216
ネジレモ 29, 33
ネズミワムシ 26
ノバト 66

ハ

ハイイロミズナギドリ 55
バイ貝 52, 97
ハイタカ 66, 67
ハエ 124

ハクセキレイ 121
ハシブトガラス 121
ハダニ 74, 75
ハタハタ 57
ハツカネズミ 122
ハナアブ 12
ハマチ 44
ハヤブサ 66, 67, 97
ハリケイソウ 26

ヒ

ヒグラシ 125
ヒシ 28, 33
被子植物 29
ヒノキ 168
ヒバマタ 59
ビブリオ菌 50
ヒメダカ 15
ヒメタニシ 32
ヒメマルケイソウ 26
ヒヨドリ 121, 122
ヒラタドロムシ 12
ヒラメ 97
ヒルガタワムシ 26
ピロリ菌 116
ビワクンショウモ 29, 31
ビワコオオナマズ 28, 29
ビワマス 28, 29, 33

フ

フキノトウ 90
ブタクサ 119
フタバガキ 199, 204
ブドウ 204
フナ 24, 28, 187
ブナ 4
フナガタケイソウ 26
ブラックバス 23, 28
フラボバクテリウム属 55
ブルーギル 28, 30
プロソピス 214

ヘ

ペチュニア 152
ペリカン 66
ペンギン 216
鞭毛藻 25

ホ

ホウレンソウ 152, 159
ホシガタケイソウ 25, 26
ホタル 15, 73
ホッキョクグマ 86
ホテイアオイ 38
哺乳類 5
ポプラ 159
ホロムイソウ 37
ホンモロコ 28〜30

マ

マアジ 56
マイワシ 56, 58, 189
マガキ 44
マグロ 56
マシジミ 25
マス 23, 24
マダイ 44
マツ 214
マナマコ 43
マナマズ 29
マメ科 214
マングース 120

ミ

ミカヅキモ 26, 31
ミクロキスティス 25, 26, 34
ミジンコ 26, 167
ミズナラ 4
ミズムシ 12
ミドリムシ 25, 26, 47
ミミズ 65
ミヤマガラス 66

ミョウガ 90
ミンミンゼミ 125

ム, メ, モ

ムクドリ 121
無節サンゴモ 59, 189
無節石灰藻 59
メダカ 15
メリスモペデア 26
メロシラ 25, 26
猛禽類 67
モノアラガイ 12
モミ 168

ヤ 行

ヤマシギ 65
ヤマバト 66
ヤンバルクイナ 120
ユスリカ 12, 13, 32
ユリカモメ 97
ユレモ 26, 34
ヨコエビ 12
ヨシ 30
ヨモギ 214

ラ 行

ラフィド藻 47, 48
藍藻 24, 25, 32, 34, 190
緑色鞭毛藻 48
緑藻 29, 167
輪虫類 24, 25, 167
レタス 152
ローチ 97

ワ

ワカサギ 24, 28
ワカメ 60
ワタアカミムシ 75
ワニ 96, 97, 216
輪虫（ワムシ）類 24, 25, 167
ワラビ 91

事項索引

数字・欧字

200 海里　57, 61
ACTH　113
AF_2　89, 92
$A\alpha C$　91
BHC　62, 63, 69
BOD　8, 10
BP　89
CDM　190
CFC　174, 180
CO　148
CO_2　182
COD　22, 43, 44
COP 3　189
DDT　16, 53, 62〜65, 69, 96
――の代謝　70
DEHP　23
ET　190
FAO　56, 135, 192
Glu-P-1　91, 92
Glu-P-2　91, 92
H_2O_2　157
HBFC　176, 180
HCFC　176, 180
IQ　91, 92
IUNC　5
JI　190
Lys-P-1　91
$MeA\alpha C$　91
MeIQ　91, 92
MeIQx　91
NO　147
NO_2　147
NO_x　147, 153
NO_x・PM 法　153
N_2O　186
O_3　149, 173
PAN　144, 145, 149, 151
――の感受性　152

PCB　53, 78, 96
――の代謝　81
PCB 廃棄物の処理　81
PCB 処理施設　82
pH　10, 24, 161
PM 2.5　153
POPs 条約　62, 82
ppb　51
ppm　8
SH 化合物　18
SO_2　143, 157
SOD　159
SPM　152
TBT　52, 95
2, 3, 7, 8-TCDD　83, 84
TEQ　84
Trp-P-1　91, 92
Trp-P-2　91, 92
UNEP　178, 207
U ターン現象　107
VOC　153
WHO　36, 98, 156

ア

アオコ　25, 34
青潮　46
赤潮　33, 44〜46
赤潮プランクトン　47, 49
阿賀野川　17
悪性中皮腫　155
アクリロニトリル　143
亜酸化窒素　186
足尾銅山鉱毒事件　16, 142
亜硝酸　93
亜硝酸イオン　147
アスコルビン酸　158
アスコルビン酸ペルオキシダーゼ　159
アスベスト　90, 155
アセス法　6

アセチルコリン　71
アゾ色素類　92
アドレナリン　114
亜熱帯多雨林　2
アフラトキシン B_1　89, 92
尼崎公害訴訟　152
アマゾン　197
アマモ場　42, 44
アミン仮説　117
綾瀬川　8
アラビアゴム　208
アラル海　215
有明海　41, 50
亜硫酸イオン　157
亜硫酸ガス　143, 163
亜硫酸水素イオン　157
アルキルベンゼンスルホン酸ナトリウム　15
アルキルリン酸塩　14
アルドリン　63
α-中腐水性水域　9
アルミニウム　167, 170
アレルギー症状　153
安定説　193
アンドロゲン　98

イ

硫黄化合物　144
硫黄酸化物　161, 163
胃かいよう　115
息切れ　116
異常気象　209
石綿　155
石綿肺　155
伊勢湾　43
磯焼け　59, 60, 189
イタイイタイ病　16, 18
一酸化塩素　173
――の増加量　174
一酸化炭素　145, 148

事項索引

ア

一酸化窒素　147
遺伝子組換え生物　5
遺伝子資源　5, 193, 217
遺伝子操作　159, 190
遺伝子の宝庫　217
遺伝的多様性　5
移動発生源　154
猪苗代湖　23
移入種　5, 120
違法な森林伐採　200
イワシの「乱獲説」　58
飲料水　36, 94
　　──の不足　112, 135

ウ

ウイルス病　54, 201
ウィーン条約　179
魚つき林　61
うつ病　113, 117
埋め立て　41

エ

エアロゾル　162
栄養塩類　24, 41, 49
栄養段階　63, 72
栄養不足人口　136
エストロゲン　67, 98
エチレン　144
エルニーニョ現象　186
塩化ビニルモノマー　143
塩化メチレン　179
塩素　78, 82, 144, 173, 174
塩素殺菌処理　36
塩素処理　94
鉛直日周移動　50
煙霧体　162
塩類集積　211

オ

オイルボール　55
大阪湾　43
オスロ議定書　171
尾瀬ヶ原　37
尾瀬沼　25, 37
オゾン　144, 145, 147, 149, 172, 173
　　──の感受性　150
　　──の減少量　174
　　──の代謝　158
オゾン処理　36
オゾン層　172, 178
　　──の保護　179
オゾン層保護法　179
オゾンホール　174, 175
汚濁指数法　13
オホーツク公海　57
温室効果　179, 186
温室効果ガス　186, 190
温暖化　125, 185

カ

外因性内分泌攪乱化学物質　95
海岸　39
海岸線　37, 40
海岸法　41
海水の汚濁　43
海水面の上昇　187
害虫　73, 188
害虫の大発生　73
海中林　59, 189
海中林造成　59
海底堆積物　50
界面活性剤　14
海洋汚染　54, 55
外来種　5, 28, 30, 120
外来生物法　6, 120, 125
カイロ会議　141
街路樹　121, 125, 147
化学的酸素要求量　22, 44
拡大製造者責任　104
過耕作　208, 210
過酸化水素　157
過剰伐採　209
加水分解　64, 80, 90
霞ヶ浦　25, 34, 38
化石燃料　121, 183
河川　7, 37
　　──の自浄作用　19
河川法　7
家族計画　140
ガソリンの無鉛化　51
活性炭濾過　36
滑面小胞体　80
カテコールアミン　114, 116
家電リサイクル法　104, 180
カドミウム汚染　16
過敏性大腸症候群　115
花粉症　153
花粉媒介昆虫　74
過放牧　208, 209
過密都市　138
夏緑樹林　2
カルシウム　16, 67, 169
カルタヘナ議定書　5
カルタヘナ法　6
灌漑　211
灌漑農業　209
環境アセスメント　6
環境影響評価法　6
環境汚染　6, 79, 139, 216
環境汚染物質　79, 104
環境基準　25, 143, 145, 147, 154
環境基本計画　3
環境基本法　3
環境ホルモン　23, 52, 95
換金作物　209, 211
緩傾斜護岸　42
還元　80
還元物質　158
乾性沈着　161
肝臓の肥大　71, 80
干ばつ　188

キ

飢餓　136
帰化種　119
帰化植物　119
　　──の増加　119
飢餓人口　136
奇形魚　30, 44
気孔　156
気候砂漠　206
気候変動に関する国際連合枠組条約　189
気候変動に関する政府間パネル　187
希少種　37, 120
汽水湖　37
喫煙　90
揮発性有機化合物　153

事項索引   231

逆転層　110
吸収量の増大　190
急性毒性　63, 71, 83
狭心症　116
胸痛　116
共同実施　190
京都議定書　189
京メカニズム　190
強腐水性水域　9, 13
魚介類　25, 27, 48
漁獲量　25, 27, 30, 33, 56, 58
漁業資源の枯渇　56
漁業被害　47
キレート剤　18
近自然人工海岸　42

ク

空中播種　214
釧路湿原　6, 36
クリーン開発メカニズム　190
グリーン購入法　104
グルクロン酸抱合　70, 80
グルタチオン　158
グルタチオンレダクターゼ　159
黒部川　8
クロロフィル量　24
クロロフルオロカーボン　174

ケ

警報　149
血圧　116
解毒酵素　159
解毒作用　71, 80
下痢　115
原生自然環境保全地域　3
原生林　201
建築リサイクル法　104
原油による汚染　54

コ

降雨量の減少　202
高温水蒸気分解法　180
高温耐性　188
公害　16, 142

光化学オキシダント　143, 145, 147, 149
交感神経　115
工業化　209
工業生産　139
工業用水　112
合計特殊出生率　130
高血圧　116
光合成　182, 186, 193, 202
黄砂　165
交信攪乱　75
降水の流出係数　111
降水量　2, 189, 206
　——の減少　202
合成洗剤　13, 34
酵素　18
高層湿原　4, 36, 37
耕地　72
広葉樹　168
高齢化　108, 130
　——の指標　130
護岸工事　7
国際協力　171
国際コメ年　136
国際自然保護連合　5, 57
国際人口・開発会議　141
国土総合開発計画　2
国土総合開発法　2
穀物生産量　135
国連海洋法条約　39
国連環境開発会議　5
国連環境計画　178, 207
国連砂漠化会議　212
国連食糧農業機関　56, 135, 192
古紙回収率　103
湖沼　21, 37
　——の環境保全　37
　——の酸性化　166
湖沼水質保全特別措置法　25
後志利別川　8
湖水の酸性化　167
湖水の水質浄化　38
骨軟化症　16
湖底の酸素欠乏　31
固定発生源　154
ゴビ砂漠　206

コプラナーPCB　78, 83
湖盆の形態　24
ごみ焼却場　84
ごみ対策　122
米ぬか油中毒事件　78, 80
固有種　28, 29, 33, 37
コリンエステラーゼ　71
コールタール　87
コンクリート　111
コンクリート護岸　7, 19, 38

サ

サイカシン　89, 90
催奇形性　83
細菌数　10
細菌摂食者　10
栽培漁業　44
細胞の壊死　71, 80
在来種　5, 119, 214
サッカリン　89, 93
殺虫剤　15, 63
　有機塩素系——　63
　有機リン系——　71
里地里山生態系　5
砂漠化　197, 205
　——の原因　208
　——の進行　207
　——の防止　212
砂漠化対処条約　205
サハラ砂漠　206
サバンナ　206, 207
サヘル地域　207
サーマルリサイクル　104
酸化　80
産業排水　8, 16, 22
サンゴ礁　37, 57, 187
サンゴモ平原　59
酸性雨　161, 163
酸性雨対策調査　171
酸性降下物　167
酸素化合物　144
酸素欠乏　31, 46
酸素原子　172
残留性　71
残留性有機汚染物質　62, 82

事項索引

シ

ジアゾメタン　91
ジェオスミン　32
2,3,7,8-四塩化ジベンゾ
　-パラ-ダイオキシン
　83, 145
四塩化炭素　176, 180
紫外線　64, 86, 172, 177
紫外線対策　178
自家食胞　71
自給率　128
ジクロロジフェニルトリク
　ロロエタン　62
ジクロロメタン　145, 154
資源の減少　202
支笏湖　23
視床下部　113
シスト　50
自然海岸　40
自然環境保全基礎調査　3,
　21, 36
自然環境保全地域　3
自然環境保全法　3
自然湖岸　21
自然再生　6
自然再生推進法　6
自然再生整備事業　6, 36
自然浄化作用　19
自然生態系　72
自然草地　4
自然度　3, 4, 125
自然破壊　2, 30
自然保護　217
自然林　1, 4
持続可能な利用　5
湿原　36
湿性沈着　161
自動車窒素酸化物・粒子状
　物質削減法　153
自動車リサイクル法　104,
　180
死の湖　166
指標植物　151
ジブロモメタン　60
シベンゾフラン　82
脂肪組織　68, 80, 85
死亡率　127, 133

ジメチルアミノアゾベンゼ
　ン　89, 92
種
　——の絶滅　5
　——の多様性　5, 193
臭化メチル　176, 180
臭気物質　32
重金属　17
重金属イオン　167
集積の利益　107
十二指腸かいよう　115
重油　54
樹種選定　214
出生率　127, 133
種の保存法　6
主要害虫　74
受容体　83, 100
循環型社会　103
循環型社会形成推進基本法
　104
循環器疾患　116
消化器疾患　115
浄化機能　43
浄化作用　19
商業的伐採　194, 199
硝酸イオン　147, 160
脂溶性　69, 80
静脈産業　102
照葉樹林　2
将来の人口　128
将来の予測　139
常緑針葉樹林　2
職業がん　88
植栽技術　214
植樹　212
植生
　——の機能　120
　——の退行　205
植生自然度　4
植生図　3
触媒分解法　181
職場不適応　113
食品添加物　92
食品リサイクル法　104
植物急性障害　144
植物プランクトン　24, 25,
　27, 28, 31, 44, 182
食物連鎖　15, 17, 63, 66,

　68, 79
食糧供給の不均衡性　136
食糧不足　135, 136, 209
食糧問題　128
植林　196
植林活動　203
植林地　1, 4
除草剤　82
自律神経系　114
人為的な砂漠化　207
心筋こうそく　116, 117
神経症　113
人口　126, 139
　——の高齢化　130
　将来の——　128
　世界の——　132, 134
　日本の——　126
人工衛星　111
人工海岸　40
人口過剰　134
人工湖岸　21
人口集中　107, 137
人工生態系　72
人口増加　126, 209, 216
　——の抑制策　140
人口増加率　127, 133
『人口の原理』　135
人口爆発　132, 134, 217
人口ピラミッド　129, 130
人口密度　128, 133
人口問題　126
人工林　168
心身症　113
深水層　24
新・生物多様性国家戦略
　5
心臓神経症　116
人体での汚染　68
薪炭材　209
薪炭材の過剰利用　208
神通川　16
針葉樹　168
森林火災　196
森林法　61
森林面積　1

ス

水銀　50, 143

事項索引

水銀汚染　17
水銀中毒　50
水酸基の付加　70,80
水質悪化　30
水質汚濁　8,14,22,43,138
水質汚濁防止　19
水質汚濁防止法　112
水質浄化　19,38
水質保全対策　25
水生植物　10,27,33,38
水生生物　15
水生動物　10,12,24
水素細菌　105
水田　37
水道水　32,94
スカンジナビア半島　162
スギ枯れ　167,169
スチレンダイマー・トリマー　96
ステップ　206,207
ストックホルム条約　62,82
ストレス　113
ストレス物質　114
砂浜　38,40
スーパーオキシドアニオン　157
スーパーオキシドジスムターゼ　159
スプレーの噴射剤　177
スモッグ　110
ズルチン　92
諏訪湖　25,27,34

セ

生育阻害印紙　50
生活排水　9,22,34
生活用水　112
生産年齢人口　128
精子形成阻害　98
製紙工場　84,86
生殖異常　96,97
精神的ストレス　114〜117
成層圏　173
生態系の多様性　5
生態品種　124
『成長の限界』　133,139

性フェロモン　75
生物化学的酸素要求量　8
生物学的水質階級　10,12
生物学的水質判定法　13
生物交代　25,32
生物相　72,187
生物多様性　5
　――の保全　5
　――への影響　6
生物多様性国家戦略　5
生物多様性条約　5,120
生分解性プラスチック　105
性ホルモン　67,99
精密機器の洗浄剤　177
世界気象機関　180
世界食糧サミット　135
世界保健機関　36,98,156
赤外線　185
石化ゴミ　55
石綿　155
石綿肺　155
摂取許容量　36,80
絶滅危惧種　5,216
絶滅スピード　201
絶滅の恐れのある種のレッドリスト　5,57
瀬戸内法　44,47
瀬戸内海　41,43
セメントキルン法　180
セロトニン　114,117
浅海動物　44
潜在的害虫　74
ぜんそく　153
船底塗料　52

ソ

躁うつ病　117
相対湿度　110
草炭　214
ソフィア議定書　170

タ

ダイアジノン　71
ダイオキシン　82,96,104
　――排出の防止　86
ダイオキシン類　83,85,145

ダイオキシン類対策特別措置法　83,86
大気汚染　138,142
　――の防止　159
大気汚染物質　144,156,163
大気汚染防止法　149,154,156
大気中の揮散　64
大気の浄化　121
代謝
　DDTの――　70
　PCBの――　81
　オゾンの――　158
　二酸化硫黄の――　157
代替フロン　176,179,180
大都市　107
第二水俣病　17
大脳辺縁系　113
耐容一日摂取量　85
大量生産・大量消費　102,217
田沢湖　23
多自然型河川工法　19
多自然型川づくり　19
脱塩素　70
脱硫技術　145
脱硫装置　163
多年生褐藻　59
たばこの煙　85,87,89
淡水プランクトン　26
炭素の循環　183
断熱材の発泡剤　177

チ

地下水系　37
地球温暖化対策推進大綱　190
地球温暖化対策推進法　190
地球温暖化防止京都会議　189
地球温暖化防止森林吸収源10ヵ年対策　190
地球サミット　5,189
地球の温暖化　185
窒素　31,34,38
窒素化合物　144

事項索引

窒素酸化物　147, 153, 159, 161, 163
窒素酸化物の除去　160
チトクローム P-450　84
チトクローム P-450 遺伝子　84
地方都市　107
注意報　149
中栄養湖　25
中間湿原　36
中規模撹乱仮説　194
中禅寺湖　25
α-中腐水性水域　9, 13
β-中腐水性水域　9, 13
長期モニタリング　171
長距離越境大気汚染条約　170
超高齢化社会　130
チラコイド膜系　151
『沈黙の春』　62

テ

低公害車　159
抵抗性　75, 76
底生生物　29, 45
底生動物　24
ディーゼル車　153, 159
低層湿原　36
ディルドリン　63
テトラクロロエチレン　94, 145, 154
電気自動車　159
天敵　15, 73
点滴灌漑　213
天然ガス車　159
天然記念物　20, 42
天然資源　139
デンプン　105

ト

動悸　116
東京湾　43
動物媒介性の感染症　189
動物プランクトン　24, 29, 167
動物由来感染症　123
動脈産業　102
透明度　23, 24, 44

洞爺湖　23
毒性等量　84
毒性発現機構　17
毒性物質　34
特定外来生物　120, 125
特定フロン　176, 177
特別天然記念物　37, 55
都市　101
── にすむ鳥　121
── のがん化　138
── の植生　118
── の生物　118
── の物質循環　102
── への人口集中　137
都市化　30, 101, 209
── の指標　102, 111, 118
都市砂漠　111
都市生活　113
都市ビル　123
都市風　110
土壌　65, 197
── の pH　169
── の乾燥化　111
── の酸性化　167, 170
都市用水　112
土壌微生物　65
土壌劣化　205, 207
都市林　121
ドーナツ化現象　107
ドーナツホール　57
ドーパミン　114
ドブソン単位　174
トリクル灌漑　213
1,1,1-トリクロロエタン　176, 180
トリクロロエチレン　94, 145, 154
トリハロメタン　94
トリブチルスズ　52, 95, 96
トリポリリン酸ナトリウム　14
トルエン　55
十和田湖　23

ナ

渚　43
2-ナフチルアミン　89

鉛中毒　18
鉛による汚染　51
南極　53, 173, 175, 216

ニ

新潟水俣病　17
肉体的ストレス　114
二酸化硫黄　143〜145, 163
── の感受性　146
── の代謝　157
二酸化炭素　121, 182
── の吸収　193
── の固定　190
── の増加　183, 202
── の濃度　184
── の排出量　184
二酸化炭素排出の抑制・削減　189
二酸化窒素　144, 145, 147, 163
── の感受性　148
二次草原　4
二次林　1, 4
ニッケル化合物　143
ニトロソアミンの生成　93
N-ニトロソジメチルアミン　89, 93
日本
── の海岸線　40
── の自然環境　1
── の人口　126
日本列島改造論　2
人間関係　113
人間の過密　113

ネ

熱帯降雨林　192
熱帯林　192
── の破壊　185
── の保護　203
── の面積　195
熱中症　189
熱の島　109
年平均気温　2, 109, 185, 206

ノ

脳下垂体　113
農業生産　139
農業生産性　137
農業生態系　72
農業総生産増加率　135
農業排水　8, 22
農業用水　112
農耕地の酷使　210
濃縮　15, 17, 54, 66, 69, 79
農村地域　101
野尻湖　25
ノニルフェノール　96
ノルアドレナリン　114, 117
ノルデステ地方　197, 204

ハ

肺がん　90, 155
排気ガス　51, 85, 87, 148
廃棄物　102
廃棄プラスチック　104
配偶行動攪乱　75
排出者責任　104
排出量取引　190
排水　112
肺繊維症　155
ハイドロブロモフルオロカーボン　176
排熱　109, 189
ハイブリッド自動車　159
パーオキシアセチルナイトレイト　145, 149, 151
白内障　178
バターイエロー　92
発がん　83
発がん性　92, 179
発がん物質　87, 89, 91, 94
発展途上国　134, 135, 197
発泡スチロール　55
パラチオン　63, 71
ハロゲン化合物　144
ハロゲン原子　174
ハロン　176, 180
半乾燥地　206
半自然海岸　40
反射電磁波　111

繁殖率　65
ハンター・ラッセル症候群　50

ヒ

東アジア酸性雨モニタリングネットワーク　161
干潟　37, 41, 187
光分解　64
飛砂防止林　212
ビスフェノールA　96
日立鉱山煙害事件　142
ピート　214
ヒートアイランド　109, 189
3-ヒドロキシ吉草酸　105
3-ヒドロキシ酪酸　105
ヒドロキシラジカル　157
ピーナツホール　57
ビニール　55
皮膚がん　178
標準的な世界モデル　139
表水層　24
標的臓器　17
表土　208
表土流出　207
琵琶湖　25, 28, 37
貧栄養湖　23, 24
貧腐水性水域　9, 13

フ

不安感　113
富栄養化　25, 34, 47
富栄養化防止条例　34
富栄養湖　23, 24
フェニトロチオン　71
不快感　113
副交感神経　115
副腎皮質刺激ホルモン　113
腹痛　115
腐水性　9
ブタキロサイド　89
フタル酸エステル　96
フタル酸ジエチルヘキシル　23
フッ化水素　144
フッ素　174

不透水地率　111, 118
ブナ林　188
浮遊粉塵　144
浮遊粒子状物質　145, 152, 159
プラスチック　55, 86, 104
プラズマ分解法　181
プランクトン
　赤潮——　47, 49
　植物——　24, 25, 27, 28, 31, 44, 182
　淡水——　26
　動物——　24, 29
　有毒——　49
フルオロカーボン　174
ブロモクロロメタン　176, 180
フロン　173, 174
　——の回収と処理　180
　——の規制　176, 179
　——の分解法　180
フロン回収・破壊法　180
フロンガス　173, 174, 186

ヘ

平均寿命　131
平均生涯出生児数　130
ヘキサン　55
β-中腐水性水域　9, 13
別子銅山煙害事件　142
ヘドロ　43, 46
ペプシノーゲン　115
ペプシン　115
ヘプタクロル　63
ベーリング公海　57
変異原性　92
変水層　24
ベンゼン　55, 145, 154
ベンゼンヘキサクロライド　62
2,3,4,3',4'-ペンタクロロビフェニール　81
ベンツ［a］ピレン　87, 89
便秘　115

ホ

防御反応　156

抱合反応　80
飽食　136
防鳥ネット　122
抱卵行動　67
保水剤　213
ポリエステル　105
ポリ塩化ビフェニール　78
ポリ-β-ヒドロキシ酪酸　105
ホルムアルデヒド　154

マ

マイクロキャッチメント方式　214
マウナロア山　184
マグネシウム　169
摩周湖　23
マラチオン　71
マルチング（根元おおい）方式　214
マングローブ林　37, 187
慢性胃炎　115
慢性毒性　63, 71

ミ

ミクロシスチン　35, 36
水資源量　112
みずすまし条例　34
水の華　25, 34
水不足　112, 135
密猟　216
ミトコンドリア　151
緑の国勢調査　3
水俣奇病　50
水俣病　51
水俣湾　51

ム, メ

無リン化　14

2-メイチルイソボルネオール　32
雌の雄化　52, 95
メタノール車　159
メタン　186
メチルアゾキシメタノール-β-D-グルコシド　90
メチル水銀　17, 51

モ

木材資源の減少　202
木材資源の枯渇　199
藻場　37, 42, 44, 59, 187
モントリオール議定書　176, 179

ヤ

焼畑農業　194, 197, 209
薬剤抵抗性害虫　75
躍層　24
薬草　202
薬物代謝酵素　63, 67, 70, 80
焼け焦げ　92
野生生物　5, 216
——の絶滅　200, 216
野鳥　65
大和川　8, 20

ユ

誘因剤の利用　75
遊泳体　50
有害藻類ブルーム　46
有機塩素系化合物　53
有機塩素系殺虫剤　63
有機化合物　144
有機水銀中毒　17
有機スズ化合物　52, 95
有機リン系殺虫剤　71
有機リン剤　71

優占種　28, 33, 72, 118, 125, 194
優占種法　13
有毒プランクトン　49

ヨ

容器包装リサイクル法　104
溶存酸素　10, 24
葉緑体　151

ラ

ラムサール条約　5, 37
ラムサール条約湿地　41
ラワン材　204
乱獲　5, 63, 56, 216

リ

リサイクル　102, 104
リフュージ説　194
硫化水素　10
硫酸イオン　157
リユース　104
緑被地　102, 111, 118
——の減少　118
緑化　214
リン　31, 34, 38

ル, レ, ロ

ルテオスカイリン　89, 91
冷蔵庫の冷媒用　177
レッドリスト　5
ロータリーキルン法　180
ローマクラブ　139
ローマ宣言　136

ワ

ワシントン条約　5
ワーム　23
わんど　20

著者略歴
松原　聰（まつばら　さとし）

　1935 年　大阪府に生まれる
　1963 年　京都大学農学部大学院博士課程修了
　1964 年　京都府立大学農学部助手
　1965 年　京都大学農学博士
　1968 年　京都府立大学教養課程助教授
　1977 年　京都府立大学生活科学部教授
　1999 年　京都府立大学名誉教授

環境生物科学　―人の生活を中心とした―（改訂版）

1997 年 2 月 20 日　　第　1　版　発　行
2006 年 9 月 25 日　　改訂第 8 版　発　行
2008 年 6 月 30 日　　第 10 版　発　行
2015 年 1 月 30 日　　第10版 2 刷発行

著　作　者　　松　原　　　聰
発　行　者　　吉　野　和　浩
発　行　所　　東京都千代田区四番町 8-1
　　　　　　　電　話　03-3262-9166（代）
　　　　　　　郵便番号 102-0081
　　　　　　　株式会社　裳　華　房
印　刷　所　　横山印刷株式会社
製　本　所　　株式会社　松　岳　社

検印
省略

定価はカバーに表
示してあります．

社団法人
自然科学書協会会員

JCOPY〈㈳出版者著作権管理機構 委託出版物〉
本書の無断複写は著作権法上での例外を除き禁じられています．複写される場合は，そのつど事前に，㈳出版者著作権管理機構（電話03-3513-6969，FAX03-3513-6979，e-mail: info@jcopy.or.jp）の許諾を得てください．

ISBN 978-4-7853-5210-3

Ⓒ松原　聰，1997 / 2006　　Printed in Japan

生物科学入門（三訂版） 　　石川　統 著　　　本体2100円＋税	コア講義 生物学 　　田村隆明 著　　　本体2300円＋税
新版 生物学と人間 　　赤坂甲治 編　　　本体2300円＋税	ベーシック生物学 　　武村政春 著　　　本体2900円＋税
ヒトを理解するための 生物学 　　八杉貞雄 著　　　本体2200円＋税	人間のための 一般生物学 　　武村政春 著　　　本体2300円＋税
ワークブック ヒトの生物学 　　八杉貞雄 著　　　本体1800円＋税	図説 生物の世界（三訂版） 　　遠山　益 著　　　本体2600円＋税
生命科学史 　　遠山　益 著　　　本体2200円＋税	エントロピーから読み解く 生物学 　　佐藤直樹 著　　　本体2700円＋税
医療・看護系のための 生物学 　　田村隆明 著　　　本体2700円＋税	医薬系のための 生物学 　　丸山・松岡 共著　　本体3000円＋税
理工系のための 生物学 　　坂本順司 著　　　本体2700円＋税	分子からみた 生物学（改訂版） 　　石川　統 著　　　本体2700円＋税
多様性からみた 生物学 　　岩槻邦男 著　　　本体2300円＋税	細胞からみた 生物学（改訂版） 　　太田次郎 著　　　本体2400円＋税
イラスト 基礎からわかる 生化学 　　坂本順司 著　　　本体3200円＋税	図解 分子細胞生物学 　　浅島・駒崎 共著　　本体5200円＋税
ワークブックで学ぶ ヒトの生化学 　　坂本順司 著　　　本体1600円＋税	コア講義 分子生物学 　　田村隆明 著　　　本体1500円＋税
コア講義 生化学 　　田村隆明 著　　　本体2500円＋税	ライフサイエンスのための 分子生物学入門 　　駒野・酒井 共著　　本体2800円＋税
スタンダード 生化学 　　有坂文雄 著　　　本体3000円＋税	コア講義 分子遺伝学 　　田村隆明 著　　　本体2400円＋税
バイオサイエンスのための 蛋白質科学入門 　　有坂文雄 著　　　本体3200円＋税	ゲノムサイエンスのための 遺伝子科学入門 　　赤坂甲治 著　　　本体3000円＋税
しくみからわかる 生命工学 　　田村隆明 著　　　本体3100円＋税	新 バイオの扉　未来を拓く生物工学の世界 　　高木 監修・池田 編集代表　本体2600円＋税
微生物学　地球と健康を守る 　　坂本順司 著　　　本体2500円＋税	環境生物科学（改訂版） 　　松原　聰 著　　　本体2600円＋税
しくみと原理で解き明かす 植物生理学 　　佐藤直樹 著　　　本体2700円＋税	人間環境学　環境と福祉の接点 　　遠山　益 著　　　本体2800円＋税

◆ 新・生命科学シリーズ ◆

動物の系統分類と進化 　　藤田敏彦 著　　　本体2500円＋税	動物行動の分子生物学 　　久保・奥山・上川内・竹内 共著　本体2400円＋税
植物の系統と進化 　　伊藤元己 著　　　本体2400円＋税	脳　分子・遺伝子・生理 　　石浦・笹川・二井 共著　本体2000円＋税
動物の発生と分化 　　浅島・駒崎 共著　　本体2300円＋税	植物の成長 　　西谷和彦 著　　　本体2500円＋税
動物の形態　進化と発生 　　八杉貞雄 著　　　本体2200円＋税	植物の生態　生理機能を中心に 　　寺島一郎 著　　　本体2800円＋税
動物の性 　　守　隆夫 著　　　本体2100円＋税	動物の生態　脊椎動物の進化生態を中心にして 　　松本忠夫 著　　　本体2400円＋税
	遺伝子操作の基本原理 　　赤坂・大山 共著　　本体2600円＋税

裳華房ホームページ　http://www.shokabo.co.jp/　　2015年1月現在